微分方程及建模研究

王振国　王俊梅　著

北京工业大学出版社

图书在版编目（CIP）数据

微分方程及建模研究 / 王振国，王俊梅著．— 北京：北京工业大学出版社，2021.7

ISBN 978-7-5639-8051-2

Ⅰ．①微… Ⅱ．①王… ②王… Ⅲ．①微分方程—数学模型—研究 Ⅳ．①O175

中国版本图书馆 CIP 数据核字（2021）第 132974 号

微分方程及建模研究

WEIFEN FANGCHENG JI JIANMO YANJIU

著　　者： 王振国　王俊梅
责任编辑： 邓梅菡
封面设计： 知更壹点
出版发行： 北京工业大学出版社
（北京市朝阳区平乐园 100 号　邮编：100124）
010-67391722（传真）　bgdcbs@sina.com
经销单位： 全国各地新华书店
承印单位： 北京亚吉飞数码科技有限公司
开　　本： 710 毫米 ×1000 毫米　1/16
印　　张： 16
字　　数： 320 千字
版　　次： 2022 年 7 月第 1 版
印　　次： 2022 年 7 月第 1 次印刷
标准书号： ISBN 978-7-5639-8051-2
定　　价： 96.00 元

作者简介

王振国，男，1980 年 3 月生，山西应县人，副教授，硕士研究生．主要研究方向：生物种群动力系统、网络传染病动力学、临界点理论．主持或参与省级项目 4 项，发表研究论文 10 篇．

王俊梅，女，1981 年 3 月生，山西代县人，讲师，硕士研究生．主要研究方向：临界点理论、分数阶微分方程数值解．

前　言

微分方程是近代数学中与实际问题联系紧密、富有生命力的重要分支之一.很多实际问题都可以划归为求微分方程的解的问题，或者化为研究解的性质的问题.其在几何学、物理学、人口学、经济学等许多领域都有着重要的应用.在长期的理论探索和应用实践过程中，微分方程的理论体系被不断完善，人们所研究的问题越来越广泛，求解和研究的方法也越来越丰富.对于数学领域以及以数学为基础的其他科学领域的研究人员而言，深刻地认识和理解常微分方程，掌握应用常微分方程这一有效数学工具的方法是十分必要的.基于此，作者结合自己多年的教学经验和科研成果撰写了《微分方程及建模研究》一书，希望本书的出版能为微分方程理论研究及建模贡献一份力量.

本书共7章，主要内容涵盖引论、一阶微分方程及其初等解法、高阶微分方程及其解法、线性微分方程组及其解法、定性理论与稳定性理论分析、差分方程的边值问题、微分方程的应用及差分方程模型等内容.本书较全面地论述了微分方程的基本理论及建模的相关知识，结构合理，讨论详尽，易于阅读；注重数学思想的培养、基本方法的训练，注意概念实质的揭示以及近代数学观点的渗透，注意分析不同类型方程及其解法的特点；重视对有关基础知识的联系、巩固与深化；注重理论与实践相结合，列举了典型的应用实例，力求有助于培养读者分析解决实际问题的能力，启迪读者的创新思维.

作者撰写本书得到了许多专家学者的大力支持，在此表示真诚的感谢；同时，作者也参考了大量的文献资料，在此也向相关作者表示感谢.

限于作者水平，加之时间仓促，书中难免存在疏漏与不足之处，敬请广大读者批评指正.

前言

[illegible]

目　　录

第1章　引　论

本章从微分方程的基本概念入手，分析讨论了微分方程的一些实例，介绍了一阶微分方程的向量场等基本内容 .

1.1　微分方程的基本概念

定义 1.1.1　微分方程是含有未知函数及其导数，并含有自变量的一类方程 .

定义 1.1.2　常微分方程是自变量只有一个的方程，偏微分方程是自变量的个数大于等于两个的方程 .

下面举例说明，例如：

$$\frac{\mathrm{d}^2 y}{\mathrm{d}t^2}+b\frac{\mathrm{d}y}{\mathrm{d}t}+cy=f(t) \tag{1.1.1}$$

和

$$\left(\frac{\mathrm{d}y}{\mathrm{d}t}\right)^2+t\frac{\mathrm{d}y}{\mathrm{d}t}+y=0 \tag{1.1.2}$$

这两个方程中未知数是 y，自变量是 t，且只有一个自变量，因此，这两个方程均是常微分方程 .

再如下面的方程（1.1.3）和方程（1.1.4）：

$$\frac{\partial^2 T}{\partial x^2}+\frac{\partial^2 T}{\partial y^2}+\frac{\partial^2 T}{\partial z^2}=0 \tag{1.1.3}$$

$$\frac{\partial^2 T}{\partial x^2}=4\frac{\partial T}{\partial t} \tag{1.1.4}$$

这两个方程中，未知数均是 T，方程（1.1.3）中有三个自变量，分别是 x，y，z；方程（1.1.4）中有两个自变量，分别是 x 和 t. 因此，根据偏微分方程的定义可知，以上两个方程均是偏微分方程.

定义 1.1.3　微分方程的阶数是指微分方程中所有未知函数中最高阶导数的阶数 .

下面也通过举例的方式对该定义进行说明，以便读者更好地理解本定义 . 例如，我们上面所列举的方程（1.1.1）～方程（1.1.4），未知函数最高阶导数的阶数都是 2，因此我们称上面的 4 个方程都是二阶方程，不同的是，前两个是二阶常微分方程，后面两个是二阶偏微分方程 . 一般情况下，我们可以将常微分方程写成如下形式：

$$F\left(x,\ y,\frac{\mathrm{d}y}{\mathrm{d}x},\cdots,\frac{\mathrm{d}^n y}{\mathrm{d}x^n}\right)=0 \tag{1.1.5}$$

其中，$F\left(x,\ y,\frac{\mathrm{d}y}{\mathrm{d}x},\cdots,\frac{\mathrm{d}^n y}{\mathrm{d}x^n}\right)$是 $x,\ y,\frac{\mathrm{d}y}{\mathrm{d}x},\cdots,\frac{\mathrm{d}^n y}{\mathrm{d}x^n}$ 的已知函数，n 为阶数；另外，在常微分方程里必须含有 $\frac{\mathrm{d}^n y}{\mathrm{d}x^n}$，该项中 x 为自变量，y 为未知数 .

需要说明的一点是：我们通常所说的微分方程其实就是指的常微分方程，在某些情况下也可简称为方程 .

定义 1.1.4　如果将一个已知函数带入常微分方程之后，该常微分方程变成了恒等式，那么我们就称这个已知函数是该常微分方程的解 . 如果关系式 $\boldsymbol{\Phi}(x,\ y)=0$ 所决定的已知函数是该常微分方程的解，那么，$\boldsymbol{\Phi}(x,\ y)=0$ 就称为该常微分方程的隐式解（积分）.

下面对定义 1.1.4 做进一步的说明，如方程：

$$\frac{\mathrm{d}y}{\mathrm{d}x}=-\frac{x}{y} \tag{1.1.6}$$

的解为

$$y=\sqrt{1-x^2}\ ,\ \ y=-\sqrt{1-x^2}$$

而 x 和 y 之间存在如下的关系：

$$x^2+y^2=1 \tag{1.1.7}$$

那么，式（1.1.7）就是式（1.1.6）的隐式解 . 在下面的讲解过程中，本书将解和隐式解统称为方程的解，因为这样更加方便 .

定义 1.1.5　以常微分方程（1.1.5）为例，如果其左端为 y 及 $\frac{\mathrm{d}y}{\mathrm{d}x},\cdots,\frac{\mathrm{d}^n y}{\mathrm{d}x^n}$ 的一次有理整式，那么该常微分方程就是线性的，阶数为 n；否则，该方程就是非线性方程 .

下面通过方程（1.1.1）来对定义 1.1.5 进一步说明，我们知道式（1.1.1）是二阶线性微分方程．一般情况下，阶数为 n 的线性方程为

$$\frac{\mathrm{d}^n y}{\mathrm{d}x^n}+a_1(x)\frac{\mathrm{d}^{n-1}y}{\mathrm{d}x^{n-1}}+\cdots+a_{n-1}(x)\frac{\mathrm{d}y}{\mathrm{d}x}+a_n(x)y=f(x) \qquad (1.1.8)$$

其中，$a_1(x),\cdots$，$a_{n-1}(x)$，$a_n(x)$，$f(x)$ 都是自变量 x 的已知函数．

又如，方程：

$$\frac{\mathrm{d}^2\varphi}{\mathrm{d}t^2}+\frac{g}{l}\sin\varphi=0$$

是二阶非线性方程，而式（1.1.2）是一阶非线性方程．

定义 1.1.6　我们把含有 n 个独立的任意常数 c_1，$c_2,\cdots$，c_n 的解

$$y=\varphi(x,\ c_1,\ c_2,\cdots,\ c_n)$$

称为 n 阶方程（1.1.5）的通解．

定义 1.1.7　为了确定微分方程的一个特定的解，通常给出这个解所必需的条件，我们把这个必需条件称为定解条件.

初值条件和边值条件是常见的定解条件．所谓 n 阶微分方程（1.1.5）的初值条件是指，当 $x=x_0$ 时，

$$y=y_0,\frac{\mathrm{d}y}{\mathrm{d}x}=y_0^{(1)},\cdots,\frac{\mathrm{d}^{n-1}y}{\mathrm{d}x^{n-1}}=y_0^{(n-1)}$$

这里，x_0，y_0，$y_0^{(1)},\cdots$，$y_0^{(n-1)}$ 是给定的 $n+1$ 个常数．初值条件有时写为

$$y(x_0)=y_0,\frac{\mathrm{d}y(x_0)}{\mathrm{d}x}=y_0^{(1)},\cdots,\frac{\mathrm{d}^{n-1}y(x_0)}{\mathrm{d}x^{n-1}}=y_0^{(n-1)} \qquad (1.1.9)$$

求微分方程满足定解条件的解，就是所谓定解问题．当定解条件为初值条件时，相应的定解问题就称为初值问题．

定义 1.1.8　我们把满足初值条件的解称为微分方程的特解．

初值条件不同，对应的特解也不同．一般来说，特解可以通过初值条件的限制，从通解中确定任意常数而得到．

定义 1.1.9　用两个或两个以上的关系式表示的微分方程称为微分方程组．

习惯上，我们将 n 阶微分方程写为解出最高阶导数的形式，即

$$z^{(n)}=g\left(t;\ z,\ z',\cdots,\ z^{(n-1)}\right) \qquad (1.1.10)$$

其中

$$z^{(n)}=\frac{\mathrm{d}^n z}{\mathrm{d}t^n},\ z'=\frac{\mathrm{d}z}{\mathrm{d}t},\cdots,\ z^{(n-1)}=\frac{\mathrm{d}^{n-1}z}{\mathrm{d}t^{n-1}}$$

如果把z，$z',\cdots$，$z^{(n-1)}$，$z^{(n)}$都理解为未知函数，取变换

$$y_1=z,\ y_2=z',\cdots,\ y_n=z^{(n-1)}$$

则n阶微分方程（1.1.5）可用一阶方程组

$$\begin{cases}\dfrac{\mathrm{d}y_1}{\mathrm{d}t}=y_2\\ \cdots\\ \dfrac{\mathrm{d}y_{n-1}}{\mathrm{d}t}=y_n\\ \dfrac{\mathrm{d}y_n}{\mathrm{d}t}=g\left(t;\ y_1,\cdots,\ y_n\right)\end{cases}$$

代替，即可以将高阶微分方程或高阶微分方程组变换为一般的一阶微分方程组

$$\frac{\mathrm{d}y_i}{\mathrm{d}t}=f_i\left(t;\ y_1,\cdots,\ y_n\right),\ i=1,2,\cdots,\ n$$

或更简单地写成向量形式

$$\frac{\mathrm{d}\boldsymbol{y}}{\mathrm{d}t}=\boldsymbol{f}\left(t;\ \boldsymbol{y}\right)$$

其中

$$\boldsymbol{y}=\begin{pmatrix}y_1\\y_2\\\vdots\\y_n\end{pmatrix},\ \boldsymbol{f}\left(t;\ \boldsymbol{y}\right)=\begin{bmatrix}f_1\left(t;\ y_1,\cdots,\ y_n\right)\\f_2\left(t;\ y_1,\cdots,\ y_n\right)\\\vdots\\f_n\left(t;\ y_1,\cdots,\ y_n\right)\end{bmatrix}$$

线性和非线性、解和隐式解、通解和特解，以及积分曲线和方向场等概念同样适合微分方程组.

1.2 导出微分方程的一些实例

例 1.2.1 如图 1-2-1 所示，在一根长为L的轻杆下端，悬挂一质量为m的质点，略微移动后，该质点在重力作用下来回摆动，这种装置叫作单摆（或数学摆）. 假设轻杆不会伸长又无质量，在悬点没有摩擦力，试建立单摆的运动方程.

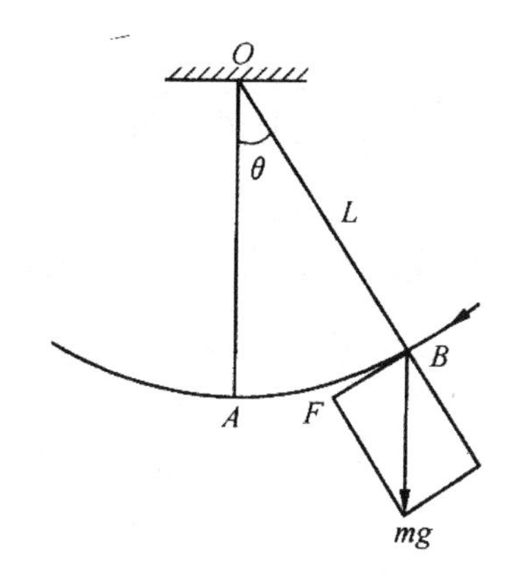

图 1-2-1 单摆运动

解：取轻杆的铅直位置为单摆的平衡位置 . 设在时刻 t，质点对平衡位置的位移为

$$s = \overset{\frown}{AB}$$

于是有

$$s = L\theta$$

其中，θ 为杆的瞬时位置与平衡位置所成的角，逆时针方向为正，因 s 与 θ 同方向，所以 s 以 AB 为正方向 .

使质点运动的力 F 为质点的重力 mg 在切线方向的分力，即

$$F = mg\sin\theta$$

而质点的加速度为

$$a = \frac{\mathrm{d}^2 s}{\mathrm{d}t^2} = L\frac{\mathrm{d}^2\theta}{\mathrm{d}t^2}$$

根据牛顿第二定律得到

$$mL\frac{\mathrm{d}^2\theta}{\mathrm{d}t^2} = -mg\sin\theta$$

该式右端的负号表示力 F 与位移 s 的正方向 AB 相反 . 此式可化简为

$$\frac{\mathrm{d}^2\theta}{\mathrm{d}t^2} = -\frac{g}{L}\sin\theta$$

此即为单摆的运动方程，它是一个二阶非线性微分方程（因为方程中含有 $\sin\theta$，它关于未知函数 θ 不是线性的）. 为了确定单摆的运动方程，还需要知道初始时刻单摆的角位移和角速度，故还需要加上初始条件 .

例 1.2.2 （解函数方程） 设函数 $\phi(t)$ 在 $t=0$ 处可导，且具有性质

$$\phi(t+s)=\frac{\phi(t)+\phi(s)}{1-\phi(t)\phi(s)} \tag{1.2.1}$$

试求此函数 .

解：式（1.2.1）是一个函数方程，为了便于求出函数 $\phi(t)$，可以先把它转化为微分方程，首先在式（1.2.1）中令 $t=s=0$，则

$$\phi(0)=\frac{2\phi(0)}{1-\phi^2(0)}$$

因此 $\phi(0)=0$. 又因为

$$\begin{aligned}\phi'(t)&=\lim_{s\to 0}\frac{\phi(t+s)-\phi(t)}{s}\\&=\lim_{s\to 0}\frac{1}{s}\left[\frac{\phi(t)+\phi(s)}{1-\phi(t)\phi(s)}-\phi(t)\right]\\&=\left[1+\phi^2(t)\right]\lim_{s\to 0}\left\{\left[\frac{\phi(s)+\phi(0)}{s}\right]\left[\frac{1}{1-\phi(t)\phi(s)}\right]\right\}\end{aligned}$$

所以

$$\phi'(t)=\phi'(0)\left[1+\phi^2(t)\right]$$

这是一个含有未知函数 $\phi(t)$ 一阶导数的微分方程 . 于是，求解函数方程（1.2.1）就转化为求满足条件

$$\phi(0)=0$$

和微分方程

$$\phi'(t)=\phi'(0)\left[1+\phi^2(t)\right]$$

的函数问题 .

在初等数学中，我们知道正切函数

$$\phi(t)=\tan t$$

满足等式（1.2.1）. 反过来要问，是否具备性质（1.2.1）的函数一定为正切函数呢？对于指数函数、对数函数及幂函数等基本初等函数，同样可以提出类似的反问题 .

例 1.2.3 （两生物种群生态模型） 意大利生物学家棣安考纳（D′Ancona）发现某海港在第一次世界大战期间捕鱼量减少而捕获到的捕食鱼占的百分比却急剧增加，为解释这种现象，意大利数学家沃特拉（Volterra）建立了一个关于

捕食鱼与被食鱼生长情形的数学模型．

沃特拉把所有的鱼分成两类，即捕食鱼与被食鱼，设 t 时刻被食鱼的总数为 $x(t)$，而捕食鱼的总数为 $y(t)$．因为被食鱼所需的食物很丰富，它们本身的竞争并不激烈，如果不存在捕食鱼的话，被食鱼的增加应遵循指数增长率 $\frac{\mathrm{d}x}{\mathrm{d}t}=ax$（$a>0$ 为某个常数，表示自然净相对增长率），但因捕食鱼的存在，致使其增长率降低，设单位时间内捕食鱼与被食鱼相遇的次数为 bxy（$b>0$ 为某个常数），因此

$$\frac{\mathrm{d}x}{\mathrm{d}t}=ax-bxy$$

类似地，沃特拉认为捕食鱼的自然减少率（因缺少被食鱼）同它们的存在数目 y 成正比，即 $-cy$（$c>0$ 为常数），而自然增长率则同它们本身的存在数目 y 及食物——被食鱼数目 x 成正比，即 dxy（$d>0$ 为某个常数，反映被食鱼对捕食鱼的供养能力），于是得到

$$\begin{cases}\dfrac{\mathrm{d}x}{\mathrm{d}t}=x(a-by)\\[2mm]\dfrac{\mathrm{d}y}{\mathrm{d}t}=y(-c+dx)\end{cases}$$

上式表示当不存在人类捕鱼活动时，捕食鱼与被食鱼应遵循的规律，称为沃特拉被捕食－捕食模型．

对甲、乙两种群，假设种群甲和种群乙的数量分别为 x，y，则可用下列方程组表示种群甲、种群乙相互竞争同一资源时的生长情况

$$\begin{cases}\dfrac{\mathrm{d}x}{\mathrm{d}t}=x(a-by)\\[2mm]\dfrac{\mathrm{d}y}{\mathrm{d}t}=y(c-dx)\end{cases}$$

这里系数 a，b，c，d 均是正数，这一方程组称为两种群竞争模型．当系数 b，d 为负数时，两种群互相促进、互为依赖，这样的方程组称为共生模型．

更一般地，可用下列的一般方程组（统称为沃特拉模型）表示有相互关系的种群甲、种群乙的生长情况

$$\begin{cases}\dfrac{dx}{dt}=x(a+bx+cy)\\ \dfrac{dy}{dt}=y(d+ex+fy)\end{cases}$$

其中，系数a，b，c，d，e，f为常数，可正可负或为0，视两种群的相互关系而定，一般分竞争、共生、被捕食－捕食等类型．就一个种群来说，当$y=0$或$x=0$种群内部存在密度制约关系时即为一维的Logistic模型．

更一般的两种群竞争系统可表示为

$$\begin{cases}\dfrac{dx}{dt}=M(x,\ y)x\\ \dfrac{dy}{dt}=N(x,\ y)y\end{cases}$$

其中，$M(x,\ y)$与$N(x,\ y)$为相对于x与y的增长率，且当一种群增长时另一种群的增长率下降，同时任一种群过多时两种群都不能增长，只有一种群时，将按极限增长．

从上面的例子可以看出，微分方程与许多问题之间有密切的联系，我们常常可以把所研究的问题转化为求微分方程满足特定条件解的问题．当然，在运用微分方程解决实际问题的过程中，先要建立微分方程．一般来说，这一步骤是比较困难的．因为这不仅需要一定的数学知识，还需要掌握与问题相关的专业知识．

要建立适合实际问题的数学模型一般是比较困难的，这需要对问题的机理有一个清楚的了解，同时需要掌握一定的数学知识和拥有建立数学模型的经验．常微分方程是应用背景比较强的一门课程，学生在学习过程中最好有意识地培养建模能力，丰富数学知识，提高解决实际问题的能力．

1.3 一阶微分方程的向量场

微分方程最初是从几何学问题和物理学问题引出的，从几何和物理直观的角度来理解微分方程的解可以使我们对所讨论的问题有一个简单而鲜明的了解，从而加深对微分方程的认识和理解．例如，由条形磁铁产生的磁力线场对理解电磁场的概念有着重要的作用；又如，将$\dfrac{dy}{dx}=f(x,\ y)$看成质点的运动方程时，xy平面上任意一点$(x,\ y)$的函数值$f(x,\ y)$就反映了质点在点$(x,\ y)$处运动速度的方向和大小，于是可以根据 xy 平面上各点的速度向量来确定质点的运动过程 . 需要指出的是，这里的 x 代表时间，y 代表位移 .

接下来，我们就用类似于磁力线场和速度场来定义一阶微分方程的向量场，再通过向量场来研究积分曲线的性态 .

定义 1.3.1 设一阶微分方程

$$\frac{dy}{dx}=f(x, y)$$

的右端函数 $f(x, y)$ 在 xy 平面上的一个区域 D 中有定义，并且满足解的存在唯一性定理的条件. 那么，过 D 中任一点 (x_0, y_0) 有且仅有式 $\frac{dy}{dx}=f(x, y)$ 的一个解 $y=\varphi(x)$，满足 $\varphi(x_0)=y_0$，$\varphi'(x)=f[x, \varphi(x)]$. 从几何方面看，解 $y=\varphi(x)$ 就是通过点 (x_0, y_0) 的一条曲线，称为积分曲线 .

通过上述定义，我们发现，$f[x, \varphi(x)]$ 就是积分曲线上的点 $[x, \varphi(x)]$ 处的切线斜率，特别在点 (x_0, y_0) 处，切线斜率就是 $f(x_0, y_0)$.

定义 1.3.2 如果在区域 D 内每一点 (x, y) 处，都画上一个以 $f(x, y)$ 的值为斜率、中心在点 (x, y) 的线段，则得到一个方向场，那么将这个方向场称为由微分方程

$$\frac{dy}{dx}=f(x, y)$$

所确定的向量场 .

定理 1.3.1 曲线 L 为微分方程

$$\frac{dy}{dx}=f(x, y) \tag{1.3.1}$$

的积分曲线的充要条件是在 L 上任一点，L 的切线与方程（1.3.1）所确定的向量场在该点的向量相重合 . L 在每点均与向量场的向量相切.

证明：必要性 . 设 L 为微分方程（1.3.1）的积分曲线且其方程为 $y=\varphi(x)$，则函数 $y=\varphi(x)$ 为微分方程（1.3.1）的一个解 . 于是，在其有定义的区间上有

$$\varphi'(x)\equiv f[x, \varphi(x)] \tag{1.3.2}$$

式（1.3.2）左端为 L 在点 $[x, \varphi(x)]$ 的切线的斜率，右端恰为方程（1.3.1）的方向场在同一点 $[x, \varphi(x)]$ 的向量的斜率，从而 L 在点 $[x, \varphi(x)]$ 的切线与方向场在该点的方向重合. 又因式（1.3.2）为恒等式，这就说明沿着整个 L 都是这样 .

充分性．设方程为 $y=\varphi(x)$ 的曲线 L，在其上的任一点 $[x,\ \varphi(x)]$ 的切线方向都与微分方程（1.3.1）的方向场的方向重合，则切线与向量的斜率应当相等．于是，在 $y=\varphi(x)$ 有定义的区间上有恒等式

$$\varphi'(x)\equiv f[x,\ \varphi(x)]$$

这个等式恰巧说明 $y=\varphi(x)$ 为方程（1.3.1）的解，从而 L 是积分曲线．

接下来，我们来分析曲线的图解法．

所谓图解法，就是不用微分方程解的具体表达式，而是直接根据右端函数的结构和向量场作出积分曲线的大致图形．图解法只是定性的，仅有一定的准确性，或者说，只是反映积分曲线的一些主要特征，但该方法的思想却十分重要．因为能够用初等方法求解的方程极少，用图解法来分析积分曲线的性态对于了解该方程所反映的实际现象的变化规律有着重要的指导意义．

定义 1.3.2　对任意一个实数 c，由方程

$$f(x,\ y)=c$$

所决定的曲线上任意一点 $P(x,\ y)$ 处，微分方程 $\frac{\mathrm{d}y}{\mathrm{d}x}=f(x,\ y)$ 的向量场的方向都相同，即式 $\frac{\mathrm{d}y}{\mathrm{d}x}=f(x,\ y)$ 的积分曲线在 $f(x,\ y)=c$ 上各点处切线的斜率都为 c，把式 $f(x,\ y)=c$ 所确定的曲线称为微分方程 $\frac{\mathrm{d}y}{\mathrm{d}x}=f(x,\ y)$ 的等倾线．

例如，微分方程

$$y'=-y$$
$$y'=x+y$$
$$y'=x^2+y^2$$

的等倾线方程分别是

$$y=c$$
$$y=-x+c$$
$$x^2+y^2=c^2$$

定义 1.3.3　在微分方程的等倾线中有一条比较特殊的等倾线 $f(x,\ y)=0$，即零等倾线．或者它本身就是方程的积分曲线，或者方程的积分曲线在其上的切线斜率为零，即方程的解 $y=\varphi(x)$ 只能在其上取得极值，故把 $f(x,\ y)=0$ 称为微分方程 $\frac{\mathrm{d}y}{\mathrm{d}x}=f(x,\ y)$ 的极值曲线，也称为零等倾线．

例如，方程

$$y' = \frac{x+y-1}{x+y}$$

有极值曲线 $x+y=1$.容易验证 $x+y=1$ 不是该方程的积分曲线.当积分曲线 $y=\varphi(x)$ 上的点位于 $x+y=1$ 左下方时，有

$$\varphi'(x) = \frac{x+\varphi(x)-1}{x+\varphi(x)} < 0$$

而当点位于 $x+y=1$ 的右上方时，有

$$\varphi'(x) = \frac{x+\varphi(x)-1}{x+\varphi(x)} > 0$$

故在 $x+y=1$ 上，该方程的积分曲线方程取极小值.

积分曲线 $y=\varphi(x)$ 的拐点也可以从 $f(x, y)$ 得到. 设 $f(x, y)$ 有连续的偏导数，则一个点成为 $y=\varphi(x)$ 的拐点的必要条件是

$$\varphi''(x) = 0$$

将其代入方程 $\frac{dy}{dx} = f(x, y)$ 得

$$y'' = f_x(x, y) + f_y(x, y) f(x, y) = 0 \tag{1.3.3}$$

若由式（1.3.3）所确定的曲线本身不是方程 $\frac{dy}{dx} = f(x, y)$ 的积分曲线，但方程 $\frac{dy}{dx} = f(x, y)$ 的积分曲线在它上面存在拐点时，则称其为拐点曲线.

例 1.3.1　画出微分方程 $\frac{dy}{dx} = y - x$ 的向量场.

解：如图 1-3-1 所示，注意到此微分方程的积分曲线在 $y-x=c$ 上有相同的斜率这一事实，可以看出在直线 $y=x+c$ 上向量场的斜率为 c. 故可以在直线

$$y=x-3,\ y=x-2,\ y=x-1,\ y=x,$$
$$y=x+1,\ y=x+2,\ y=x+3$$

上分别画出斜率为 −3，−2，−1，0，1，2，3 的线段，这就较方便地得出了该方程的向量场.必要时可以在更多的直线上画出方程向量场的方向，使得能大致看出此微分方程的积分曲线的走向.

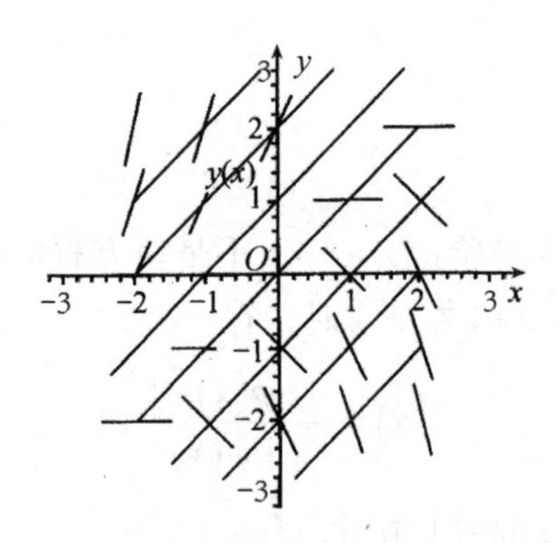

图 1-3-1　例 1.3.1 中微分方程的向量场

例 1.3.2　画出微分方程

$$\frac{dy}{dx}=x^2+y^2$$

的向量场，并近似地描出积分曲线 .

解：向量场中线素斜率等于常数 k 的那些点所构成的曲线称为 k – 等倾线 . 利用 k – 等倾线作向量场较为方便且不至于杂乱无章 . 本例的 k – 等倾线是

$$x^2+y^2=k$$

对于不同的 $k\geqslant 0$，它是一系列以原点为中心、半径为 $\sqrt{k}$ 的圆周 [$k=0$ 对应于原点（0，0）]. 画出此一系列 k – 等倾线，再在 k – 等倾线上每一点画一斜率为 k 的线，这样就得到向量场 . 在实际作图时，当然不可能对一切 k 而只能对一些 k 作等倾线，在 k – 等倾线上也不可能在一切点而只能在一些点作斜率为 k 的线素 .

在本例中，令

$$k=0,1,4,9,\cdots,\left(\frac{3}{4}\right)^2,\left(\frac{1}{2}\right)^2,\cdots$$

就可作出向量场 . 然后，以向量场的线素作为切线，就可描出积分曲线的大致图形 . 如图 1-3-2 所示，其中的曲线分别代表过点 $(0,0)$，$\left(\frac{1}{2},0\right)$ 和 $(1,0)$ 的三条积分曲线 . 本例微分方程的解是不能用初等函数或初等函数的积分来表示的 . 但正如已看到的，它的积分曲线可近似地描出，这正说明向量场的一个用处 .

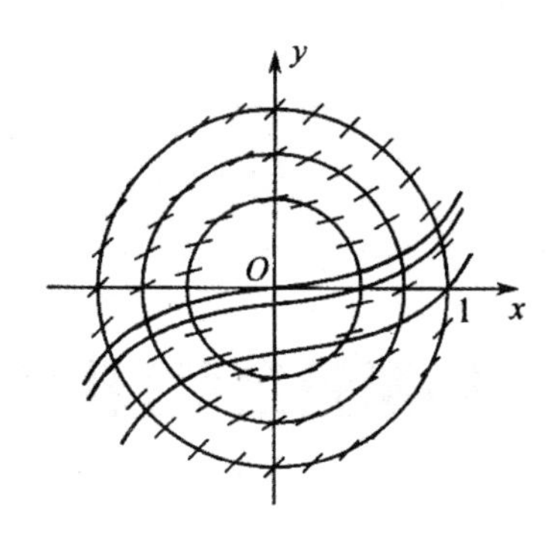

图 1-3-2　例 1.3.2 中微分方程的向量场及积分曲线

例 1.3.3　讨论方程 $y' = y + e^x$ 的拐点曲线 .

解：由方程得

$$y'' = y' + e^x = y + 2e^x$$

令 $y'' = 0$ 得 $y = -2e^x$.

容易验证 $y = -2e^x$ 不是方程的积分曲线，如图 1-3-3 所示，它将 xy 平面分为 D_1 和 D_2 两部分，而且在区域 D_1 上，有

$$y > -2e^x，y'' > 0$$

在区域 D_2 上，有

$$y < -2e^x，y'' < 0$$

故 $y = -2e^x$ 是方程的拐点曲线 .

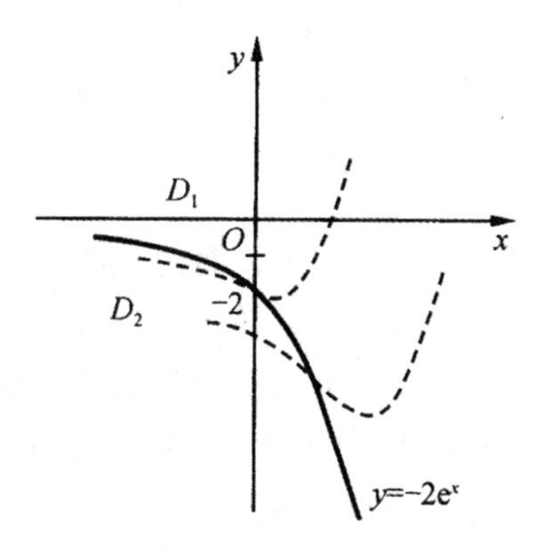

图 1-3-3　例 1.3.3 中方程的拐点曲线

第 2 章　一阶微分方程及其初等解法

本章我们重点探究一阶微分方程及其初等解法，首先对变量可分离的方程与变量变换进行了简单介绍，然后讨论了线性微分方程与常数变异法、全微分方程与积分因子、变量替换法的相关内容，在此基础上对一阶微分方程解的存在性和唯一性、一阶隐式微分方程的奇解进行了详细探索 .

2.1　变量可分离的方程及其解法

2.1.1　变量可分离的方程

我们已经简单讨论了微分方程中的一些基本定义，这一节我们来讨论一阶常微分方程的初等解法 . 对于形式上比较简单的微分方程

$$\frac{\mathrm{d}y}{\mathrm{d}x}=f(x)$$

我们可以直接利用求积分的方法求出方程的通解，即

$$y=\int f(x)\mathrm{d}x+c$$

这里我们把积分常数 c 明确写出来，而把 $\int f(x)\mathrm{d}x$ 理解为函数 $f(x)$ 的某一个原函数 . 这种把微分方程的求解问题转化为积分求解问题的方法，称为初等积分法 . 事实上，对于一般的一阶常微分方程而言，是没有初等解法的 . 应用初等积分法可以求解一些特殊类型的微分方程，虽然这些方程类型是很有限的，却可以用来刻画实际应用中的许多问题 . 因此，掌握求解这些方程的方法和技巧具有重要的理论与实际意义 . 接下来，我们来讨论求解一阶微分方程的一种常用的简单初等方法——分离变量法 .

一般情况下，一阶微分方程可以写成如下形式：

$$F\left(x, \ y, \frac{\mathrm{d}y}{\mathrm{d}x}\right) = 0 \quad (2.1.1)$$

也可以写成

$$\frac{\mathrm{d}y}{\mathrm{d}x} = f\left(x, \ y\right) \quad (2.1.2)$$

若式（2.1.2）中 $f\left(x, \ y\right)$ 是两个函数 $g\left(x\right)$ 与 $h\left(y\right)$ 的乘积，即

$$f\left(x, \ y\right) = g\left(x\right)h\left(y\right)$$

那么，式（2.1.2）则变成了方程式：

$$\frac{\mathrm{d}y}{\mathrm{d}x} = g\left(x\right)h\left(y\right) \quad (2.1.3)$$

这时，式（2.1.3）即为变量分离的方程 .

例 2.1.1　求解方程：

$$\frac{\mathrm{d}y}{\mathrm{d}x} = 1 + x + y^2 + xy^2 \quad (2.1.4)$$

解：将式（2.1.4）转换成如下形式：

$$\frac{\mathrm{d}y}{\mathrm{d}x} = \left(1 + x\right)\left(1 + y^2\right) \quad (2.1.5)$$

然后，对方程（2.1.5）进行变量分离，可得

$$\frac{\mathrm{d}y}{1 + y^2} = \left(1 + x\right)\mathrm{d}x \quad (2.1.6)$$

对式（2.1.6）积分得

$$\arctan y = \frac{1}{2}\left(1 + x\right)^2 + c_1$$

即

$$y = \tan\left(\frac{1}{2}x^2 + x + c\right)$$

其中，$c = c_1 + \frac{1}{2}$ 代表的是任意的常数 .

例 2.1.2　求解方程：

$$\frac{\mathrm{d}y}{\mathrm{d}x} = y^2 \cos x$$

并求出满足初始条件 $y\left(0\right) = 1$ 的解 .

解：这是分离变量方程类型，当$y \neq 0$时，将变量分离，得

$$\frac{\mathrm{d}y}{y^2} = \cos x\mathrm{d}x$$

两边积分得

$$\int \frac{\mathrm{d}y}{y^2} = \int \cos x\mathrm{d}x$$

即得通解

$$\frac{-1}{y} = \sin x + c \qquad (2.1.7)$$

即有

$$y = -\frac{1}{\sin x + c} \qquad (2.1.8)$$

其中，c为任意常数．但无论c怎样取值，这个通解不包含方程的特解$y=0$，因而$y=0$这个解必须得补上．也就是说，原方程的一切解应由上述通解和$y=0$组成．

为了求给定初值问题的特解，把$x=0$，$y=1$代入通解中确定任意常数c，得到$c=-1$．因而，所求特解为

$$y = \frac{1}{1-\sin x} \qquad (2.1.9)$$

2.1.2 可化为变量分离方程的类型

1. 第一类

形如

$$\frac{\mathrm{d}y}{\mathrm{d}x} = f\left(\frac{y}{x}\right) \qquad (2.1.10)$$

的微分方程，称为齐次微分方程．

下面我们来讨论齐次微分方程的求解方法．

（1）变量代换，化齐次微分方程为可分离变量方程．设$u=\dfrac{y}{x}$，把y与x之间的函数关系转化为u与x之间的函数关系，则有

$$y = ux, \frac{\mathrm{d}y}{\mathrm{d}x} = u + x\frac{\mathrm{d}u}{\mathrm{d}x}$$

代入方程（2.1.10），可得

$$u + x\frac{\mathrm{d}u}{\mathrm{d}x} = \varphi(u)$$

或者

$$\frac{\mathrm{d}u}{\mathrm{d}x} = \frac{\varphi(u) - u}{x}$$

（2）解可分离变量方程．将

$$\frac{\mathrm{d}u}{\mathrm{d}x} = \frac{\varphi(u) - u}{x}$$

化为

$$\frac{\mathrm{d}u}{\varphi(u) - u} = \frac{\mathrm{d}x}{x}$$

两边积分，可得

$$\int \frac{\mathrm{d}u}{\varphi(u) - u} = \int \frac{\mathrm{d}x}{x}$$

记 $\Phi(u)$ 为 $\dfrac{1}{\varphi(u) - u}$ 的一个原函数，则可得通解为

$$\Phi(u) = \ln|x| + C \tag{2.1.11}$$

（3）代回．将 u 换成 $\dfrac{y}{x}$，那么可得所给齐次微分方程的隐式通解，即

$$\Phi\left(\frac{y}{x}\right) = \ln x + C \tag{2.1.12}$$

2. 第二类

形如

$$\frac{\mathrm{d}y}{\mathrm{d}x} = \frac{a_1 x + b_1 y + c_1}{a_2 x + b_2 y + c_2} \tag{2.1.13}$$

的方程也可经变量变换化为变量分离方程，这里 a_1，a_2，b_1，b_2，c_1，c_2 均为常数．

我们分如下三种情形来讨论．

（1）$\dfrac{a_1}{a_2} = \dfrac{b_1}{b_2} = \dfrac{c_1}{c_2} = k$（常数）的情形．

这时方程可化为

$$\frac{\mathrm{d}y}{\mathrm{d}x} = k$$

有通解

$$y = kx + c$$

其中，c 为任意常数．

（2）$\dfrac{a_1}{a_2} = \dfrac{b_1}{b_2} = k \neq \dfrac{c_1}{c_2}$ 的情形．

令 $u = a_2 x + b_2 y$，此时有

$$\frac{\mathrm{d}u}{\mathrm{d}x} = a_2 + b_2 \frac{\mathrm{d}y}{\mathrm{d}x} = a_2 + b_2 \frac{ku + c_1}{u + c_2}$$

是变量分离方程．

（3）$\dfrac{a_1}{a_2} \neq \dfrac{b_1}{b_2}$ 的情形．

如果方程（2.1.13）中 c_1，c_2 不全为零，方程右端分子、分母都是 x，y 的一次多项式，那么

$$\begin{cases} a_1 x + b_1 y + c_1 = 0 \\ a_2 x + b_2 y + c_2 = 0 \end{cases} \tag{2.1.14}$$

代表 xOy 平面上两条相交的直线，设交点为 (α, β)，若令

$$\begin{cases} X = x - \alpha \\ Y = y - \beta \end{cases} \tag{2.1.15}$$

则方程组（2.1.14）化为

$$\begin{cases} a_1 X + b_1 Y = 0 \\ a_2 X + b_2 Y = 0 \end{cases}$$

从而方程（2.1.13）变为

$$\frac{\mathrm{d}Y}{\mathrm{d}X} = \frac{a_1 X + b_1 Y}{a_2 X + b_2 Y} = g\left(\frac{Y}{X}\right) \tag{2.1.16}$$

因此，求解上述变量分离方程，最后代回原变量即可得方程（2.1.13）的解．

如果方程（2.1.13）中 $c_1 = c_2 = 0$，可不必求解（2.1.14），直接取变换 $u = \dfrac{y}{x}$ 即可．

上述解题的方法和步骤也适用于比方程（2.1.13）更一般的方程类型，如

$$\frac{\mathrm{d}y}{\mathrm{d}x} = f\left(\frac{a_1 x + b_1 y + c_1}{a_2 x + b_2 y + c_2}\right)$$

此外，诸如

$$\frac{dy}{dx}=f(ax+by+c)$$

$$yf(xy)dx+xg(xy)dy=0$$

$$x^2\frac{dy}{dx}=f(xy)$$

$$\frac{dy}{dx}=xf\left(\frac{y}{x^2}\right)$$

以及

$$M(x,\ y)(xdx+ydy)+N(x,\ y)(xdy-ydx)=0$$

等一些方程类型，均可通过适当的变量变换化为变量分离方程 .

例 2.1.3　求解方程：

$$\frac{dy}{dx}=\frac{x-y+1}{x+y-3} \tag{2.1.17}$$

解：容易看出，方程（2.1.17）属于第二类化为变量分离方程类型中的情形（3），因此首先求出线性代数方程组

$$\begin{cases}x-y+1=0\\x+y-3=0\end{cases}$$

的解 $x=1$，$y=2$，然后令 $x=\xi+1$，$y=\eta+2$，将其代入方程（2.1.17）得

$$\frac{d\eta}{d\xi}=\frac{\xi-\eta}{\xi+\eta} \tag{2.1.18}$$

再令 $\eta=\xi u$，则方程（2.1.18）化成未知函数 u 的方程，即

$$\frac{du}{d\xi}=\frac{1-2u-u^2}{(1+u)\xi} \tag{2.1.19}$$

设 $u^2+2u-1\neq 0$，经变量分离和积分推得

$$\ln\xi^2=-\ln\left|u^2+2u-1\right|+\bar{c}$$

或者写成

$$\xi^2\left(u^2+2u-1\right)=\pm e^{\bar{c}}=c_1$$

只要取 $c_1=0$，即见这个通解还包含了方程（2.1.19）中由 $u^2+2u-1=0$ 隐含的两个特解 $u=-1\pm\sqrt{2}$. 代回 ξ，η 即得方程（2.1.18）的通解为

$$\eta^2 + 2\xi\eta - \xi^2 = c_1$$

再代回变量 x，y，即知方程（2.1.17）的通解为

$$y^2 + 2xy - x^2 - 6y - 2x = c$$

其中，c 为任意常数 .

2.2　线性微分方程与常数变易法

一阶线性微分方程的一般形式为

$$a_0(x)\frac{\mathrm{d}y}{\mathrm{d}x} + a_1(x)y = f(x)$$

今后我们总假设 $a_0(x) \neq 0$，因为当 $a_0(x)$ 出现零点时，该方程就成为微分方程解析理论研究的对象 . 因此我们总是把一阶线性微分方程写成如下的标准形式：

$$\frac{\mathrm{d}y}{\mathrm{d}x} = P(x)y + Q(x) \qquad (2.2.1)$$

其中，假设 $P(x)$，$Q(x)$ 在所讨论的区间上为 x 的连续函数 .

当 $Q(x) \equiv 0$ 时，式（2.2.1）成为

$$\frac{\mathrm{d}y}{\mathrm{d}x} = P(x)y \qquad (2.2.2)$$

我们称式（2.2.2）为一阶线性齐次微分方程，而当 $Q(x)$ 不恒等于 0 时称式（2.2.1）为一阶线性非齐次微分方程，并称 $Q(x)$ 为线性微分方程（2.2.1）的非齐次项 .

求解一阶线性齐次微分方程（2.2.2）的基本思路是对它进行恒等变形，首先将式（2.2.2）化为

$$\frac{\mathrm{d}y}{\mathrm{d}x} + p(x)y = 0 \qquad (2.2.3)$$

其中，$p(x) = -P(x)$.

根据求导的经验，对方程（2.2.3）两边同时乘以函数 $\exp\left[\int p(x)\mathrm{d}x\right]$ 后得

$$\frac{\mathrm{d}y}{\mathrm{d}x} \cdot \exp\left[\int p(x)\mathrm{d}x\right] + p(x)y\exp\left[\int p(x)\mathrm{d}x\right] = 0$$

即

$$\left\{y\exp\left[\int p(x)\mathrm{d}x\right]\right\}'=0$$

对上式两边积分，再整理后得方程（2.2.3）的通解为

$$y=c\exp\left[-\int p(x)\mathrm{d}x\right]$$

所以方程（2.2.2）的通解为

$$y=c\exp\left[-\int p(x)\mathrm{d}x\right] \tag{2.2.4}$$

以后对任一个线性齐次微分方程（2.2.2），可以直接由式（2.2.4）给出它的通解 .

把任意常数 c 变易为 x 的待定函数 $c(x)$，使得它满足方程（2.2.1），亦即求方程（2.2.1）如下形式的解 .

$$y=c(x)\exp\left[-\int p(x)\mathrm{d}x\right] \tag{2.2.5}$$

将方程（2.2.5）代入式（2.2.1）得

$$\frac{\mathrm{d}c(x)}{\mathrm{d}x}\exp\left[\int P(x)\mathrm{d}x\right]+c(x)P(x)\exp\left[\int P(x)\mathrm{d}x\right]=P(x)c(x)\exp\left[\int P(x)\mathrm{d}x\right]+Q(x)$$

亦即

$$\frac{\mathrm{d}c(x)}{\mathrm{d}x}=Q(x)\exp\left[-\int P(x)\mathrm{d}x\right]$$

两边对 x 积分得

$$c(x)=\int Q(x)\exp\left[-\int P(x)\mathrm{d}x\right]\mathrm{d}x+\tilde{c} \tag{2.2.6}$$

其中，$\tilde{c}$ 为任意常数 . 将式（2.2.6）代入式（2.2.4）即得方程（2.2.1）的通解 .

所以方程（2.2.1）满足初始条件 $y(x_0)=y_0$ 的解为

$$y=\exp\left[\int P(x)\mathrm{d}x\right]\left\{\tilde{c}+\int Q(x)\exp\left[-\int P(x)\mathrm{d}x\right]\mathrm{d}x\right\} \tag{2.2.7}$$

例 2.2.1　求微分方程 $\frac{\mathrm{d}y}{\mathrm{d}x}-\frac{2y}{x+1}=(x+1)^{\frac{5}{2}}$ 的通解 .

解：原方程为一个非齐次线性微分方程，先求其对应的齐次微分方程

$$\frac{\mathrm{d}y}{\mathrm{d}x}-\frac{2y}{x+1}=0$$

的通解.

易得

$$\frac{\mathrm{d}y}{y}=\frac{2\mathrm{d}x}{x+1}$$

两边积分，可得

$$\ln|y|=2\ln|x+1|+\ln c_0$$

因此

$$y=c(x+1)^2$$

其中，c 为任意常数.

利用常数变易法，把 c 换成 $c(x)$，则有

$$y=c(x)(x+1)^2 \tag{2.2.8}$$

$$\frac{\mathrm{d}y}{\mathrm{d}x}=c'(x)(x+1)^2+2c(x)(x+1) \tag{2.2.9}$$

将式（2.2.8）和式（2.2.9）代入所给非齐次线性微分方程，可得

$$c'(x)(x+1)^2+2c(x)(x+1)-\frac{2c(x)(x+1)^2}{x+1}=(x+1)^{\frac{5}{2}}$$

$$c'(x)=(x+1)^{\frac{1}{2}}$$

两边积分，可得

$$c(x)=\frac{2}{3}(x+1)^{\frac{3}{2}}+c \tag{2.2.10}$$

把式（2.2.10）代入 $y=c(x)(x+1)^2$，可得所求的通解

$$y=(x+1)^2\left[\frac{2}{3}(x+1)^{\frac{3}{2}}+c\right]$$

例 2.2.2　求方程

$$\frac{\mathrm{d}y}{\mathrm{d}x}+\frac{1}{x}y=\frac{\sin x}{x}$$

的通解.

解：对应的齐次微分方程为

$$\frac{dy}{dx}+\frac{1}{x}y=0$$

分离变量，得

$$\frac{dy}{y}=-\frac{1}{x}dx$$

积分可得

$$\ln|y|=-\ln|x|+\ln c_0$$

即

$$y=\frac{c}{x}$$

为齐次微分方程的通解 . 设非齐次微分方程的通解为

$$y=\frac{c(x)}{x}$$

将其代入非齐次微分方程，可得

$$\frac{xc'(x)-c(x)}{x^2}+\frac{c(x)}{x^2}=\frac{\sin x}{x}$$

即

$$c'(x)=\sin x$$

积分后可得

$$c(x)=-\cos x+c$$

从而

$$y=\frac{1}{x}(-\cos x+c)$$

为非齐次微分方程的通解，其中，c 为任意常数 .

最后，我们再考虑经常遇到的方程——黎卡提（Riccati）方程：

$$\frac{dy}{dx}=P(x)y+G(x)y^2+f(x)$$

式中，$P(x)$，$G(x)$，$f(x)$ 均为 x 的函数，且是连续的 . 如果已知它的一个特解 $y=\varphi(x)$，则可通过令 $y=u+\varphi(x)$ 得到一个关于 u 的伯努利（Bernoulli）方程，从而可求出它的通解 .

例 2.2.3　求解方程 $y'+\frac{y}{x}=2x^2y^2$ 的通解.

解：在方程两边同乘$-y^{-2}$，得

$$-y^{-2}\frac{\mathrm{d}y}{\mathrm{d}x}-\frac{1}{xy}=-2x^2$$

令$z=y^{-1}$，则

$$\frac{\mathrm{d}z}{\mathrm{d}x}=-\frac{1}{y^2}\frac{\mathrm{d}y}{\mathrm{d}x}$$

于是

$$\frac{\mathrm{d}z}{\mathrm{d}x}-\frac{z}{x}=-2x^2$$

求解，得

$$z=-x^3+cx$$

因此原方程的通解为

$$y=\frac{1}{-x^3+cx}$$

其中，c为任意常数.

例 2.2.4　求解方程：

$$\frac{\mathrm{d}y}{\mathrm{d}x}=\frac{4y}{x}+x\sqrt{y}$$

解：这是伯努利方程，此处$n=\frac{1}{2}$. 当$y\neq 0$时，此方程可改写为

$$\frac{1}{\sqrt{y}}\frac{\mathrm{d}y}{\mathrm{d}x}=\frac{4}{x}\sqrt{y}+x \tag{2.2.11}$$

令$z=\sqrt{y}$，则$\frac{\mathrm{d}z}{\mathrm{d}x}=\frac{1}{2\sqrt{y}}\frac{\mathrm{d}y}{\mathrm{d}x}$，将其代入式（2.2.11）得

$$\frac{\mathrm{d}z}{\mathrm{d}x}=\frac{2}{x}z+\frac{1}{2}x$$

这是一阶线性微分方程，可求得它的通解为

$$z=x^2\left(\frac{1}{2}\ln|x|+c\right) \tag{2.2.12}$$

把$z=\sqrt{y}$代入式（2.2.12），并取平方，便得到原方程的通解为

$$y=x^4\left(\frac{1}{2}\ln|x|+c\right)^2$$

其中，c是任意常数．另外，$y=0$也是原方程的解．

例 2.2.5　求出方程

$$xy'+y=(x\ln x)y^2$$

的通解（$x>0$）．

解：令$u=\frac{1}{y}$（设$y\neq 0$），则有

$$\frac{\mathrm{d}u}{\mathrm{d}x}=-y^{-2}\frac{\mathrm{d}y}{\mathrm{d}x}$$

于是原方程变成关于u的线性微分方程

$$\frac{\mathrm{d}u}{\mathrm{d}x}=\frac{1}{x}u-\ln x$$

进而可得此方程的通解为

$$u=x\left(c-\frac{1}{2}\ln^2 x\right)$$

回到变量y，即得原方程的通解为

$$xy\left(c-\frac{1}{2}\ln^2 x\right)=1$$

其中，c为任意常数．此外，原方程还有解$y=0$．

2.3　全微分方程与积分因子

2.3.1　全微分方程

当我们把一阶微分方程

$$\frac{\mathrm{d}y}{\mathrm{d}x}=f(x,\ y)$$

写成微分形式

$$f(x,\ y)\mathrm{d}x-\mathrm{d}y=0$$

时，可以将两个变量x，y视为处于同等的位置．下面我们来考虑具有对称形式的一阶微分方程

$$M(x,\ y)\mathrm{d}x+N(x,\ y)\mathrm{d}y=0 \tag{2.3.1}$$

这里，$M(x, y)$，$N(x, y)$在某矩形区域G内是x，y的连续函数，且具有连续的一阶偏导数．

如果存在一个二元函数$u(x, y)$，使得方程（2.3.1）的左端是它的全微分，即有

$$\mathrm{d}u(x, y)=M(x, y)\mathrm{d}x+N(x, y)\mathrm{d}y$$

则称方程（2.3.1）是全微分方程（或恰当方程）．

当方程（2.3.1）是全微分方程时，它可以写成

$$\mathrm{d}u(x, y)=0$$

于是，方程（2.3.1）的通积分是

$$u(x, y)=c \tag{2.3.2}$$

c是任意常数．

事实上，设$y=\phi(x)$是方程（2.3.1）的解，则有

$$M[x, \phi(x)]\mathrm{d}x+N[x, \phi(x)]\mathrm{d}\phi(x)\equiv 0$$

即有

$$\mathrm{d}u[x, \phi(x)]\equiv 0$$

因此

$$u[x, \phi(x)]\equiv c$$

c是任意常数．这表明$y=\phi(x)$满足函数方程（2.3.2）．反过来，容易验证由函数方程（2.3.2）所确定的隐函数$y=\phi(x)$就是方程（2.3.1）的解．

我们可以直接通过观察求全微分方程的解，但是在一般情况下，往往不能直接看出方程（2.3.1）是否为全微分方程．这就需要考虑如下问题：

（1）如何判断方程（2.3.1）为全微分方程？

（2）当方程（2.3.1）是全微分方程时，如何求出原函数$u(x, y)$？

设方程（2.3.1）是一个全微分方程，存在函数$u(x, y)$使得

$$\mathrm{d}u(x, y)=M(x, y)\mathrm{d}x+N(x, y)\mathrm{d}y$$

因此

$$\frac{\partial u}{\partial x}=M(x, y), \frac{\partial u}{\partial y}=N(x, y) \tag{2.3.3}$$

进而

$$\frac{\partial^2 u}{\partial x \partial y}=\frac{\partial M(x,\ y)}{\partial y},\ \frac{\partial^2 u}{\partial y \partial x}=\frac{\partial N(x,\ y)}{\partial x}$$

由于$\frac{\partial M(x,\ y)}{\partial y}$，$\frac{\partial N(x,\ y)}{\partial x}$连续，故$\frac{\partial^2 u}{\partial x \partial y}$，$\frac{\partial^2 u}{\partial y \partial x}$连续，从而

$$\frac{\partial^2 u}{\partial x \partial y}=\frac{\partial^2 u}{\partial y \partial x}$$

由此可得

$$\frac{\partial M(x,\ y)}{\partial y}=\frac{\partial N(x,\ y)}{\partial x} \tag{2.3.4}$$

这说明式（2.3.4）是方程（2.3.1）为全微分方程的必要条件 .

充要条件：我们将构造一个函数$u(x,\ y)$使得式（2.3.3）成立. 由式（2.3.3）的第一个式子可知

$$u(x,\ y)=\int_{x_0}^{x} M(x,\ y)\mathrm{d}x+\phi(y) \tag{2.3.5}$$

其中，$\phi(y)$是待定函数 . 由式（2.3.5）可得

$$\frac{\partial u(x,\ y)}{\partial y}=\int_{x_0}^{x} \frac{\partial M(x,\ y)}{\partial y}\mathrm{d}x+\phi'(y)$$

根据条件（2.3.5），得到

$$\frac{\partial u(x,\ y)}{\partial y}=\int_{x_0}^{x} \frac{\partial M(x,\ y)}{\partial y}\mathrm{d}x+\phi'(y)=N(x,\ y)-N(x_0,\ y)+\phi'(y)$$

为了使式（2.3.3）的第二个式子成立，令

$$\phi'(y)=N(x_0,\ y)$$

于是

$$\phi(y)=\int_{y_0}^{y} N(x_0,\ y)\mathrm{d}y$$

这样，我们找到了一个满足式（2.3.3）的函数，即

$$u(x,\ y)=\int_{x_0}^{x} M(x,\ y)\mathrm{d}x+\int_{y_0}^{y} N(x_0,\ y)\mathrm{d}y$$

因此，方程（2.3.1）为全微分方程 . 此时，方程（2.3.1）的通积分为

$$\int_{x_0}^{x} M(x,\ y)\mathrm{d}x+\int_{y_0}^{y} N(x_0,\ y)\mathrm{d}y=c \tag{2.3.6}$$

其中，$(x_0,\ y_0)$为区域G中的任意一点 .

对一些全微分方程，为了求出相应全微分的原函数$u(x, y)$，可以采用分组凑微分的方法，即把方程左端的各项重新进行适当的组合，使得每组的原函数容易由观察求得，从而求得$u(x, y)$.

例 2.3.1　求方程

$$\left(3x^2y+8xy^2\right)\mathrm{d}x+\left(x^3+8x^2y+12y^2\right)\mathrm{d}y=0$$

的通解.

解：这时$M(x, y)=3x^2y+8xy^2$，$N(x, y)=x^3+8x^2y+12y^2$，因此有

$$\frac{\partial M(x, y)}{\partial y}=3x^2+16xy=\frac{\partial N(x, y)}{\partial x}$$

从而可得

$$u(x, y)=\int\left(3x^2y+8xy^2\right)\mathrm{d}x+\int\left(x^3+8x^2y+12y^2\right)\mathrm{d}y-\int\frac{\partial}{\partial y}\left[\int\left(3x^2y+8xy^2\right)\mathrm{d}x\right]\mathrm{d}y$$

$$=x^3y+4x^2y^2+x^3y+4x^2y^2+4y^3-\int\frac{\partial}{\partial y}\left(x^3y+4x^2y^2\right)\mathrm{d}y$$

$$=2x^3y+8x^2y^2+4y^3-\left(x^3y+4x^2y^2\right)$$

$$=x^3y+4x^2y^2+4y^3$$

因此，给定方程的通解为

$$x^3y+4x^2y^2+4y^3=c$$

例 2.3.2　求解方程：

$$\left(\cos x+\frac{1}{y}\right)\mathrm{d}x+\left(\frac{1}{y}-\frac{x}{y^2}\right)\mathrm{d}y=0$$

解：因为

$$\frac{\partial M(x, y)}{\partial y}=-\frac{1}{y^2}=\frac{\partial N(x, y)}{\partial x}$$

所以此方程是全微分方程.将它的左端各项重新组合，得

$$\left(\cos x+\frac{1}{y}\right)\mathrm{d}x+\left(\frac{1}{y}-\frac{x}{y^2}\right)\mathrm{d}y=\mathrm{d}\sin x+\mathrm{d}\ln|y|+\frac{y\mathrm{d}x-x\mathrm{d}y}{y^2}$$

$$=\mathrm{d}\left(\sin x+\ln|y|+\frac{x}{y}\right)$$

所以，原方程的通解为

$$\sin x+\ln|y|+\frac{x}{y}=c$$

2.3.2　积分因子

形如

$$M(x, y)\mathrm{d}x + N(x, y)\mathrm{d}y = 0$$

的微分方程，乘一个适当的函数 $u(x, y) \neq 0$ 后能使其成为全微分方程，即使

$$u(x, y)\left[M(x, y)\mathrm{d}x + N(x, y)\mathrm{d}y\right] = 0 \tag{2.3.7}$$

成为全微分方程，则称 $u(x, y)$ 是方程 $M(x, y)\mathrm{d}x + N(x, y)\mathrm{d}y = 0$ 的积分因子.

由于函数 $u(x, y) \neq 0$，因此，方程（2.3.7）与方程 $M(x, y)\mathrm{d}x + N(x, y)\mathrm{d}y = 0$ 是同解的. 如线性微分方程 $\frac{\mathrm{d}y}{\mathrm{d}x} + P(x)y = 0$ 就具有积分因子 $\exp\left[\int P(x)\mathrm{d}x\right]$. 又如方程 $y\mathrm{d}x - x\mathrm{d}y = 0$ 并非全是微分方程，但是乘函数 $\frac{1}{y^2}$ 后，就化为全微分方程 $\mathrm{d}\left(\frac{x}{y}\right) = 0$，所以 $u(x, y) = \frac{1}{y^2}$ 就是方程的一个积分因子. 易见方程还有其他的积分因子，如 $\frac{1}{x^2}$，$\frac{1}{xy}$，$\frac{1}{x^2 + y^2}$，$\frac{1}{x^2 - y^2}$ 等.

观察法自然是求积分因子的最简便的途径. 针对函数 $u(x, y) \neq 0$ 是方程 $M(x, y)\mathrm{d}x + N(x, y)\mathrm{d}y = 0$ 的积分因子的充要条件是

$$\frac{\partial\left[uM(x, y)\right]}{\partial y} \equiv \frac{\partial\left[uN(x, y)\right]}{\partial x} \tag{2.3.8}$$

即由

$$N(x, y)\frac{\partial u}{\partial x} - M(x, y)\frac{\partial u}{\partial y} \equiv \left[\frac{\partial M(x, y)}{\partial y} - \frac{\partial N(x, y)}{\partial x}\right]u \tag{2.3.9}$$

来决定 u，即 $u(x, y)$ 是偏微分方程

$$N(x, y)\frac{\partial u}{\partial x} - M(x, y)\frac{\partial u}{\partial y} \equiv \left[\frac{\partial M(x, y)}{\partial y} - \frac{\partial N(x, y)}{\partial x}\right]u$$

的解. 求解偏微分方程一般比求解常微分方程困难. 但是，并不需要求偏导数，而是只要能设法求得它的一个非零特解就行了. 这个要求，在某些特殊情况下是可以办到的.

例如，试找方程（2.3.9）的只与 x 有关与 y 无关的解 $u(x)$，那么

$$\frac{\partial u}{\partial y}=0,\ \frac{\partial u}{\partial x}=\frac{\mathrm{d}u}{\mathrm{d}x}$$

这时方程（2.3.9）就是

$$N(x,\ y)\frac{\mathrm{d}u}{\mathrm{d}x}=\left[\frac{\partial M(x,\ y)}{\partial y}-\frac{\partial N(x,\ y)}{\partial x}\right]u$$

即

$$\frac{\mathrm{d}u}{u}=\left[\frac{\dfrac{\partial M(x,\ y)}{\partial y}-\dfrac{\partial N(x,\ y)}{\partial x}}{N(x,\ y)}\right]\mathrm{d}x$$

由此可知，方程 $M(x,\ y)\mathrm{d}x+N(x,\ y)\mathrm{d}y=0$ 具有只与 x 有关的积分因子 $u(x)$ 的充要条件是 $\dfrac{\dfrac{\partial M(x,\ y)}{\partial y}-\dfrac{\partial N(x,\ y)}{\partial x}}{N(x,\ y)}$ 只与 x 有关而与 y 无关. 这时，可求得

$$u(x)=\exp\left[\int\frac{\dfrac{\partial M(x,\ y)}{\partial y}-\dfrac{\partial N(x,\ y)}{\partial x}}{N(x,\ y)}\mathrm{d}x\right]$$

同理，方程 $M(x,\ y)\mathrm{d}x+N(x,\ y)\mathrm{d}y=0$ 具有只与 y 有关的积分因子 $u(y)$ 的充要条件是 $\dfrac{\dfrac{\partial N(x,\ y)}{\partial x}-\dfrac{\partial M(x,\ y)}{\partial y}}{M(x,\ y)}$ 只与 y 有关而与 x 无关. 这时，可求得

$$u(y)=\exp\left[\int\frac{\dfrac{\partial N(x,\ y)}{\partial x}-\dfrac{\partial M(x,\ y)}{\partial y}}{M(x,\ y)}\mathrm{d}y\right]$$

例 2.3.3　求解方程：

$$\frac{\mathrm{d}y}{\mathrm{d}x}=-\frac{x}{y}+\sqrt{1+\left(\frac{x}{y}\right)^2},(y>0)$$

解：将原方程改写成

$$x\mathrm{d}x+y\mathrm{d}y=\sqrt{x^2+y^2}\,\mathrm{d}x$$

或者

$$\frac{1}{2}\mathrm{d}\left(x^2+y^2\right)=\sqrt{x^2+y^2}\mathrm{d}x$$

由此可见，这个方程有积分因子

$$u=\frac{1}{\sqrt{x^2+y^2}}$$

以此乘方程两边得

$$\frac{\mathrm{d}\left(x^2+y^2\right)}{2\sqrt{x^2+y^2}}=\mathrm{d}x$$

两边积分可得通解

$$\sqrt{x^2+y^2}=x+c$$

两边平方后化简为

$$y^2=c(c+2x)$$

例 2.3.4　求方程

$$\left(3y+\frac{y^2}{x}\right)\mathrm{d}x+(x+y)\mathrm{d}y=0$$

的解 .

解：因为

$$\frac{1}{N(x,\ y)}\left[\frac{\partial M(x,\ y)}{\partial y}-\frac{\partial N(x,\ y)}{\partial x}\right]=\frac{1}{x+y}\left(3+\frac{2y}{x}-1\right)=\frac{2}{x}$$

仅为 x 的函数，所以原方程有积分因子

$$u(x)=\exp\left(\int\frac{2}{x}\mathrm{d}x\right)=x^2$$

用 x^2 乘原方程，得全微分方程

$$\left(3x^2y+xy^2\right)\mathrm{d}x+\left(x^3+x^2y\right)\mathrm{d}y=0 \tag{2.3.10}$$

把此方程改写为

$$\left(3x^2y\mathrm{d}x+x^3\mathrm{d}y\right)+\left(xy^2\mathrm{d}x+x^2y\mathrm{d}y\right)=0$$

即

$$\mathrm{d}\left(x^3y\right)+\mathrm{d}\left[\frac{1}{2}(xy)^2\right]=0$$

故原方程的通积分为

$$x^3y+\frac{1}{2}(xy)^2=c$$

因由 $x^2=0$ 得 $x=0$，易知它是方程（2.3.10）的解，但不是原方程的解，故应从通积分中舍去函数 $x=0$.

2.4 变量替换法

前文介绍了变量可分离方程、线性微分方程和全微分方程的求解方法，可以看出这些解法都是通过适当的变换和积分，把微分方程的解用已知函数的积分表达出来. 除这几类方程以外，还有许多方程可以通过变量替换法化为已知的类型来求解. 接下来，我们就来介绍常见类型方程的替换法 .

2.4.1 形如 $yf(x,y)\mathrm{d}x+xg(x,y)\mathrm{d}y=0$ 的方程

引入变量 $z=xy$，则 $y=\frac{z}{x}$，$\mathrm{d}y=\frac{x\mathrm{d}z-z\mathrm{d}x}{x^2}$，原方程可以化为

$$\frac{z}{x}\left[f(z)-g(z)\right]\mathrm{d}x+g(z)\mathrm{d}z=0$$

这是一个变量可分离的方程 .

例 2.4.1　求微分方程

$$\left(1-xy+x^2y^2\right)\mathrm{d}x+\left(x^3y-x^2\right)\mathrm{d}y=0$$

的通解.

解：原方程两边同乘以 xy 得

$$xy\left(1-xy+x^2y^2\right)\mathrm{d}x+xy\left(x^3y-x^2\right)\mathrm{d}y=0$$

令 $z=xy$，代入上式化简整理后得

$$z\mathrm{d}x+x\left(z^2-z\right)\mathrm{d}z=0$$

即

$$\frac{\mathrm{d}x}{x}+(z-1)\mathrm{d}z=0$$

积分得其通解为

$$\ln|x|+\frac{1}{2}(z-1)^2=C_1$$

所以原微分方程的通解为

$$\ln|x|+\frac{1}{2}x^{2}y^{2}-xy=C$$

2.4.2　形如 $\frac{\mathrm{d}y}{\mathrm{d}x}=f(ax+by+c)$ 的方程

对于这种类型的方程，引入新变量 $z=ax+by+c$ ，则

$$\frac{\mathrm{d}z}{\mathrm{d}x}=a+b\frac{\mathrm{d}y}{\mathrm{d}x}$$

于是原方程就化为

$$\frac{\mathrm{d}z}{\mathrm{d}x}=a+bf(z)$$

这就是一个变量可分离的方程，它的通解为

$$\int\frac{\mathrm{d}z}{a+bf(z)}=x+C$$

例 2.4.2　求微分方程

$$\frac{\mathrm{d}y}{\mathrm{d}x}=\frac{x-y+5}{x-y-2}$$

的通解 .

解：令 $z=x-y-2$ ，则可将原方程化为

$$\frac{\mathrm{d}z}{\mathrm{d}x}=-\frac{7}{z}$$

这是一个变量可分离的方程，其通解为

$$\frac{1}{2}z^{2}+7x=C_{1}$$

将原变量代入，整理后得原方程的通解为

$$(x-y)^{2}+10x+4y=C$$

2.4.3　利用三角函数的性质及其微分法求解微分方程

例 2.4.3　求微分方程

$$\frac{\mathrm{d}y}{\mathrm{d}x}+x\left(\sin 2y-x^{2}\cos^{2}y\right)=0$$

的通解 .

解：原微分方程中涉及三角函数，它不属于前文求解过的任何一种类型. 但注意到三角函数的性质与求导法则

$$\sin 2y = 2\sin y\cos y,$$

$$\frac{\mathrm{d}\tan y}{\mathrm{d}y} = \frac{1}{\cos^2 y}$$

将原方程两边同除以 $\cos^2 y$ 得

$$\frac{1}{\cos^2 y}\frac{\mathrm{d}y}{\mathrm{d}x} + x\left(\frac{\sin 2y}{\cos^2 y} - x^2\right) = 0$$

于是自然引入变量 $z = \tan y$，将原方程化为

$$\frac{\mathrm{d}z}{\mathrm{d}x} + 2xz = x^3$$

这是关于新变量 z 的线性方程. 解此线性方程后可得原方程的解为

$$\tan y = \frac{1}{2}\left(x^2 - 1\right) + C\exp\left(-x^2\right)$$

例 2.4.4　求微分方程

$$\frac{\mathrm{d}y}{\mathrm{d}x} = \tan x\left(\tan y + \sec x\sec y\right)$$

的通解 .

解：微分方程的右端函数是三角函数，先对其进行变形 .

$$\frac{\mathrm{d}y}{\mathrm{d}x} = \frac{\sin x}{\cos x}\left(\frac{\sin y}{\cos y} + \frac{1}{\cos x\cos y}\right)$$

即

$$\cos x\cos y\frac{\mathrm{d}y}{\mathrm{d}x} = \sin x\sin y + \frac{\sin x}{\cos x}$$

又因为

$$\frac{\mathrm{d}\sin y}{\mathrm{d}x} = \cos y\frac{\mathrm{d}y}{\mathrm{d}x}$$

则有

$$\cos x\frac{\mathrm{d}\sin y}{\mathrm{d}x} - \sin x\sin y = \frac{\sin x}{\cos x}$$

此时就可以看出上面方程的左端就是 $\cos x\sin y$ 的导数，故引入新变量 $z = \cos x\sin y$，将方程化为

$$\frac{\mathrm{d}z}{\mathrm{d}x}=\frac{\sin x}{\cos x}$$

这就很容易求得原微分方程的通解为

$$\cos x\sin y+\ln\left|\cos x\right|=C$$

2.4.4　其他变换

用变量替换法求解微分方程是十分灵活的，依赖于方程的形式和求导的经验，下面我们再给出几个例子。

例 2.4.5　求方程

$$\left(\sqrt{\frac{y}{x}}-y\right)\mathrm{d}x+\left(x-1\right)\mathrm{d}y=0$$

的通解 .

解：将此方程改写为

$$\sqrt{\frac{y}{x}}\mathrm{d}x-y\mathrm{d}x+x\mathrm{d}y-\mathrm{d}y=0$$

该方程中较复杂的一项是$\sqrt{\frac{y}{x}}$，就尝试用$y=xz$去变换. 由于

$$\mathrm{d}y=x\mathrm{d}z+z\mathrm{d}x$$

代入方程后得

$$\left(\sqrt{z}-z\right)\mathrm{d}x+\left(x^{2}-x\right)\mathrm{d}z=0$$

这是一个变量可分离的方程，求解后得其通解为

$$\frac{1}{x}=1+C\left(1-\sqrt{z}\right)^{2}$$

故原方程的通解为

$$\frac{1}{x}=1+C\left(1-\sqrt{\frac{y}{x}}\right)^{2}，\ y=0$$

例 2.4.6　求微分方程

$$\left(x+y\right)\left(x\mathrm{d}y+y\mathrm{d}x\right)=xy\left(\mathrm{d}x+\mathrm{d}y\right)$$

的通解.

解：根据求微分的经验知

$$d(xy)=xdy+ydx,$$

$$d(x+y)=dx+dy$$

所求方程的两边恰好与这些函数和微分有关，自然就想到用变量替换

$$u=x+y,\ v=xy$$

将其代入原方程得

$$udv=vdu$$

此方程很容易求解．最后得原方程的通解为

$$xy=C(x+y)$$

例 2.4.7　求微分方程

$$\frac{dy}{dx}+x=\sqrt{x^2+y}$$

的通解．

解：该方程求解的困难就在于右端的根号，设变换

$$z^2=x^2+y$$

由于

$$2zdz=2xdx+dy$$

将其代入原方程得

$$2z\frac{dz}{dx}-x=z$$

化为齐次微分方程，即

$$\frac{dz}{dx}=\frac{x+z}{2z}$$

利用前面介绍过的方法求此齐次微分方程的通解，再代回原变量得原方程的通解为

$$\left(x-\sqrt{x^2+y}\right)^2\left(x+2\sqrt{x^2+y}\right)=C$$

2.4.5　黎卡提方程

形如

$$\frac{dy}{dx}=p(x)y^2+q(x)y+r(x) \tag{2.4.1}$$

的方程，称为黎卡提方程，其中函数$p(x)$，$q(x)$和$r(x)$在区间$[a,\ b]$上连续，且$p(x)\neq 0$.

一般而言，黎卡提方程不能用初等积分法求解，但在一些特殊情形下，可以通过变换把它转化成可用初等积分法求解的方程 .

若已知方程（2.4.1）的一个特解$y=\phi(x)$，则经过变换

$$y=z+\phi(x)$$

可将它化成伯努利方程 . 事实上，将此变换代入方程（2.4.1），可得

$$\frac{\mathrm{d}z}{\mathrm{d}x}+\frac{\mathrm{d}\phi(x)}{\mathrm{d}x}=p(x)\left[z^2+2\phi(x)z+\phi^2(x)\right]+q(x)\left[z+\phi(x)\right]+r(x)$$

由于$y=\phi(x)$是方程（2.4.1）的解，消去相关项以后，得到

$$\frac{\mathrm{d}z}{\mathrm{d}x}=\left[2\phi(x)p(x)+q(x)\right]z+p(x)z^2 \tag{2.4.2}$$

这是一个伯努利方程 .

定理 2.4.1 对黎卡提方程

$$\frac{\mathrm{d}y}{\mathrm{d}x}+ay^2=bx^m \tag{2.4.3}$$

其中，a，b，m都是常数，且$a\neq 0$. 当

$$m=0,-2,\frac{-4k}{2k+1},\frac{-4k}{2k-1},\quad k=1,2,\cdots \tag{2.4.4}$$

时，方程（2.4.3）可经适当的变换化为变量可分离方程 .

证明: 不妨设$a=1$（否则作自变量变换$\bar{x}=ax$即可），将其代入方程（2.4.3）可得

$$\frac{\mathrm{d}y}{\mathrm{d}x}+y^2=bx^m \tag{2.4.5}$$

当$m=0$时，式（2.4.5）是一个变量分离的方程，即

$$\frac{\mathrm{d}y}{\mathrm{d}x}=b-y^2$$

当$m=-2$时，作变换$z=xy$，其中z是新未知函数 . 然后代入方程（2.4.5），得到

$$\frac{\mathrm{d}z}{\mathrm{d}x}=\frac{b+z-z^2}{x}$$

这也是一个变量分离的方程 .

当$m=\dfrac{-4k}{2k+1}$时，作变换

$$x=\xi^{\frac{1}{m+1}},\ y=\frac{b}{m+1}\eta^{-1}$$

其中，ξ和η分别为新的未知函数，则方程（2.4.5）变为

$$\frac{\mathrm{d}\eta}{\mathrm{d}\xi}+\eta^2=\frac{b}{(m+1)^2}\xi^m \tag{2.4.6}$$

其中，$m=\dfrac{-4k}{2k-1}$. 再作变换

$$\xi=\frac{1}{t},\ \eta=t-zt^2 \tag{2.4.7}$$

其中，t和z分别是新的自变量和未知函数，则方程（2.4.5）变为

$$\frac{\mathrm{d}z}{\mathrm{d}t}+z^2=\frac{b}{(m+1)^2}t^l \tag{2.4.8}$$

其中

$$l=\frac{-4(k-1)}{2(k-1)+1}$$

方程（2.4.8）与方程（2.4.6）在形式上一样，只是右端自变量的指数从m变为l . 比较m与l对k的依赖关系不难看出，只要将上述变换的过程重复k次，就能把方程（2.4.6）化为$m=0$的情形 .

根据刘维尔（Liouville）的结论，即便对形式上很简单的方程

$$\frac{\mathrm{d}y}{\mathrm{d}x}=x^2+y^2$$

也不能用初等积分法求解 . 刘维尔的这一结果在微分方程的发展史上具有重要意义，它改变了人们研究微分方程的途径 . 在此之前，人们主要研究求微分方程解的方法和技巧 . 此后，主要从理论上研究微分方程解的性质，譬如，初值问题解的存在性、唯一性，近似解的求法以及定性理论与稳定性理论等 .

例 2.4.8　求方程

$$\frac{\mathrm{d}y}{\mathrm{d}x}=\frac{f'(x)}{g(x)}y^2-\frac{g(x)}{f(x)}$$

的解 .

解：这是一个黎卡提方程，我们可以观察出

$$y_1 = -\frac{g(x)}{f(x)}$$

是原方程的一个特解，于是作代换

$$y = z - \frac{g(x)}{f(x)}$$

将其代入原方程，得到

$$\frac{\mathrm{d}z}{\mathrm{d}x} = \frac{f'(x)}{g(x)}z^2 - 2\frac{f'(x)}{f(x)}z$$

这是伯努利方程，再作变换

$$u = z^{-1}$$

将其代入原方程，得到

$$\frac{\mathrm{d}u}{\mathrm{d}x} = 2\frac{f'(x)}{f(x)}u - \frac{f'(x)}{g(x)}$$

解这个线性方程得

$$u = \exp\left[\int \frac{2f'(x)}{f(x)}\mathrm{d}x\right]\left[C - \int \frac{f'(x)}{g(x)} \cdot \frac{1}{\left[f(x)\right]^2}\mathrm{d}x\right]$$

化简得

$$u = \left[f(x)\right]^2\left[C - \int \frac{f'(x)}{g(x)f^2(x)}\mathrm{d}x\right]$$

代回原变量，得到原方程的通解为

$$y = -\frac{g(x)}{f(x)}$$

及

$$y = -\frac{g(x)}{f(x)} + \frac{1}{f^2(x)}\left[C - \int \frac{f'(x)}{g(x)f^2(x)}\mathrm{d}x\right]^{-1}$$

2.5 一阶微分方程解的存在性与唯一性

2.5.1 一阶显式微分方程解的存在性与唯一性

定义 2.5.1 一阶显式微分方程

$$\frac{dy}{dx}=f(x,\ y) \tag{2.5.1}$$

中，如果$f(x,\ y)$在闭矩形域

$$R=\{(x,\ y)||x-x_0|\leqslant a,|y-y_0|\leqslant b\}$$

上连续，且有常数$L>0$使得对所有$(x_1,\ y_1)$，$(x_2,\ y_2)\in R$都有

$$|f(x_1,\ y_1)-f(x_2,\ y_2)|\leqslant L|y_1-y_2|$$

则称$f(x,\ y)$在R上关于y满足利普希茨（Lipschitz）条件，L称为利普希茨常数 .

接下来，我们来引入并讨论皮卡（Picard）存在与唯一性定理 .

定理 2.5.1 （皮卡存在与唯一性定理）如果方程

$$\frac{dy}{dx}=f(x,\ y)$$

的右端函数$f(x,\ y)$在闭矩形域

$$R=\{(x,\ y)||x-x_0|\leqslant a,|y-y_0|\leqslant b\} \tag{2.5.2}$$

上连续，且关于y满足 Lipschitz 条件，则方程（2.5.1）有且只有一个解$y=\varphi(x)$定义于区间$[x_0-h,\ x_0+h]$上，连续且满足初值条件

$$\varphi(x_0)=y_0 \tag{2.5.3}$$

在这里，

$$h=\min\left\{a,\frac{b}{M}\right\},\ M=\max_{(x,\ y)\in R}|f(x,\ y)| \tag{2.5.4}$$

定理 2.5.1 可以分解为如下五个命题来证明 .

命题 2.5.1 设$y=\varphi(x)$是方程（2.5.1）的定义于区间$[x_0,\ x_0+h]$上，且满足初值条件（2.5.3）的解，则$y=\varphi(x)$是积分方程

$$y = y_0 + \int_{x_0}^{x} f(x, y)\mathrm{d}x,\ x \in [x_0, x_0 + h] \qquad (2.5.5)$$

的定义于 $[x_0, x_0 + h]$ 上的连续解，反之亦然 .

证明：因为 $y = \varphi(x)$ 是方程（2.5.1）的解，故有

$$\frac{\mathrm{d}\varphi(x)}{\mathrm{d}x} = f[x, \varphi(x)]$$

两边从 x_0 到 x 取定积分得到

$$\varphi(x) - \varphi(x_0) = \int_{x_0}^{x} f[x, \varphi(x)]\mathrm{d}x,\ x \in [x_0, x_0 + h]$$

把式（2.5.3）代入上式，即有

$$\varphi(x) = y_0 + \int_{x_0}^{x} f[x, \varphi(x)]\mathrm{d}x,\ x \in [x_0, x_0 + h] \qquad (2.5.6)$$

因此，$y = \varphi(x)$ 是式（2.5.5）的定义于 $[x_0, x_0 + h]$ 上的连续解 .

反之，如果 $y = \varphi(x)$ 是式（2.5.5）的连续解，则有式（2.5.6），微分之，得到

$$\frac{\mathrm{d}\varphi(x)}{\mathrm{d}x} = f[x, \varphi(x)]$$

再把 $x = x_0$ 代入式（2.5.6），得到 $\varphi(x_0) = y_0$，因此，$y = \varphi(x)$ 是方程（2.5.1）的定义于 $[x_0, x_0 + h]$ 上，且满足初值条件（2.5.3）的解 .

现在取 $\varphi_0(x) = y_0$，构造逐步逼近函数序列如下：

$$\begin{cases} \varphi_0(x) = y_0 \\ \varphi_n(x) = y_0 + \int_{x_0}^{x} f[\xi, \varphi_{n-1}(\xi)]\mathrm{d}\xi,\ x \in [x_0, x_0 + h],\ n = 1,2,\cdots \end{cases} \qquad (2.5.7)$$

命题2.5.2　对于所有的 n，式（2.5.7）中函数 $\varphi_n(x)$ 在 $[x_0, x_0 + h]$ 上有定义、连续且满足不等式

$$|\varphi_n(x) - y_0| \leqslant b \qquad (2.5.8)$$

证明：当 $n = 1$ 时，有

$$\varphi_1(x) = y_0 + \int_{x_0}^{x} f(\xi, y_0)\mathrm{d}\xi$$

显然 $\varphi_1(x)$ 在 $[x_0, x_0 + h]$ 上有定义、连续且有

$$\left|\varphi_1(x)-y_0\right|=\left|\int_{x_0}^{x} f(\xi,\ y_0)\mathrm{d}\xi\right|\leqslant\int_{x_0}^{x}\left|f(\xi,\ y_0)\right|\mathrm{d}\xi$$
$$\leqslant M(x-x_0)\leqslant Mh\leqslant b$$

即命题 2.5.2 当 $n=1$ 时成立．现在我们用数学归纳法证明对于任何正整数 n，命题 2.5.2 都成立．为此，设命题 2.5.2 当 $n=k$ 时成立，也即 $\varphi_k(x)$ 在 $[x_0,\ x_0+h]$ 上有定义、连续且满足不等式

$$\left|\varphi_k(x)-y_0\right|\leqslant b$$

这时，

$$\varphi_k(x)=y_0+\int_{x_0}^{x} f\left[\xi,\ \varphi_k(\xi)\right]\mathrm{d}\xi$$

由假设“命题 2.5.2 当 $n=k$ 时成立”知，$\varphi_{k+1}(x)$ 在 $[x_0,\ x_0+h]$ 上有定义、连续且有

$$\left|\varphi_k(x)-y_0\right|=\left|\int_{x_0}^{x} f\left[\xi,\ \varphi_k(\xi)\right]\mathrm{d}\xi\right|\leqslant\int_{x_0}^{x}\left|f\left[\xi,\ \varphi_k(\xi)\right]\right|\mathrm{d}\xi$$
$$\leqslant M(x-x_0)\leqslant Mh\leqslant b$$

即命题 2.5.2 当 $n=k+1$ 时也成立．由数学归纳法得知命题 2.5.2 对于所有 n 均成立．

命题 2.5.3　函数序列 $\{\varphi_n(x)\}$ 在 $[x_0,\ x_0+h]$ 上是一致收敛的．

证明：我们考虑级数

$$\varphi_0(x)+\sum_{k=1}^{\infty}\left[\varphi_k(x)-\varphi_{k-1}(x)\right],\ x\in[x_0,\ x_0+h] \tag{2.5.9}$$

它的部分和为

$$\varphi_0(x)+\sum_{k=1}^{\infty}\left[\varphi_k(x)-\varphi_{k-1}(x)\right]=\varphi_n(x)$$

因此，要证明函数序列 $\{\varphi_n(x)\}$ 在 $[x_0,\ x_0+h]$ 上一致收敛，只需证明级数（2.5.9）在 $[x_0,\ x_0+h]$ 上一致收敛．为此，我们进行如下的估计，由式（2.5.7）有

$$\left|\varphi_1(x)-\varphi_0(x)\right|\leqslant\int_{x_0}^{x}\left|f\left[\xi,\ \varphi_0(\xi)\right]\right|\mathrm{d}\xi\leqslant M(x-x_0) \tag{2.5.10}$$

及

$$\left|\varphi_2(x)-\varphi_1(x)\right|\leqslant\int_{x_0}^{x}\left|f\left[\xi,\ \varphi_1(\xi)\right]-f\left[\xi,\ \varphi_0(\xi)\right]\right|\mathrm{d}\xi$$

利用利普希茨条件及式（2.5.10），得到

$$
\begin{aligned}
\left|\varphi_2(x)-\varphi_1(x)\right| &\leqslant L\int_{x_0}^{x}\left|\varphi_1(\xi)-\varphi_0(\xi)\right|\mathrm{d}\xi \\
&\leqslant L\int_{x_0}^{x}M(\xi-x_0)\mathrm{d}\xi=\frac{ML}{2!}(x-x_0)^2
\end{aligned}
$$

设对于正整数 n，不等式

$$\left|\varphi_2(x)-\varphi_{n-1}(x)\right|\leqslant\frac{ML^{n-1}}{n!}(x-x_0)^n$$

成立，则由利普希茨条件，当 $x\in[x_0,\ x_0+h]$ 时，有

$$
\begin{aligned}
\left|\varphi_{n+1}(x)-\varphi_n(x)\right| &\leqslant \int_{x_0}^{x}\left|f[\xi,\ \varphi_n(\xi)]-f[\xi,\ \varphi_{n-1}(\xi)]\right|\mathrm{d}\xi \\
&\leqslant L\int_{x_0}^{x}\left|\varphi_n(\xi)-\varphi_{n-1}(\xi)\right|\mathrm{d}\xi \\
&\leqslant \frac{ML^{n-1}}{n!}\int_{x_0}^{x}(\xi-x_0)^n\mathrm{d}\xi \\
&=\frac{ML^{n-1}}{(n+1)!}(x-x_0)^{n+1}
\end{aligned}
$$

于是，由数学归纳法得知，对于所有的正整数 k，有如下的估计：

$$\left|\varphi_k(x)-\varphi_{k-1}(x)\right|\leqslant\frac{ML^{k-1}}{k!}(x-x_0)^k,\ x\in[x_0,\ x_0+h] \tag{2.5.11}$$

从而可知，当 $x\in[x_0,\ x_0+h]$ 时，有

$$\left|\varphi_k(x)-\varphi_{k-1}(x)\right|\leqslant\frac{ML^{k-1}}{k!}h^k \tag{2.5.12}$$

式（2.5.12）的右端是正项收敛级数 $\sum\limits_{k=1}^{\infty}ML^{k-1}\frac{h^k}{k!}$ 的一般项．由魏尔斯特拉斯（Weierstrass）判别法（简称魏氏判别法），级数（2.5.9）在 $[x_0,\ x_0+h]$ 上一致收敛，因而序列 $\{\varphi_n(x)\}$ 也在 $[x_0,\ x_0+h]$ 上一致收敛．

现设 $\lim\limits_{n\to\infty}\varphi_n(x)=\varphi(x)$，则 $\varphi(x)$ 也在 $[x_0,\ x_0+h]$ 上连续，且由式（2.5.8）又可知

$$\left|\varphi(x)-y_0\right|\leqslant b$$

命题 2.5.4　$\varphi(x)$ 是积分方程（2.5.5）的定义于 $[x_0,\ x_0+h]$ 上的连续解．

证明：由利普希茨条件

$$\left|f\left(x,\ \varphi_n(x)\right)-f\left(x,\ \varphi(x)\right)\right|\leqslant L\left|\varphi_n(x)-\varphi(x)\right|$$

以及 $\{\varphi_n(x)\}$ 在 $[x_0,\ x_0+h]$ 上一致收敛于 $\varphi(x)$，即知序列 $\{f[x,\ \varphi_n(x)]\}$ 在 $[x_0,\ x_0+h]$ 上一致收敛于 $f[x,\ \varphi(x)]$. 因而，对式（2.5.7）求极限，得到

$$\begin{aligned}\lim_{n\to\infty}\varphi_n(x)&=y_0+\lim_{n\to\infty}\int_{x_0}^{x}f\left[\xi,\ \varphi_{n-1}(\xi)\right]\mathrm{d}\xi\\&=y_0+\int_{x_0}^{x}\lim_{n\to\infty}f\left[\xi,\ \varphi_{n-1}(\xi)\right]\mathrm{d}\xi\end{aligned}$$

即

$$\varphi(x)=y_0+\int_{x_0}^{x}f\left[\xi,\ \varphi(\xi)\right]\mathrm{d}\xi$$

这就是说，$\varphi(x)$ 是积分方程（2.5.5）的定义于 $[x_0,\ x_0+h]$ 上的连续解 .

命题 2.5.5 设 $\psi(x)$ 是积分方程（2.5.5）的定义于 $[x_0,\ x_0+h]$ 上的另一个连续解，则

$$\varphi(x)=\psi(x),\ x\in[x_0,\ x_0+h]$$

证明：我们证明 $\psi(x)$ 也是序列 $\{\varphi_n(x)\}$ 的一致收敛极限函数 . 为此，从

$$\varphi_0(x)=y_0$$

$$\varphi(x)=y_0+\int_{x_0}^{x}f\left[\xi,\ \varphi_{n-1}(\xi)\right]\mathrm{d}\xi,\ n\geqslant1$$

$$\psi(x)=y_0+\int_{x_0}^{x}f\left[\xi,\ \psi(\xi)\right]\mathrm{d}\xi$$

可以进行如下的估计：

$$\left|\varphi_0(x)-\psi(x)\right|\leqslant\int_{x_0}^{x}\left|f\left[\xi,\ \psi(\xi)\right]\right|\mathrm{d}\xi\leqslant M(x-x_0)$$

$$\begin{aligned}\left|\varphi_1(x)-\psi(x)\right|&\leqslant\int_{x_0}^{x}\left|f\left[\xi,\ \varphi_0(\xi)\right]-f\left[\xi,\ \psi(\xi)\right]\right|\mathrm{d}\xi\\&\leqslant L\int_{x_0}^{x}\left|\varphi_0(\xi)-\psi(\xi)\right|\mathrm{d}\xi\\&\leqslant ML\int_{x_0}^{x}(\xi-x_0)^n\mathrm{d}\xi\\&=\frac{ML}{2!}(x-x_0)^2\end{aligned}$$

现设 $\left|\varphi_{n-1}(x)-\psi(x)\right|\leqslant\dfrac{ML^{n-1}}{n!}(x-x_0)^n$，则有

$$\begin{aligned}\left|\varphi_n(x)-\psi(x)\right| &\leqslant \int_{x_0}^{x}\left|f\left[\xi,\ \varphi_{n-1}(\xi)\right]-f\left[\xi,\ \psi(\xi)\right]\right|\mathrm{d}\xi \\ &\leqslant L\int_{x_0}^{x}\left|\varphi_{n-1}(\xi)-\psi(\xi)\right|\mathrm{d}\xi \\ &\leqslant \frac{ML^n}{n!}\int_{x_0}^{x}\left(\xi-x_0\right)^n\mathrm{d}\xi \\ &=\frac{ML^n}{(n+1)!}\left(x-x_0\right)^{n+1}\end{aligned}$$

故由数学归纳法得知，对于所有的正整数n，有估计式

$$\left|\varphi_n(x)-\psi(x)\right|\leqslant\frac{ML^n}{(n+1)!}\left(x-x_0\right)^{n+1} \tag{2.5.13}$$

成立 .

因此，在$\left[x_0,\ x_0+h\right]$上有

$$\left|\varphi_n(x)-\psi(x)\right|\leqslant\frac{ML^n}{(n+1)!}h^{n+1} \tag{2.5.14}$$

$\frac{ML^n}{(n+1)!}h^{n+1}$ 是收敛级数的公项，故 $n\to\infty$ 时，$\frac{ML^n}{(n+1)!}h^{n+1}\to 0$. 因而 $\left\{\varphi_n(x)\right\}$ 在$\left[x_0,\ x_0+h\right]$上一致收敛于 $\psi(x)$. 根据极限的唯一性，即得

$$\varphi(x)=\psi(x),\ x\in\left[x_0,\ x_0+h\right] \tag{2.5.15}$$

综合命题 2.5.1 ～ 2.5.5，即得到存在与唯一性定理的证明 .

定理 2.5.2（皮亚诺存在性定理） 如果方程

$$\frac{\mathrm{d}y}{\mathrm{d}x}=f(x,\ y)$$

的右端函数$f(x,\ y)$在闭矩形域

$$R=\left\{(x,\ y)\middle|\left|x-x_0\right|\leqslant a,\left|y-y_0\right|\leqslant b\right\}$$

上连续，则初值问题

$$\frac{\mathrm{d}y}{\mathrm{d}x}=f(x,\ y),\ y(x_0)=y_0$$

在区间$\left[x_0-h,\ x_0+h\right]$上至少存在一个解，其中

$$h=\min\left\{a,\frac{b}{M}\right\},\ M=\max_{(x,\ y)\in R}\left|f(x,\ y)\right|$$

推论 2.5.1 设$f(x,\ y)$在区域D内连续，则对任意点$P_0(x_0,\ y_0)\in D$，初值

问题

$$\begin{cases}\dfrac{dy}{dx}=f(x, y)\\ y(x_0)=y_0\end{cases}$$

在含 x_0 的某区间上至少存在一个解 .

应当注意，仅假定 $f(x, y)$ 是连续的，只能保证解的存在性，却不能保证解的唯一性 .

存在与唯一性定理不仅肯定了解的存在唯一性，并且在证明中所采用的逐步逼近法实际上也是求方程近似解的一种方法 . 在估计式（2.5.14）中令 $\varphi(x)=\psi(x)$ 就得到第 n 次近似解 $\varphi_n(x)$ 和真正解 $\varphi(x)$ 在区间 $[x_0-h, x_0+h]$ 内的误差估计式，即

$$\left|\varphi_n(x)-\varphi(x)\right|\leqslant\frac{ML^n}{(n+1)!}h^{n+1}$$

这样，我们在进行近似计算时，可以根据误差的要求，选取适当的逐步逼近函数 $\varphi_n(x)$.

例 2.5.1　考虑初值问题：

$$\begin{cases}y'=x^2+y^2\\ y(0)=y_0=0\end{cases}$$

试求出该初值问题的皮卡序列的前三项 .

解：与上述初值问题等价的是积分方程

$$y=0+\int_0^x\left(x^2+y^2\right)dx$$

把上式中积分部分被积函数中的 y 用 $y_0=0$ 代入得到

$$y_1=\int_0^x x^2dx=\frac{1}{3}x^3$$

然后再用 $y=y_1(x)$ 代入积分方程的右端，得

$$y_2=\int_0^x\left[x^2+\left(\frac{x^3}{3}\right)^2\right]dx$$

$$=\frac{1}{3}x^3+\frac{1}{63}x^7$$

再以 $y=y_2(x)$ 代入，得

$$y_3=\int_0^x\left[x^2+\left(\frac{1}{3}x^3+\frac{1}{63}x^7\right)^2\right]dx$$

$$=\frac{1}{3}x^3+\frac{1}{63}x^7+\frac{2}{2079}x^{11}+\frac{1}{59535}x^{15}$$

可以证明，这个皮卡序列是有极限的，但是它的极限不是初等函数 .

例 2.5.2　证明初值问题

$$\frac{dy}{dx}=y,\ y(0)=1 \tag{2.5.16}$$

的解存在且唯一 .

证明：若 $y=y(x)$ 是初值问题的解，则对式（2.5.16）中的方程两边积分，得积分方程

$$y(x)=1+\int_0^x y(s)ds \tag{2.5.17}$$

反之，若一个连续函数 $y=y(x)$ 满足式（2.5.17），则它必是初值问题（2.5.16）的解，即初值问题（2.5.16）与积分方程（2.5.17）解的存在唯一性是等价的 . 用构造迭代序列的办法来逼近式（2.5.17）的解，令

$y_0(x)=1,$

$y_1(x)=1+\int_0^x y_0(s)ds=1+x,$

$y_2(x)=1+\int_0^x y_1(s)ds=1+x+\frac{x^2}{2!},$

……

$y_n(x)=1+\int_0^x y_{n-1}(s)ds=1+x+\frac{x^2}{2!}+\cdots+\frac{x^n}{n!}.$

由数学分析知识知，函数列 $y_n(x)$ 收敛且

$$\lim_{n\to\infty}y_n(x)=e^x$$

直接代入验证此极限函数 $y=e^x$ 是初值问题（2.5.16）的解，这就证明了解的存在性 . 为证明解的唯一性，设初始值问题有两个解 $y=\varphi(x)$ 和 $y=\psi(x)$，令

$$g(x)=\varphi(x)-\psi(x)$$

则 $g(x)$ 是可微函数且满足

$$g'(x)=\varphi'(x)-\psi'(x)=g(x),\ g(0)=0$$

由此得

$$\left[g'(x)-g(x)\right]e^{-x}=0$$

即

$$\left[g(x)e^{-x}\right]'=0$$

故 $g(x)e^{-x}$ 为常数，又因为 $g(0)=0$，故

$$g(x)e^{-x}\equiv 0$$

这表明 $g(x)\equiv 0$，即

$$\psi(x)\equiv\varphi(x)$$

所以初值问题（2.5.16）的解是存在唯一的 .

例 2.5.3　讨论初值问题

$$\frac{dy}{dx}=1+y^2,\ y(0)=0 \tag{2.5.18}$$

的解存在唯一的区间 .

解：对任意给定的正数 a，b，函数 $f(x,\ y)=1+y^2$ 均在矩形域

$$R=\left\{(x,\ y)\middle||x|\leqslant a,|y|\leqslant b\right\}$$

内连续，并且对 y 有连续的偏导数．计算得

$$M=\max_{(x,\ y)\in R}f(x,\ y)=1+b^2,\quad h=\min\left\{a,\frac{b}{1+b^2}\right\}$$

由于 a 和 b 都可以任意取，先取 b，使得 $\frac{b}{1+b^2}$ 最大，显然当 $b=1$ 时，$\frac{b}{1+b^2}$ 的最大值为

$$\frac{b}{1+b^2}=\frac{1}{2}$$

故可取 $a=1$，$b=1$，此时容易得到初值问题（2.5.18）解的存在唯一的区间是 $-\frac{1}{2}\leqslant x\leqslant\frac{1}{2}$.

使用解的存在的唯一性定理一次最多能得到式（2.5.18）的解在 $|x|\leqslant\frac{1}{2}$ 内存在，但为了使问题的结果更理想，可以再一次使用解的存在与唯一性定理 . 令

$y_1 = y\left(\frac{1}{2}\right)$，以点 $P_1\left(\frac{1}{2}, y_1\right)$ 为矩形域的中心，讨论新的初值问题

$$\frac{\mathrm{d}y}{\mathrm{d}x} = 1 + y^2, \quad y\left(\frac{1}{2}\right) = y_1 \tag{2.5.19}$$

这样就可以使初值问题（2.5.19）解的存在区间向右扩展 . 在矩形域

$$R_1 = \left\{(x, y)\left|\left|x - \frac{1}{2}\right| \leqslant a, |y - y_1| \leqslant b\right.\right\}$$

中有

$$M = \max_{(x, y)\in R_1} f(x, y) = 1 + (y_1 + b)^2, \quad h = \min\left\{a, \frac{b}{1 + (y_1 + b)^2}\right\}$$

当 $b = \sqrt{1 + y_1^2}$ 时，$\dfrac{b}{1 + (y_1 + b)^2}$ 取得最大值，即

$$h_1 = \frac{\sqrt{1 + y_1^2}}{1 + \left(y_1 + \sqrt{1 + y_1^2}\right)^2}$$

故而，取 $b = \sqrt{1 + y_1^2}$，$a = h_1$，可以得到式（2.5.19）的解在 $\frac{1}{2} \leqslant x \leqslant \frac{1}{2} + h_1$ 上存在，这样，将式（2.5.18）和式（2.5.19）的解结合起来就得到了初值问题（2.5.18）的解的存在区间为 $-\frac{1}{2} \leqslant x \leqslant \frac{1}{2} + h_1$，已经将解的存在区间向右扩展了一步 . 这一过程当然还可以重复下去 . 事实上，初值问题（2.5.18）的解是 $y = \tan x$，它的存在区间是 $|x| < \frac{\pi}{2}$.

2.5.2　一阶隐式微分方程解的存在性与唯一性

在前面关于一阶隐式方程的求解讨论中可看出，由方程

$$F(x, y, y') = 0 \tag{2.5.20}$$

所确定的 y'，可能不止一个，因此方程（2.5.20）的通过给定点 (x_0, y_0) 的积分曲线，一般来讲有若干条，因此，一阶隐式方程（2.5.20）满足初始条件 $y(x_0) = y_0$ 的解的唯一性应当理解为：方程（2.5.20）的通过点 (x_0, y_0) 沿某一已给方向 y_0' 的积分曲线不多于一条，也即方程（2.5.20）满足条件

$$y(x_0)=y_0,\ y'(x_0)=y'_0 \tag{2.5.21}$$

的解是唯一的，其中y'_0是方程$F(x_0,\ y_0,\ y')=0$的实根之一．

例如，考虑一阶隐式方程

$$(y')^2-1=0 \tag{2.5.22}$$

解出y'，得到两个一阶显式方程

$$y'=1,\ y'=-1$$

于是方程（2.5.22）的过点$(x_0,\ y_0)$的积分曲线有两条．

$$y=x+(y_0-x_0)$$

和

$$y=-x+(y_0+x_0)$$

但这两条积分曲线在$(x_0,\ y_0)$处具有不同的切线方向，即沿每一方向y'_0（$y'_0=0$或$y'_0=-1$）的积分曲线只有一条，所以方程（2.5.22）满足初始条件$y(x_0)=y_0$的解是唯一的．

根据隐函数定理和存在与唯一性定理可得如下定理．

定理 2.5.3　设方程（2.5.20）的左端函数$F(x,\ y,\ y')$满足：

（1）在点$(x_0,\ y_0,\ y'_0)$的某邻域内连续，且关于$y,\ y'$具有一阶连续偏导数．

（2）$F(x_0,\ y_0,\ y'_0)=0$．

（3）$F'_{y'}(x_0,\ y_0,\ y'_0)\neq 0$．

那么方程（2.5.20）存在唯一的满足条件（2.5.21）的定义在区间$[x_0-h,\ x_0+h]$上的解，其中h是某个充分小的正数．

证明：由定理条件并根据隐函数定理知：

（1）方程（2.5.20）唯一确定一个定义在点$(x_0,\ y_0)$的某邻域G内的隐函数

$$y'=f(x,\ y) \tag{2.5.23}$$

此函数满足$F(x,\ y,\ f(x,\ y))\equiv 0$，且$y'_0=f(x_0,\ y_0)$．

（2）$f(x,\ y)$在G内连续．

（3）$f'_y(x,\ y)=-\dfrac{F'_y(x,\ y,\ y')}{F'_{y'}(x,\ y,\ y')}$在$G$内连续．

易推得，方程（2.5.23）存在唯一的满足初始条件$y(x_0)=y_0$的解，即

$$y=\varphi(x),\ x\in[x_0-h,\ x_0+h] \tag{2.5.24}$$

其中，h 为某充分小的正数，也即

$$\varphi'(x)\equiv f[x,\ \varphi(x)],\ \varphi(x_0)=y_0$$

把 $y=\varphi(x)$ 代入方程（2.5.20）有

$$F[x,\ \varphi(x),\ \varphi'(x)]\equiv F\{x,\ \varphi(x),\ f[x,\ \varphi(x)]\}\equiv 0$$

且有

$$\varphi'(x_0)\equiv F[x_0,\ \varphi(x_0)]=f(x_0,\ y_0)=y_0'$$

故式（2.5.24）是方程（2.5.20）满足条件（2.5.21）的唯一的解 .

2.6　一阶隐式微分方程的奇解

定义 2.6.1　设一阶隐式微分方程

$$F\left(x,\ y,\frac{\mathrm{d}y}{\mathrm{d}x}\right)=0 \tag{2.6.1}$$

有一特解

$$\boldsymbol{\Gamma}:\ \boldsymbol{y}=\varphi(x),\ x\in J$$

如果对每一点 $P\in\boldsymbol{\Gamma}$，在 P 点的任何一个邻域内方程（2.6.1）都有一个不同于 $\boldsymbol{\Gamma}$ 的解在 P 点与 $\boldsymbol{\Gamma}$ 相切，则称 $\boldsymbol{\Gamma}$ 是微分方程（2.6.1）的奇解 .

下面的两个定理分别给出了奇解存在的必要条件和充分条件 .

定理 2.6.1　设 $F(x,\ y,\ p)$ 对 $(x,\ y,\ p)\in G$ 连续且对 y 和 p 有连续的偏导数 F_y' 和 F_p'. 若函数 $y=\varphi(x)(x\in J)$ 是微分方程（2.6.1）的一个奇解，并且

$$[x,\ \varphi(x),\ \varphi'(x)]\in G,\ x\in J$$

则奇解 $y=\varphi(x)$ 满足一个称为 p 判别式的联立方程组，即

$$\begin{cases}F(x,\ y,\ p)=0\\ F_p'(x,\ y,\ p)=0\end{cases} \tag{2.6.2}$$

其中，$p=y'$，或从式（2.6.2）中消去 p 所得到的方程

$$H(x,\ y)=0 \tag{2.6.3}$$

式（2.6.3）在平面上确定的曲线称为 p 判别曲线 .

证明略 .

定理 2.6.1 缩小了寻找微分方程（2.6.1）奇解的范围，即仅需在它的 p 判别式或 p 判别曲线中寻找 . 但由 p 判别式得到的函数不一定是相应微分方程的解，即使是方程（2.6.1）的解，也不一定是它的奇解 . 而在不知道方程（2.6.1）通解的情况下要验证由 p 判别式给出的函数是否为奇解就十分困难 . 下面的定理给出了一个较方便的判别法.

定理 2.6.2　设 $F(x, y, p)$ 对 $(x, y, p)\in G$ 是二阶连续可微的，并且由微分方程（2.6.1）的 p 判别式（2.6.2）得到的函数 $y=\varphi(x)(x\in J)$ 是微分方程（2.6.1）的解，并且满足

$$F_p'\left[x, \varphi(x), \varphi'(x)\right]\equiv 0$$

若条件

$$\begin{cases} F_y'\left[x, \varphi(x), \varphi'(x)\right]\neq 0 \\ F_{pp}''\left[x, \varphi(x), \varphi'(x)\right]\neq 0 \end{cases} \tag{2.6.4}$$

对 $x\in J$ 成立，则 $y=\varphi(x)$ 是微分方程（2.6.1）的奇解 .

与奇解密切相关的一个概念是曲线族的包络，它给出了奇解的几何解释 .

定义 2.6.2　给定以 c 为参数的曲线族

$$\boldsymbol{\Phi}(x, y, c)=0 \tag{2.6.5}$$

及曲线 L ，如果在 L 上的每一点都有曲线族（2.6.5）的某一曲线与之相切，并且在 L 的每一段上都有曲线族（2.6.5）中的无穷多条曲线与之相切，就把这条曲线 L 称为曲线族（2.6.5）的包络 .

例如，单参数曲线族

$$(x-a)^2+y^2=r^2$$

其中，a 是参数，r 是常数 . 它表示圆心为 $(a,0)$，半径为定长 r 的一族圆，如图 2-6-1 所示 . 此曲线族显然有包络 $y=r$ 及 $y=-r$.

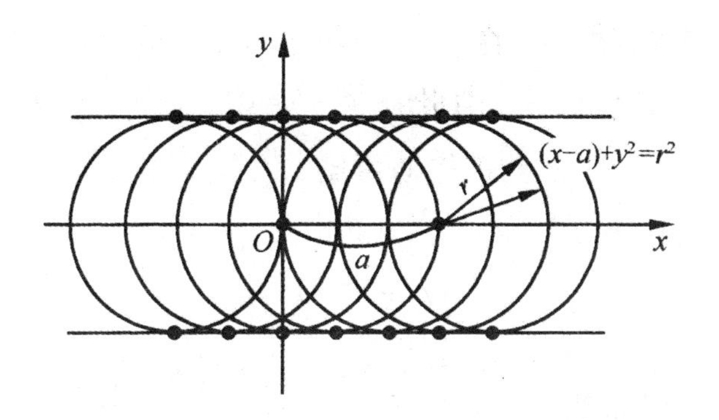

图 2-6-1　$(x-a)^2+y^2=r^2$ **表示的曲线族**

但是，一般的曲线族不一定有包络．例如，同心圆族、平行直线族都没有包络．那么对于给定的曲线族（2.6.5），如何求它的包络（如果有包络）呢？

把由方程组

$$\begin{cases}\boldsymbol{\Phi}(x,\ y,\ c)=0\\ \dfrac{\partial\boldsymbol{\Phi}(x,\ y,\ c)}{\partial c}=0\end{cases}$$

消去 c 所得到的曲线（如果有曲线），记为

$$\varphi(x,\ y)=0$$

并称之为曲线族（2.6.5）的 c 判别曲线，则有下述定理．

定理 2.6.3　设 $\boldsymbol{\Phi}(x,\ y,\ c)$ 及其各一阶偏导数是 $(x,\ y,\ c)$ 的连续函数．若 $\boldsymbol{\Phi}(x,\ y,\ c)=0$ 有包络，并且该包络是一条连续曲线且有连续转动的切线，则它必包含在 c 判别曲线 $\varphi(x,\ y)=0$ 之中．

证明略．

必须指出，从 c 判别曲线 $\varphi(x,\ y)=0$ 中分解出来的一支或数支曲线是否是包络，尚需进一步按包络的定义验证．

最后给出包络与奇解的关系．由奇解与包络的定义显然可知，若方程 $F(x,\ y,\ y')=0$ 的积分曲线族（通解所对应的曲线族）的包络存在，则必定是方程 $F(x,\ y,\ y')=0$ 的奇解．事实上，在积分曲线族包络上的点 $(x,\ y)$ 处的 x，y 和 y'（斜率）的值和在该点与包络相切的积分曲线上的 x，y 和 y' 的值分别相等．因此，包络的每一点所对应的 x，y 和 y' 满足方程 $F(x,\ y,\ y')=0$．也就是说，包络是积分曲线．另外，在包络的每一点，积分曲线族中都至少有一条曲线与包络相切．因此，包络是奇解．由此可知，如果知道了微分方程 $F(x,\ y,\ y')=0$ 的通积分，那么该通积分的包络也就是奇解．

例 2.6.1　讨论方程

$$\left(y'\right)^2+y^2-1=0 \tag{2.6.6}$$

是否有奇解 .

解：这里 $F(x, y, p)=p^2+y^2-1$，由

$$\begin{cases}p^2+y^2-1=0\\2p=0\end{cases}$$

消去 p，得到 p 判别曲线

$$y=\pm1$$

容易验证它们都是方程（2.6.6）的解 . 可求得方程（2.6.6）的通解为

$$y=\sin(x+c)$$

对于 $y=1$ 上任一点 $(x_0,1)$，方程（2.6.6）的积分曲线

$$y=\sin\left(x+\frac{\pi}{2}-x_0\right)=\cos(x-x_0)$$

与 $y=1$ 相切于该点，故 $y=1$ 是方程（2.6.6）的奇解 .

同理可验证 $y=-1$ 也是方程（2.6.6）的奇解 .

例 2.6.2　讨论微分方程

$$\left[(y-1)y'\right]^2=y\mathrm{e}^{xy} \tag{2.6.7}$$

的奇解.

解：对方程（2.6.7）有

$$F(x, y, p)=(y-1)^2p^2-y\mathrm{e}^{xy}$$

$F(x, y, p)$ 对所有 (x, y, p) 二次连续可微 . 它的 p 判别式为

$$\begin{cases}(y-1)^2p^2-y\mathrm{e}^{xy}=0\\2p(y-1)^2=0\end{cases}$$

消去 p 后得 $y=0$. 显然，$y=0$ 是方程（2.6.7）的解 . 又由于

$$\begin{cases}F'_y(x,0,0)=-1\\F''_{pp}(x,0,0)=2\end{cases}$$

因此，由定理 2.6.2 知 $y=0$ 是微分方程（2.6.7）的奇解 .

例 2.6.3　求曲线

$$(y-c)^2-(x-c)^3=0$$

的包络.

解：令 $\boldsymbol{\Phi}(x,\ y,\ c)\equiv(y-c)^2-(x-c)^3=0$，则

$$\frac{\partial\boldsymbol{\Phi}}{\partial c}=-2(y-c)+3(x-c)^2=0$$

为了消去 c，将该式代入上式得

$$(x-c)^3\left(x-c-\frac{4}{9}\right)=0$$

由 $x=c$ 得 $y=x$，再由 $x-c-\frac{4}{9}=0$ 得 $y=x-\frac{4}{27}$. 因此，c 判别曲线分解成两条直线：$y=x$ 和 $y=x-\frac{4}{27}$. 容易看出 $y=x$ 不是包络，$y=x-\frac{4}{27}$ 是包络，如图 2-6-2 所示 .

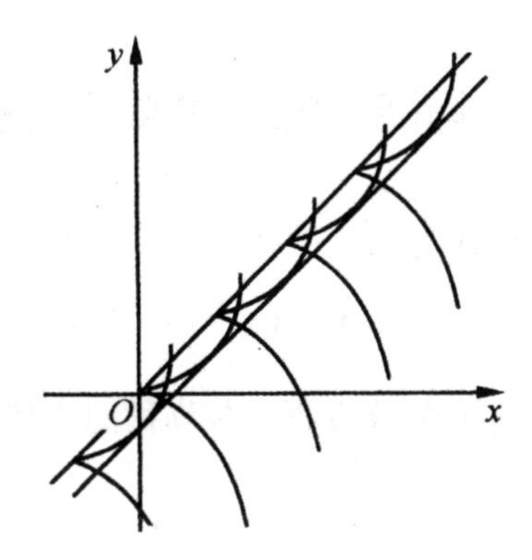

图 2-6-2　$(y-c)^2-(x-c)^3=0$ **的包络**

第 3 章　高阶微分方程及其解法

在分析讨论了一阶微分方程的基础上，本章我们来讨论高阶微分方程的求解与应用问题。在微分方程的理论中，线性微分方程占有十分重要的地位，线性微分方程理论完善、结构清晰，它是非线性微分方程的基础。本章我们首先讨论可降阶的高阶微分方程；然后，讨论常系数齐次线性微分方程的解法和常系数非齐次线性微分方程的解法；最后，对高阶微分方程的模型展开详细的分析和讨论。

3.1　可降阶的高阶微分方程

n 阶微分方程的一般形式为

$$F\left[x, y, y', y'', \cdots, y^{(n)}\right]=0$$

当 $n \geqslant 2$ 时，统称为高阶微分方程 . 本节我们主要介绍几类较容易降阶的高阶微分方程的求解方法 .

3.1.1　$y^{(n)}=f(x)$ 型的方程

微分方程

$$y^{(n)}=f(x) \tag{3.1.1}$$

的右端函数仅含自变量 x，两边积分，得到一个 $n-1$ 阶方程，即

$$y^{(n-1)}=\int f(x) \mathrm{d} x+c_1$$

再积分，得

$$y^{(n-2)}=\int\left[\int f(x) \mathrm{d} x+c_1\right] \mathrm{d} x+c_2$$

依此法继续下去，连续积分 n 次，便可得到方程（3.1.1）的含有 n 个任意常数的通解 .

3.1.2　不显含未知函数 y 的方程

对于不含有未知函数 y 及 $y^{(k-1)}\left(k \geqslant 1\right)$ 的微分方程

$$F\left[x,\ y^{(k)},\ y^{(k+1)},\cdots,\ y^{(n)}\right]=0 \qquad (3.1.2)$$

可作变换

$$y^{(k)}=p\left(x\right)$$

则微分方程（3.1.2）转化为关于新未知函数 $p\left(x\right)$ 的 $n-k$ 阶微分方程，即

$$F\left[x,\ p,\ p',\cdots,\ p^{(n-k)}\right]=0 \qquad (3.1.3)$$

如果我们能求得微分方程（3.1.3）的通解

$$p\left(x\right)=p\left(x,\ c_1,\ c_2,\cdots,\ c_{n-k}\right)$$

即

$$y^{(k)}=p\left(x,\ c_1,\ c_2,\cdots,\ c_{n-k}\right)$$

上式两端对 y 积分 k 次，就可得到原微分方程（3.1.2）的通解 . 特别地，若二阶微分方程不显含 y，利用变换 $y'=p\left(x\right)$，可将它转化为一阶微分方程，从而可利用前面介绍的方法求解 .

3.1.3　不显含自变量 x 的方程

不显含自变量 x 的方程的一般形式是

$$F\left[y,\ y',\ y'',\cdots,\ y^{(n)}\right]=0 \qquad (3.1.4)$$

此时，用 $q=y'$ 作为新的未知函数，而把 x 当成新的自变量，因为

$$\frac{\mathrm{d}y}{\mathrm{d}x}=q,$$

$$\frac{\mathrm{d}^2y}{\mathrm{d}x^2}=\frac{\mathrm{d}q}{\mathrm{d}x}=\frac{\mathrm{d}q}{\mathrm{d}y}\frac{\mathrm{d}y}{\mathrm{d}x}=q\frac{\mathrm{d}q}{\mathrm{d}y},$$

$$\frac{\mathrm{d}^3y}{\mathrm{d}x^3}=\frac{\mathrm{d}\left(q\dfrac{\mathrm{d}q}{\mathrm{d}y}\right)}{\mathrm{d}x}=\frac{\mathrm{d}\left(q\dfrac{\mathrm{d}q}{\mathrm{d}y}\right)}{\mathrm{d}y}\frac{\mathrm{d}y}{\mathrm{d}x}=q\left(\frac{\mathrm{d}q}{\mathrm{d}y}\right)^2+q^2\frac{\mathrm{d}^2q}{\mathrm{d}y^2},$$

……

用数学归纳法易得$y^{(k)}$可用$q,\dfrac{\mathrm{d}q}{\mathrm{d}y},\cdots,\dfrac{\mathrm{d}^{k-1}q}{\mathrm{d}y^{k-1}}(k\leqslant n)$来表达．将这些表达式代入方程（3.1.4）可得

$$F\left(y,\ q,\ q\frac{\mathrm{d}q}{\mathrm{d}y},\ q\left(\frac{\mathrm{d}q}{\mathrm{d}y}\right)^2+q^2\frac{\mathrm{d}^2q}{\mathrm{d}y^2},\cdots\right)=0$$

即有新方程

$$G\left(y,\ q,\frac{\mathrm{d}q}{\mathrm{d}y},\cdots,\frac{\mathrm{d}^{n-1}q}{\mathrm{d}y^{n-1}}\right)=0 \tag{3.1.5}$$

它比原来的方程（3.1.4）降低了一阶．

3.1.4　全微分方程和积分因子

若方程

$$F\left[x,\ y,\ y',\ y'',\cdots,\ y^{(n)}\right]=0$$

的左端是某个$n-1$阶微分表达式$\varPhi\left(x,\ y,\dfrac{\mathrm{d}y}{\mathrm{d}x},\cdots,\dfrac{\mathrm{d}^{n-1}y}{\mathrm{d}x^{n-1}}\right)$对$x$的全导数，即

$$F\left(x,\ y,\frac{\mathrm{d}y}{\mathrm{d}x},\cdots,\frac{\mathrm{d}^n y}{\mathrm{d}x^n}\right)=\frac{\mathrm{d}}{\mathrm{d}x}\varPhi\left(x,\ y,\frac{\mathrm{d}y}{\mathrm{d}x},\cdots,\frac{\mathrm{d}^{n-1}y}{\mathrm{d}x^{n-1}}\right) \tag{3.1.6}$$

则与一阶微分方程相类似，称方程

$$F\left[x,\ y,\ y',\ y'',\cdots,\ y^{(n)}\right]=0$$

是全微分方程．显然有

$$\varPhi\left(x,\ y,\frac{\mathrm{d}y}{\mathrm{d}x},\cdots,\frac{\mathrm{d}^{n-1}y}{\mathrm{d}x^{n-1}}\right)=c_1 \tag{3.1.7}$$

方程（3.1.7）是$n-1$阶的，若能求出方程（3.1.7）的通解

$$y=\varphi(x,\ c_1,\ c_2,\cdots,\ c_n)$$

则它一定也是原方程$F\left[x,\ y,\ y',\ y'',\cdots,\ y^{(n)}\right]=0$的通解．有时方程$F\left[x,\ y,\ y',\ y'',\cdots,\ y^{(n)}\right]=0$本身不是全微分方程，但乘以一个适当的因子$\mu\left(x,\ y,\dfrac{\mathrm{d}y}{\mathrm{d}x},\cdots,\dfrac{\mathrm{d}^{n-1}y}{\mathrm{d}x^{n-1}}\right)$后能成为全微分方程．这时，就称$\mu\left(x,\ y,\dfrac{\mathrm{d}y}{\mathrm{d}x},\cdots,\dfrac{\mathrm{d}^{n-1}y}{\mathrm{d}x^{n-1}}\right)$是方程$F\left[x,\ y,\ y',\ y'',\cdots,\ y^{(n)}\right]=0$的积分因子．

例 3.1.1　质量为m的质点受水平力F的作用沿力F的方向作直线运动，力

F 的大小为时间 t 的函数，即

$$F(t)=\sin t$$

设开始（$t=0$）时质点位于原点，且初始速度为零，求质点的运动规律.

解：设质点运动方向为坐标轴的正方向，$x=x(t)$ 表示在时刻 t 时质点的位置，根据牛顿第二定律，质点运动的微分方程为

$$m\frac{\mathrm{d}^2x}{\mathrm{d}t^2}=\sin t$$

即

$$\frac{\mathrm{d}^2x}{\mathrm{d}t^2}=\frac{\sin t}{m} \tag{3.1.8}$$

其初始条件为

$$x\big|_{t=0}=0,\frac{\mathrm{d}x}{\mathrm{d}t}\bigg|_{t=0}=0$$

将式（3.1.8）两端积分，得

$$\frac{\mathrm{d}x}{\mathrm{d}t}=-\frac{1}{m}\cos t+c_1 \tag{3.1.9}$$

将条件 $\frac{\mathrm{d}x}{\mathrm{d}t}\Big|_{t=0}=0$ 代入式（3.1.9），得 $c_1=\frac{1}{m}$，于是有

$$\frac{\mathrm{d}x}{\mathrm{d}t}=-\frac{1}{m}\cos t+\frac{1}{m} \tag{3.1.10}$$

将式（3.1.10）两端积分，得

$$x=-\frac{1}{m}\sin t+\frac{1}{m}t+c_2 \tag{3.1.11}$$

将条件 $x\big|_{t=0}=0$ 代入式（3.1.11），得 $c_2=0$，因此所求质点的运动规律为

$$x=\frac{1}{m}(t-\sin t)$$

例 3.1.2　求微分方程

$$\left(1+x^2\right)y''+2xy'=1$$

的通解.

解：所给微分方程不显含变量 y，令 $y'=p$，则 $y''=p'$，代入原微分方程得

$$\left(1+x^2\right)p'+2xp=1$$

它是一阶线性微分方程，化为标准形式为

$$p'+\frac{2x}{1+x^2}p=\frac{1}{1+x^2}$$

其通解为

$$p=\exp\left(-\int\frac{2x}{1+x^2}\mathrm{d}x\right)\left[c_1+\int\frac{1}{1+x^2}\exp\left(-\int\frac{2x}{1+x^2}\mathrm{d}x\right)\mathrm{d}x\right]$$

$$=\frac{1}{1+x^2}\left[c_1+\int\frac{1}{1+x^2}\left(1+x^2\right)\mathrm{d}x\right]$$

$$=\frac{x+c_1}{1+x^2}$$

将 $p=y'$ 代入上式，并再积分一次得所求微分方程的通解为

$$y=\frac{1}{2}\ln\left(1+x^2\right)+c_1\arctan x+c_2$$

例 3.1.3　求解初值问题：

$$\begin{cases} y''-\mathrm{e}^{2y}=0 \\ y\big|_{x=0}=0, y'\big|_{x=0}=1 \end{cases}$$

解：令 $y'=\frac{\mathrm{d}y}{\mathrm{d}x}=q$，则

$$y''=q\frac{\mathrm{d}q}{\mathrm{d}y}$$

代入原方程后，得

$$q\frac{\mathrm{d}q}{\mathrm{d}y}-\mathrm{e}^{2y}=0$$

这是变量分离方程，其通解为

$$\frac{1}{2}q^2=\frac{1}{2}\mathrm{e}^{2y}+c_1$$

根据初始条件得 $c_1=0$，又 $y'\big|_{x=0}=q\big|_{x=0}=1>0$，于是

$$y'=q=\mathrm{e}^{y}$$

再积分，得

$$-\mathrm{e}^{-y}=x+c_2$$

由初始条件得 $c_2=-1$．故方程的特解为

$$1-\mathrm{e}^{-y}=x$$

例 3.1.4　求方程

$$y\frac{\mathrm{d}^2y}{\mathrm{d}x^2}-\left(\frac{\mathrm{d}y}{\mathrm{d}x}\right)^2=0$$

的通解．

解：这个方程不是全微分方程，但乘上因子 $\mu=\frac{1}{y^2}(y\neq 0)$ 后，方程化为

$$\frac{1}{y}\frac{\mathrm{d}^2y}{\mathrm{d}x^2}-\frac{1}{y^2}\left(\frac{\mathrm{d}y}{\mathrm{d}x}\right)^2=\frac{\mathrm{d}}{\mathrm{d}x}\left(\frac{1}{y}\frac{\mathrm{d}y}{\mathrm{d}x}\right)=0$$

故有 $\frac{1}{y}\frac{\mathrm{d}y}{\mathrm{d}x}=c_1$，即可解得

$$y=c_2\mathrm{e}^{c_1x},(c_2\neq 0)$$

此外，在乘积分因子时，限制 $y\neq 0$，而 $y=0$ 显然也是方程的解，故可去掉 $c_2\neq 0$ 的限制而得到原方程的全部解为

$$y=c_2\mathrm{e}^{c_1x}$$

3.2　常系数齐次线性微分方程的解法

3.2.1　复值函数与复值解

讨论常系数齐次线性微分方程的解法时，需要涉及实变量的复值函数及复指数函数的问题．

如果对于区间 $[a,\ b]$ 中的任一实数 x，有复数

$$z(x)=\varphi(x)+\mathrm{i}\psi(x)$$

与它对应，其中 $\varphi(x)$ 和 $\psi(x)$ 是在区间 $[a,\ b]$ 上定义的实函数，$\mathrm{i}=\sqrt{-1}$ 是虚数单位，我们就说在区间 $[a,\ b]$ 上给定了一个复值函数 $z(x)$．如果实函数 $\varphi(x)$，$\psi(x)$ 当 x 趋于 x_0 时有极限，我们就称复值函数 $z(x)$ 当 x 趋于 x_0 时有极限，并且定义

$$\lim_{x\to x_0} z(x)=\lim_{x\to x_0}\varphi(x)+\mathrm{i}\lim_{x\to x_0}\psi(x)$$

如果 $\lim\limits_{x\to x_0} z(x)=z(x_0)$，我们就称 $z(x)$ 在 x_0 连续 . 显然，$z(x)$ 在 x_0 连续相当于在 $\varphi(x)$，$\psi(x)$ 在 x_0 连续. 当 $z(x)$ 在区间 $[a，b]$ 上每点都连续时，就称 $z(x)$ 在区间 $[a，b]$ 上连续 . 如果极限 $\lim\limits_{x\to x_0}\dfrac{z(x)-z(x_0)}{x-x_0}$ 存在，就称 $z(x)$ 在 x_0 有导数（可微）. 记此极限为 $\dfrac{\mathrm{d}z(x_0)}{\mathrm{d}x}$ 或者 $z'(x_0)$. 显然 $z(x)$ 在 x_0 处有导数相当于 $\varphi(x)$，$\psi(x)$ 在 x_0 处有导数，且

$$\frac{\mathrm{d}z(x_0)}{\mathrm{d}x}=\frac{\mathrm{d}\varphi(x_0)}{\mathrm{d}x}+\mathrm{i}\frac{\mathrm{d}\psi(x_0)}{\mathrm{d}x}$$

如果 $z(x)$ 在区间 $[a，b]$ 上每点都有导数，就称 $z(x)$ 在区间 $[a，b]$ 上有导数 . 对于高阶导数可以类似地定义 .

设 $z_1(x)$，$z_2(x)$ 是定义在 $[a，b]$ 上的可微函数，c 是复值常数，容易验证下列等式成立：

$$\frac{\mathrm{d}}{\mathrm{d}x}\left[z_1(x)+z_2(x)\right]=\frac{\mathrm{d}z_1(x)}{\mathrm{d}x}+\frac{\mathrm{d}z_2(x)}{\mathrm{d}x},$$

$$\frac{\mathrm{d}}{\mathrm{d}x}\left[cz_1(x)\right]=c\frac{\mathrm{d}z_1(x)}{\mathrm{d}x},$$

$$\frac{\mathrm{d}}{\mathrm{d}x}\left[z_1(x)\cdot z_2(x)\right]=\frac{\mathrm{d}z_1(x)}{\mathrm{d}x}\cdot z_2(x)+z_1(x)\cdot\frac{\mathrm{d}z_2(x)}{\mathrm{d}x}.$$

在讨论常系数齐次线性微分方程时，函数 e^{Kx} 将起着重要的作用，这里 K 是复值常数. 我们现在给出它的定义，并且讨论它的简单性质.

设 $K=\alpha+\mathrm{i}\beta$ 是任一复数，这里 α，β 是实数，x 为实变量，我们定义

$$\mathrm{e}^{Kx}=\mathrm{e}^{(\alpha+\mathrm{i}\beta)x}=\mathrm{e}^{\alpha x}(\cos\beta x+\mathrm{i}\sin\beta x)$$

由上述定义立即推得

$$\cos\beta x=\frac{1}{2}\left(\mathrm{e}^{\mathrm{i}\beta x}+\mathrm{e}^{-\mathrm{i}\beta x}\right)$$

$$\sin\beta x=\frac{1}{2\mathrm{i}}\left(\mathrm{e}^{\mathrm{i}\beta x}-\mathrm{e}^{-\mathrm{i}\beta x}\right)$$

如果以 $\overline{K}=\alpha-\mathrm{i}\beta$ 表示复数 $K=\alpha+\mathrm{i}\beta$ 的共轭复数 . 那么容易证明 $\mathrm{e}^{\overline{K}x}=\overline{\mathrm{e}^{Kx}}$.

此外，函数 e^{Kx} 还有下面的重要性质 .

（1） $e^{(K_1+K_2)x}=e^{K_1x}\cdot e^{K_2x}$.

事实上，记 $K_1=\alpha_1+i\beta_1$，$K_2=\alpha_2+i\beta_2$ ，α_1，α_2，β_1，β_2 均为实数，那么由定义得到

$$\begin{aligned}
e^{(K_1+K_2)x}&=e^{(\alpha_1+\alpha_2)x+i(\beta_1+\beta_2)x}\\
&=e^{(\alpha_1+\alpha_2)x}\left[\cos(\beta_1+\beta_2)x+i\sin(\beta_1+\beta_2)x\right]\\
&=e^{(\alpha_1+\alpha_2)x}\left[\cos\beta_1x\cdot\cos\beta_2x-\sin\beta_1x\cdot\sin\beta_2x\right.\\
&\quad\left.+i(\sin\beta_1x\cdot\cos\beta_2x+\cos\beta_1x\cdot\sin\beta_2x)\right]\\
&=e^{\alpha_1x}(\cos\beta_1x+i\sin\beta_1x)\cdot e^{\alpha_2x}(\cos\beta_2x+i\sin\beta_2x)\\
&=e^{K_1x}\cdot e^{K_2x}.
\end{aligned}$$

（2） $\dfrac{de^{Kx}}{dx}=Ke^{Kx}$，其中 x 为实变量 .

事实上，设 $K=\alpha+i\beta$，α，β 为实数，则

$$\begin{aligned}
\frac{de^{Kx}}{dx}&=\frac{d}{dx}\left[e^{(\alpha+i\beta)x}\right]=\frac{d}{dx}\left(e^{\alpha x}\cdot e^{i\beta x}\right)\\
&=\frac{de^{\alpha x}}{dx}\cdot e^{i\beta x}+e^{\alpha x}\cdot\frac{de^{i\beta x}}{dx}\\
&=\alpha e^{\alpha x}\cdot e^{i\beta x}+e^{\alpha x}\frac{d}{dx}(\cos\beta x+i\sin\beta x)\\
&=\alpha e^{(\alpha+i\beta)x}+e^{\alpha x}(-\beta\sin\beta x+i\beta\cos\beta x)\\
&=\alpha e^{Kx}+e^{\alpha x}\cdot i\beta e^{i\beta x}=(\alpha+i\beta)e^{Kx}\\
&=Ke^{Kx}.
\end{aligned}$$

（3） $\dfrac{d^n}{dx^n}\left(e^{Kx}\right)=K^ne^{Kx}$.

事实上，注意到 $\dfrac{d}{dx}\left(Ke^{Kx}\right)=K\dfrac{de^{Kx}}{dx}$，容易证明 $\dfrac{d^n}{dx^n}\left(e^{Kx}\right)=K^ne^{Kx}$. 此处证明略 .

综上所述，可以得出一个简单的结论，就是实变量的复值函数的求导公式与实变量的实值函数的求导公式完全类似，而复指数函数具有与实指数函数完全类似的性质 . 这可以帮助我们记忆上面的结果 .

现在我们引入线性微分方程的复值解的定义 .

定义 3.2.1 如果

$$\frac{\mathrm{d}^n z(x)}{\mathrm{d}x^n}+a_1(x)\frac{\mathrm{d}^{n-1}z(x)}{\mathrm{d}x^{n-1}}+\cdots+a_{n-1}(x)\frac{\mathrm{d}z(x)}{\mathrm{d}x}+a_n(x)z(x)=f(x)$$

对于$x\in[a,\ b]$恒成立．那么，定义于区间$[a,\ b]$上的实变量复值函数$y=z(x)$称为方程

$$\frac{\mathrm{d}^n y}{\mathrm{d}x^n}+a_1(x)\frac{\mathrm{d}^{n-1}y}{\mathrm{d}x^{n-1}}+\cdots+a_{n-1}(x)\frac{\mathrm{d}y}{\mathrm{d}x}+a_n(x)y=f(x)$$

的复值解．

最后，我们给出在今后讨论中要用到的两个简单定理．

定理 3.2.1 如果方程

$$\frac{\mathrm{d}^n y}{\mathrm{d}x^n}+a_1(x)\frac{\mathrm{d}^{n-1}y}{\mathrm{d}x^{n-1}}+\cdots+a_{n-1}(x)\frac{\mathrm{d}y}{\mathrm{d}x}+a_n(x)y=0 \tag{3.2.1}$$

中所有系数$a_i(x)(i=1,2,\cdots,\ n)$都是实值函数，而

$$y=z(x)=\varphi(x)+\mathrm{i}\psi(x)$$

是方程的复值解，则$z(x)$的实部$\varphi(x)$、虚部$\psi(x)$和共轭复值函数$\bar{z}(x)$也都是方程（3.2.1）的解．

定理 3.2.2 若方程

$$\frac{\mathrm{d}^n y}{\mathrm{d}x^n}+a_1(x)\frac{\mathrm{d}^{n-1}y}{\mathrm{d}x^{n-1}}+\cdots+a_{n-1}(x)\frac{\mathrm{d}y}{\mathrm{d}x}+a_n(x)y=u(x)+\mathrm{i}v(x)$$

有复值解

$$y=U(x)+\mathrm{i}V(x)$$

这里$a_i(x)(i=1,2,\cdots,\ n)$及$u(x)$，$v(x)$都是实函数，那么这个解的实部$U(x)$和虚部$V(x)$分别是方程

$$\frac{\mathrm{d}^n y}{\mathrm{d}x^n}+a_1(x)\frac{\mathrm{d}^{n-1}y}{\mathrm{d}x^{n-1}}+\cdots+a_{n-1}(x)\frac{\mathrm{d}y}{\mathrm{d}x}+a_n(x)y=u(x)$$

和

$$\frac{\mathrm{d}^n y}{\mathrm{d}x^n}+a_1(x)\frac{\mathrm{d}^{n-1}y}{\mathrm{d}x^{n-1}}+\cdots+a_{n-1}(x)\frac{\mathrm{d}y}{\mathrm{d}x}+a_n(x)y=v(x)$$

的解．

3.2.2　常系数齐次线性微分方程的待定指数函数法

我们称方程

$$L[y] \equiv \frac{d^n y}{dx^n} + a_1 \frac{d^{n-1} y}{dx^{n-1}} + \cdots + a_{n-1} \frac{dy}{dx} + a_n y = 0 \qquad (3.2.2)$$

为 n 阶常系数齐次线性微分方程，其中 a_1，$a_2, \cdots$，a_n 为常数 .

如何求这类方程的一个基本解组呢？我们先考虑一阶常系数齐次线性微分方程

$$\frac{dy}{dx} = py$$

其通解为 $y = c e^{px}$，这启示我们，方程（3.2.2）可能也存在指数函数形式的解

$$y = e^{\lambda x} \qquad (3.2.3)$$

将式（3.2.3）代入方程（3.2.2），得

$$L\left[e^{\lambda x}\right] \equiv \left(\lambda^n + a_1 \lambda^{n-1} + \cdots + a_{n-1}\lambda + a_n\right) e^{\lambda x} = 0$$

这意味着，$e^{\lambda x}$ 是方程（3.2.2）的解的充分必要条件为：λ 是代数方程

$$F(\lambda) \equiv \lambda^n + a_1 \lambda^{n-1} + \cdots + a_{n-1}\lambda + a_n = 0 \qquad (3.2.4)$$

的根. 因此，求方程（3.2.2）的解的问题，就转化为了求代数方程（3.2.4）的根的问题 .

我们称方程（3.2.4）为方程（3.2.2）的特征方程，其根为方程（3.2.2）的特征根，满足

$$L\left[e^{\lambda x}\right] = e^{\lambda x} F(\lambda)$$

称这种方法为欧拉（Euler）待定指数函数法 .

下面我们将根据特征根的不同情形分别进行讨论 .

1. 特征根是单根的情形

定理 3.2.3　设 λ_1，$\lambda_2, \cdots$，λ_n 是特征方程（3.2.4）的 n 个彼此互异的特征根，则 $e^{\lambda_1 x}, e^{\lambda_2 x}, \cdots, e^{\lambda_n x}$ 为方程（3.2.2）的一个基本解组 .

证明：由前面的讨论可知，$e^{\lambda_1 x}, e^{\lambda_2 x}, \cdots, e^{\lambda_n x}$ 是方程（3.2.2）的 n 个解，且它们的朗斯基行列式为

$$
\begin{aligned}
W(x)&=\begin{vmatrix} e^{\lambda_1 x} & e^{\lambda_2 x} & \cdots & e^{\lambda_n x} \\ \lambda_1 e^{\lambda_1 x} & \lambda_2 e^{\lambda_2 x} & \cdots & \lambda_n e^{\lambda_n x} \\ \vdots & \vdots & & \vdots \\ \lambda_1^{n-1} e^{\lambda_1 x} & \lambda_2^{n-1} e^{\lambda_2 x} & \cdots & \lambda_n^{n-1} e^{\lambda_n x} \end{vmatrix} \\
&= e^{(\lambda_1+\lambda_2+\cdots+\lambda_n)x}\begin{vmatrix} 1 & 1 & \cdots & 1 \\ \lambda_1 & \lambda_2 & \cdots & \lambda_n \\ \vdots & \vdots & & \vdots \\ \lambda_1^{n-1} & \lambda_2^{n-1} & \cdots & \lambda_n^{n-1} \end{vmatrix} \\
&= e^{(\lambda_1+\lambda_2+\cdots+\lambda_n)x}\prod_{1\leqslant j<i\leqslant n}(\lambda_i-\lambda_j)\neq 0
\end{aligned}
$$

说明这 n 个解线性无关，为方程（3.2.2）的一个基本解组 .

在这里，需要注意如下几点 .

（1）特征根 λ 可能是实数，也可能是复数 .

（2）如果 $\lambda_i\,(i=1,2,\cdots,\ n)$ 全为实数，则 $e^{\lambda_i x}\,(i=1,2,\cdots,\ n)$ 为 n 个实值解，方程（3.2.2）的通解为

$$
y(x)=c_1 e^{\lambda_1 x}+c_2 e^{\lambda_2 x}+\cdots+c_n e^{\lambda_n x}
$$

（3）如果 $\lambda_i\,(i=1,2,\cdots,\ n)$ 中有复数，由于方程的系数是实常数，复数必将成对共轭出现 . 不妨设 $\lambda_1=\alpha+i\beta$，$\lambda_2=\alpha-i\beta$，而 $\lambda_i\,(i=3,4,\cdots,\ n)$ 为实数，则方程的基本解组为

$$
e^{(\alpha+i\beta)x},e^{(\alpha-i\beta)x},e^{\lambda_3 x},\cdots,e^{\lambda_n x}
$$

其中，$e^{(\alpha+i\beta)x}$ 和 $e^{(\alpha-i\beta)x}$ 都是复值解，根据定理 3.2.1，取它们的实部 $e^{\alpha x}\cdot\cos\beta x$ 和虚部 $e^{\alpha x}\cdot\sin\beta x$ 这两个实值解，于是方程（3.2.2）的通解为

$$
y(x)=e^{\alpha x}(c_1\cos\beta x+c_2\sin\beta x)+c_3 e^{\lambda_3 x}+\cdots+c_n e^{\lambda_n x}
$$

2. 特征根有重根的情形

先考察方程

$$
\frac{d^2 y}{dx^2}+2\frac{dy}{dx}+x=0
$$

特征根只有一个 $\lambda=-1$，则只能得到一个解 e^{-t}，不能构成基本解组，必须想办法再找一个与 e^{-t} 线性无关的解 . 类似地，如果 λ 是一个 k 重特征根，就需要想办法再找 $k-1$ 个与 $e^{\lambda x}$ 线性无关的解 . 下面，我们分 $\lambda_1=0$ 和 $\lambda_1\neq 0$ 两种情况进行讨论 ..

（1）$\lambda_1=0$是k重特征根.

定理 3.2.4　设$\lambda_1=0$是方程（3.2.2）的k重特征根，则方程（3.2.2）有k个线性无关解：1，x，$x^2,\cdots$，x^{k-1} .

证明：由已知条件，得特征方程为

$$F(\lambda)=\lambda^n+a_1\lambda^{n-1}+\cdots+a_{n-k}\lambda^k=0$$

其中，$a_n=a_{n-1}=\cdots=a_{n-k+1}=0$，$a_{n-k}\neq 0$. 对应的方程（3.2.2）为

$$\frac{\mathrm{d}^n y}{\mathrm{d}x^n}+a_1\frac{\mathrm{d}^{n-1}y}{\mathrm{d}x^{n-1}}+\cdots+a_{n-k}\frac{\mathrm{d}^k y}{\mathrm{d}x^k}=0$$

显然它有k个线性无关解，即 1，x，$x^2,\cdots$，x^{k-1} .

（2）$\lambda_1\neq 0$是k重特征根.

定理 3.2.5　设$\lambda_1\neq 0$是方程（3.2.2）的k重特征根，则方程（3.2.2）有k个线性无关解：$\mathrm{e}^{\lambda_1 x}$，$x\mathrm{e}^{\lambda_1 x}$，$x^2\mathrm{e}^{\lambda_1 x},\cdots$，$x^{k-1}\mathrm{e}^{\lambda_1 x}$.

证明：此时，特征方程为

$$F(\lambda)=(\lambda-\lambda_1)^k f(\lambda)$$

作变量替换，令$y=\xi\mathrm{e}^{\lambda_1 x}$，代入方程（3.2.2），得

$$L[y]=L\left[\xi\mathrm{e}^{\lambda_1 x}\right]=\mathrm{e}^{\lambda_1 x}\left(\frac{\mathrm{d}^n\xi}{\mathrm{d}t^n}+b_1\frac{\mathrm{d}^{n-1}\xi}{\mathrm{d}t^{n-1}}+\cdots+b_n\xi\right)\equiv\mathrm{e}^{\lambda_1 x}\cdot L_1[\xi] \qquad (3.2.5)$$

其中，

$$L_1[\xi]=\left(\frac{\mathrm{d}^n\xi}{\mathrm{d}t^n}+b_1\frac{\mathrm{d}^{n-1}\xi}{\mathrm{d}t^{n-1}}+\cdots+b_n\xi\right) \qquad (3.2.6)$$

b_1，$b_2,\cdots$，b_n仍为常数. 方程$L_1[\xi]=0$的特征方程为

$$G(\mu)\equiv\mu^n+b_1\mu^{n-1}+\cdots+b_{n-1}\mu+b_n=0 \qquad (3.2.7)$$

显然有

$$L_1\left[\mathrm{e}^{\mu x}\right]=\mathrm{e}^{\mu x}G(\mu)$$

两个特征方程之间有如下关系：

$$F(\lambda_1+\mu)\mathrm{e}^{(\lambda_1+\mu)x}=L\left[\mathrm{e}^{(\lambda_1+\mu)x}\right]=L\left[\mathrm{e}^{\lambda_1 x}\cdot\mathrm{e}^{\mu x}\right]=\mathrm{e}^{\lambda_1 x}L_1\left[\mathrm{e}^{\mu x}\right]=\mathrm{e}^{\lambda_1 x}\cdot\mathrm{e}^{\mu x}\cdot G(\mu)$$

即

$$F(\lambda_1+\mu)=G(\mu)$$

进一步，有

$$F^{(j)}(\lambda_1+\mu)=G^{(j)}(\mu),\ j=1,2,\cdots,\ k$$

由此说明，$\lambda=\lambda_1$ 是 $F(\lambda)=0$ 的根的充分必要条件为 $\mu=0$ 是 $G(\mu)=0$ 的根，且重数相同. 而方程 $L_1[\xi]=0$ 必有 k 个线性无关解 1，x，$x^2,\cdots$，x^{k-1}，再利用变换 $y=\xi e^{\lambda_1 x}$，得原方程（3.2.2）的 k 个线性无关解 $e^{\lambda_1 x}$，$xe^{\lambda_1 x}$，$x^2e^{\lambda_1 x},\cdots$，$x^{k-1}e^{\lambda_1 x}$.

在这里，需要注意如下两点.

（1）如果方程（3.2.2）有互异的特征根 λ_1，$\lambda_2,\cdots$，λ_m，它们的重数分别为 k_1，$k_2,\cdots$，k_m，且 $k_1+k_2+\cdots+k_m=n$，则方程（3.2.2）有相应的解：

$$\begin{cases} e^{\lambda_1 x},\ xe^{\lambda_1 x},\cdots,\ x^{k_1-1}e^{\lambda_1 x} \\ e^{\lambda_2 x},\ xe^{\lambda_2 x},\cdots,\ x^{k_2-1}e^{\lambda_2 x} \\ \cdots\cdots \\ e^{\lambda_m x},\ xe^{\lambda_m x},\cdots,\ x^{k_m-1}e^{\lambda_m x} \end{cases} \tag{3.2.8}$$

可以证明，式（3.2.8）是方程的一个基本解组（证明略）.

（2）如果方程（3.2.2）有 k 重特征根 $\lambda=\alpha+i\beta$，则 $\lambda=\alpha-i\beta$ 也是 k 重特征根，于是方程的 $2k$ 个线性无关的复值解为

$$\begin{cases} e^{(\alpha+i\beta)x},\ xe^{(\alpha+i\beta)x},\cdots,\ x^{k-1}e^{(\alpha+i\beta)x} \\ e^{(\alpha-i\beta)x},\ xe^{(\alpha-i\beta)x},\cdots,\ x^{k-1}e^{(\alpha-i\beta)x} \end{cases}$$

而通常我们使用下面 $2k$ 个线性无关的实值解：

$$\begin{cases} e^{\alpha x}\cdot\cos\beta x,\ xe^{\alpha x}\cdot\cos\beta x,\cdots,\ x^{k-1}e^{\alpha x}\cdot\cos\beta x \\ e^{\alpha x}\cdot\sin\beta x,\ xe^{\alpha x}\cdot\sin\beta x,\cdots,\ x^{k-1}e^{\alpha x}\cdot\sin\beta x \end{cases}$$

例 3.2.1 求方程

$$\frac{d^4y}{dx^4}+2\frac{d^2y}{dx^2}+y=0$$

的通解.

解：特征方程为

$$\lambda^4+2\lambda^2+1=(\lambda^2+1)^2=0$$

即特征根

$$\lambda_{1,2}=\pm i$$

是二重根 . 因此，方程有 4 个实值解

$$\cos x,\ x\cos x,\ \sin x,\ x\sin x$$

故方程的通解为

$$y(x)=(c_1+c_2x)\cos x+(c_3+c_4x)\sin x$$

其中，c_1，c_2，c_3，c_4 是任意常数.

例 3.2.2　求方程

$$\frac{\mathrm{d}^4y}{\mathrm{d}x^4}-3\frac{\mathrm{d}^3y}{\mathrm{d}x^3}+3\frac{\mathrm{d}^2y}{\mathrm{d}x^2}-\frac{\mathrm{d}y}{\mathrm{d}x}=0$$

的通解 .

解：特征方程

$$\lambda^4-3\lambda^3+3\lambda^2-\lambda=\lambda(\lambda-1)^3=0$$

有根

$$\lambda_1=0,\ \lambda_2=1$$

其中，$\lambda_1=0$ 是单根，$\lambda_2=1$ 是三重根，故方程的通解为

$$x(x)=c_1+\left(c_2+c_3x+c_4x^2\right)\mathrm{e}^x$$

其中，c_1，c_2，c_3，c_4 是任意常数.

3.2.3　欧拉方程

在大多数情况下，变系数方程的求解是十分困难的，但对一些特殊的变系数齐次线性微分方程，有时可以通过变量替换法，将它转化为常系数齐次线性微分方程，从而求出其通解 . 欧拉方程就是这种类型的方程 .

我们称方程

$$x^n\frac{\mathrm{d}^ny}{\mathrm{d}x^n}+a_1x^{n-1}\frac{\mathrm{d}^{n-1}y}{\mathrm{d}x^{n-1}}+\cdots+a_{n-1}x\frac{\mathrm{d}y}{\mathrm{d}x}+a_ny=0 \qquad (3.2.9)$$

为欧拉方程，其中 $a_i\ (i=1,2,\cdots,n)$ 为常数 .

注意到方程（3.2.9）的特点是未知函数 $k\ (k=1,2,\cdots,n)$ 阶导数的系数是自变量的 k 次方与常数的乘积，因此我们希望通过适当的变量替换，把方程（3.2.9）转化为常系数齐次线性微分方程.

作变量替换，令 $x=\mathrm{e}^t$，则 $t=\ln x$，于是

$$\begin{cases}\dfrac{\mathrm{d}y}{\mathrm{d}x}=\dfrac{\mathrm{d}y}{\mathrm{d}t}\cdot\dfrac{\mathrm{d}t}{\mathrm{d}x}=\dfrac{1}{x}\dfrac{\mathrm{d}y}{\mathrm{d}t}\\ \dfrac{\mathrm{d}^2y}{\mathrm{d}x^2}=\dfrac{\mathrm{d}}{\mathrm{d}t}\left(\dfrac{1}{x}\dfrac{\mathrm{d}y}{\mathrm{d}t}\right)\cdot\dfrac{\mathrm{d}t}{\mathrm{d}x}=\dfrac{1}{x^2}\left(\dfrac{\mathrm{d}^2y}{\mathrm{d}t^2}-\dfrac{\mathrm{d}y}{\mathrm{d}t}\right)\\ \dfrac{\mathrm{d}^3y}{\mathrm{d}x^3}=\dfrac{1}{x^3}\left(\dfrac{\mathrm{d}^3y}{\mathrm{d}t^3}-3\dfrac{\mathrm{d}^2y}{\mathrm{d}t^2}+2\dfrac{\mathrm{d}y}{\mathrm{d}t}\right)\\ \cdots\cdots\end{cases}\tag{3.2.10}$$

用数学归纳法可以证明：对一切自然数 k 均有下式成立：

$$\frac{\mathrm{d}^k y}{\mathrm{d}x^k}=\frac{1}{x^k}\left(\frac{\mathrm{d}^k y}{\mathrm{d}t^k}-\beta_1\frac{\mathrm{d}^{k-1}y}{\mathrm{d}t^{k-1}}+\cdots+\beta_{k-1}\frac{\mathrm{d}y}{\mathrm{d}t}\right)$$

其中 $\beta_i\left(i=1,2,\cdots,\ k-1\right)$ 都是常数 .

将式（3.2.10）代入方程（3.2.9），则方程（3.2.9）变成了以 t 为自变量的常系数齐次线性微分方程

$$\frac{\mathrm{d}^n y}{\mathrm{d}t^n}+b_1\frac{\mathrm{d}^{n-1}y}{\mathrm{d}t^{n-1}}+\cdots+b_{n-1}\frac{\mathrm{d}y}{\mathrm{d}t}+b_n y=0\tag{3.2.11}$$

其中 $b_i\left(i=1,2,\cdots,\ n\right)$ 都是常数 . 求出方程（3.2.11）的通解后，把 t 换成 $\ln x$，就可得到原方程的通解 .

用上述方法求解欧拉方程时，式（3.2.10）的计算比较烦琐，于是可以采用以下算子解法.

记 $\mathrm{D}=\dfrac{\mathrm{d}}{\mathrm{d}t}$，$\mathrm{D}^k=\dfrac{\mathrm{d}^k}{\mathrm{d}t^k}$，于是式（3.2.10）可以改写为

$$\begin{cases}x\dfrac{\mathrm{d}y}{\mathrm{d}x}=\mathrm{D}y\\ x^2\dfrac{\mathrm{d}^2y}{\mathrm{d}x^2}=\mathrm{D}^2y-\mathrm{D}y=\mathrm{D}\left(\mathrm{D}-1\right)y\\ \cdots\cdots\\ x^k\dfrac{\mathrm{d}^k y}{\mathrm{d}x^k}=\mathrm{D}\left(\mathrm{D}-1\right)\cdots\left(\mathrm{D}-k+1\right)y\end{cases}$$

于是方程（3.2.9）转化为

$$\mathrm{D}^n y+b_1\mathrm{D}^{n-1}y+\cdots+b_{n-1}\mathrm{D}+b_n y=0$$

这就是方程（3.2.11）.

例 3.2.3　求解欧拉方程：

$$2x^2\frac{d^2y}{dx^2}+3x\frac{dy}{dx}-y=0$$

解：令 $x=e^t$，则原方程化为关于变量 t 的新方程，即

$$2\frac{d^2y}{dt^2}+\frac{dy}{dt}-y=0$$

其特征方程为

$$2\lambda^2+\lambda-1=0$$

特征根为

$$\lambda_1=\frac{1}{2},\ \lambda_2=-1$$

故新方程的通解为

$$y(t)=c_1e^{\frac{t}{2}}+c_2e^{-t}$$

代回原变量 x，可得原方程的通解为

$$y(t)=c_1\sqrt{x}+c_2\frac{1}{x}$$

3.3　常系数非齐次线性微分方程的解法

3.3.1　待定系数法

这一节我们来讨论 n 阶常系数非齐次线性微分方程

$$y^{(n)}+a_1y^{(n-1)}+\cdots+a_{n-1}y'+a_ny=f(x) \tag{3.3.1}$$

的求解问题，这里 $a_i\left(i=1,2,\cdots,\ n\right)$ 是常数，而 $f(x)$ 为连续函数．

根据前面的讨论可知，求方程（3.3.1）的通解归结为求它对应的齐次线性微分方程

$$y^{(n)}+a_1y^{(n-1)}+\cdots+a_{n-1}y'+a_ny=0 \tag{3.3.2}$$

的通解与方程（3.3.1）的一个特解．由于方程（3.3.2）的通解的求法已在前文解决，故只需讨论方程（3.3.1）的特解的求法．从理论上来说，这一问题已经可以解决了，因为可以利用前面讨论的方法求出对应齐次线性微分方程（3.3.2）的基本解组，再应用常数变易法，即可求得方程（3.3.1）的一个特解．虽然这是求非齐次线性微分方程的一般方法，但计算比较麻烦．下面介绍当 $f(x)$ 具有某些

特殊形式时所适用的方法——待定系数法.

为简便起见，我们以二阶方程为例，所述方法可类似地推广至n阶方程.二阶常系数非齐次线性微分方程的一般形式为

$$y''+a_1y'+a_2y=f(x) \tag{3.3.3}$$

其中，a_1，a_2是常数，$f(x)$是已知的连续函数.

下面讨论当$f(x)$具有某些特殊形式时求方程（3.3.3）特解的一种方法——待定系数法.

1. $f(x)$是多项式与指数乘积的情形

$f(x)=\mathrm{e}^{\lambda x}p_m(x)$，这里$\lambda$是常数，$p_m(x)$是$m$次多项式. 此时可设方程（3.3.3）有如下形式的特解：

$$y^*=\mathrm{e}^{\lambda x}Q(x)$$

其中，$Q(x)$是某个多项式.将

$$y^*=\mathrm{e}^{\lambda x}Q(x)$$

$$(y^*)'=\mathrm{e}^{\lambda x}\left[\lambda Q(x)+Q'(x)\right]$$

$$(y^*)''=\mathrm{e}^{\lambda x}\left[\lambda^2Q(x)+2\lambda Q'(x)+Q''(x)\right]$$

代入方程（3.3.3）并消去$\mathrm{e}^{\lambda x}$，得

$$Q''(x)+(2\lambda+a_1)Q'(x)+(\lambda^2+a_1\lambda+a_2)Q(x)=p_m(x) \tag{3.3.4}$$

（1）若$\lambda^2+a_1\lambda+a_2\neq 0$，即$\lambda$不是特征方程$r^2+a_1r+a_2=0$（为了区分，这里用$r$，其意义与上一节的$\lambda$完全相同）的根，则由式（3.3.4）可知$Q(x)$的次数应与$p_m(x)$的次数相同，故可令

$$Q(x)=Q_m(x)=b_0x^m+b_1x^{m-1}+\cdots+b_{m-1}x+b_m$$

其中b_0，b_1,…，b_{m-1}，b_m是待定常数.将$Q(x)$代入式（3.3.4）并比较等式两端x同次幂的系数即可确定这些待定常数，从而求得方程（3.3.3）的一个特解

$$y^*=\mathrm{e}^{\lambda x}Q_m(x)$$

（2）若$\lambda^2+a_1\lambda+a_2=0$，但$2\lambda+a_1\neq 0$，即$\lambda$是特征方程$r^2+a_1r+a_2=0$

的一个单根，则由式（3.3.4）可知 $Q'(x)$ 应是 m 次多项式．可令

$$Q(x)=xQ_m(x)$$

再用（1）中同样的方法来确定 $Q_m(x)$ 中的系数，从而得到方程（3.3.3）的一个特解

$$y^*=x\mathrm{e}^{\lambda x}Q_m(x)$$

（3）若 $\lambda^2+a_1\lambda+a_2=0$，且 $2\lambda+a_1=0$，即 λ 是特征方程 $r^2+a_1r+a_2=0$ 的重根，则由式（3.3.4）可知 $Q''(x)$ 应是 m 次多项式．可令

$$Q(x)=x^2Q_m(x)$$

再用（1）中同样的方法来确定 $Q_m(x)$ 中的系数，从而得到方程（3.3.3）的一个特解

$$y^*=x^2\mathrm{e}^{\lambda x}Q_m(x)$$

上述方法可推广到 n 阶常系数非齐次线性微分方程（3.3.1）. 如果在方程（3.3.1）中，有

$$f(x)=\mathrm{e}^{\lambda x}p_m(x)$$

其中，λ 是常数，$p_m(x)$ 是 m 次多项式，则方程（3.3.1）具有形如

$$y^*=x^k\mathrm{e}^{\lambda x}Q_m(x)$$

的特解，其中 k 是 λ 作为方程（3.3.1）的特征方程的根的重数（当 λ 不是特征根时，$k=0$；当 λ 为单根时，$k=1$），而 $Q_m(x)$ 是 m 次待定多项式，可以通过比较系数的方法来确定．

2. $f(x)$ 是多项式与指数函数、正余弦函数之积的情形

即

$$f(x)=\mathrm{e}^{\alpha x}\left[P_l(x)\cos\beta x+Q_n(x)\sin\beta x\right]$$

这里 α，β 是常数，$P_l(x)$，$Q_n(x)$ 分别是 l 次和 n 次多项式．

此时，方程（3.3.3）具有如下形式的特解：

$$y^*=x^k\mathrm{e}^{\alpha x}\left[R_m^{(1)}(x)\cos\beta x+R_m^{(2)}(x)\sin\beta x\right] \tag{3.3.5}$$

其中，当 $\alpha\pm\mathrm{i}\beta$ 不是特征方程的根时，$k=0$；当 $\alpha\pm\mathrm{i}\beta$ 是特征方程的根时，$k=1$；$R_m^{(1)}(x)$，$R_m^{(2)}(x)$ 是 m 次待定多项式，$m=\max\{l,\ n\}$．

式（3.3.5）的推导比较繁杂，这里从略．上述结论同样可推广到n阶常系数非齐次线性微分方程（3.3.1）中去．但要注意式（3.3.5）中的k是特征方程含有根$\alpha \pm \mathrm{i}\beta$的重数．

例 3.3.1　求微分方程

$$y'' - 2y' + 3y = \mathrm{e}^{-x} \cos x$$

的通解.

解：其对应的齐次线性微分方程为

$$y'' - 2y' + 3y = 0$$

因特征方程为

$$\lambda^2 - 2\lambda + 3 = 0$$

特征根为

$$\lambda_{1,2} = 1 \pm \mathrm{i}\sqrt{2}$$

故通解为

$$y = \left(c_1 \cos \sqrt{2}x + c_2 \sin \sqrt{2}x\right)\mathrm{e}^x$$

因$\alpha \pm \mathrm{i}\beta = -1 \pm \mathrm{i}$不是特征根，故原微分方程有形如

$$y^* = \left(A\cos x + B\sin x\right)\mathrm{e}^{-x}$$

的特解．代入微分方程化简后得

$$\mathrm{e}^{-x}\left[\left(5A - 4B\right)\cos x + \left(4A + 5B\right)\sin x\right] = \mathrm{e}^{-x} \cos x$$

比较等式两端同类项的系数得

$$\begin{cases} 5A - 4B = 1 \\ 4A + 5B = 0 \end{cases}$$

解之得

$$A = \frac{5}{41}，\ B = \frac{-4}{41}$$

从而

$$y^* = \frac{1}{41}\mathrm{e}^{-x}\left(5\cos x - 4\sin x\right)$$

故原方程的通解为

$$y = \left(c_1 \cos \sqrt{2}x + c_2 \sin \sqrt{2}x\right)\mathrm{e}^x + \frac{1}{41}\mathrm{e}^{-x}\left(5\cos x - 4\sin x\right)$$

3.3.2　拉普拉斯变换法

除了前面的待定系数法，我们再来讨论一种求解常系数非齐次线性常微分方程的常用方法——拉普拉斯（Laplace）变换法 . 应用拉普拉斯变换法进行求解往往比较简便 .

定义 3.3.1　由积分

$$F(s)=\int_0^{+\infty}\mathrm{e}^{-sx}f(x)\mathrm{d}x$$

所定义的确定于复平面上的复变数 s（$s>\sigma$）的函数 $F(s)$，称为函数 $f(x)$ 的拉普拉斯变换，其中，$f(x)$ 于 $x\geqslant 0$ 时有定义，且满足不等式

$$|f(x)|<M\mathrm{e}^{\sigma x}$$

这里，M，σ 为某两个正常数 . 我们称 $f(x)$ 为原函数，而称 $F(s)$ 为像函数 .

拉普拉斯变换法主要是借助拉普拉斯变换把常系数线性微分方程转换成复变数 s 的代数方程 . 通过一些代数运算，一般地，再利用拉普拉斯变换表，即可求出微分方程（组）的解 . 此方法简单方便，为工程技术工作者所普遍采用 . 当然，此方法本身也有一定的局限性，它要求所考察的微分方程的右端函数必须是原函数，否则方法就不适用了 .

限于本书篇幅，关于拉普拉斯变换的一般概念及基本性质，本书不再详细阐述，常用函数的拉普拉斯变换简表也不再列出，读者可以去参阅相关文献 . 在这里，我们只简单地介绍拉普拉斯变换在解常系数线性微分方程中的应用 .

设给定微分方程

$$\frac{\mathrm{d}^n y}{\mathrm{d}x^n}+a_1\frac{\mathrm{d}^{n-1}y}{\mathrm{d}x^{n-1}}+\cdots+a_{n-1}\frac{\mathrm{d}y}{\mathrm{d}x}+a_n y=f(x) \tag{3.3.6}$$

及初始条件

$$y(0)=y_0,\ y'(0)=y_0',\cdots,\ y^{(n-1)}(0)=y_0^{(n-1)}$$

其中，a_1，$a_2,\cdots$，a_n 是常数，而 $f(x)$ 连续且满足原函数的条件 .

需要注意的是，如果 $y(x)$ 是方程（3.3.6）的任意解，则 $y(x)$ 及其各阶导数

$$y^{(k)}(x),\ k=1,2,\cdots,\ n$$

均是原函数 . 记

$$F(s)=\wp\left[f(x)\right]\equiv\int_0^{+\infty}\mathrm{e}^{-st}f(x)\mathrm{d}t$$

$$Y(s)=\wp\left[y(x)\right]\equiv\int_0^{+\infty}\mathrm{e}^{-st}y(x)\mathrm{d}t$$

那么，按原函数微分性质有

$$\wp\left[y'(x)\right]=sY(s)-y_0$$

$$\cdots\cdots$$

$$\wp\left[y^{(n)}(x)\right]=s^nY(s)-s^{n-1}y_0-s^{n-2}y_0'-\cdots-y_0^{(n-1)}$$

于是，对方程（3.3.6）两端施行拉普拉斯变换，并利用线性性质就得到

$$\begin{aligned}&s^nY(s)-s^{n-1}y_0-s^{n-2}y_0'-\cdots-y_0^{(n-1)}+\\&a_1\left[s^{n-1}Y(s)-s^{n-2}y_0-s^{n-3}y_0'-\cdots-y_0^{(n-2)}\right]+\cdots+\\&a_{n-1}\left[sY(s)-y_0\right]+a_nY(s)=F(s)\end{aligned}$$

即

$$\begin{aligned}&\left(s^n+a_1s^{n-1}+\cdots+a_{n-1}s+a_n\right)Y(s)\\=&F(s)+\left(s^{n-1}+a_1s^{n-2}+\cdots+a_{n-1}\right)y_0\\&+\left(s^{n-2}+a_1s^{n-3}+\cdots+a_{n-2}\right)y_0'\\&+\cdots\\&+y_0^{(n-2)}\end{aligned}$$

或

$$A(s)Y(s)=F(s)B(s)$$

其中，$A(s)$，$B(s)$，$F(s)$都是已知多项式，由此

$$Y(s)=\frac{F(s)B(s)}{A(s)}$$

这就是方程（3.3.6）的满足所给初始条件的解$y(x)$的像函数．而$y(x)$可直接查拉普拉斯变换表或由反变换公式计算求得．

例 3.3.2　求方程$y'''+3y''+3y'+y=1$满足初始条件$y(0)=y'(0)=y''(0)=0$的解．

解：设$\wp\left[y(x)\right]=Y(s)$．对方程的两边取拉普拉斯变换，并考虑到初始条件，则得

$$\left(s^3+3s^2+3s+1\right)Y(s)=\frac{1}{s}$$

所以

$$Y(s)=\frac{1}{s(s+1)^3} \tag{3.3.7}$$

为了求 $Y(s)$ 的逆变换，将式（3.3.7）右端分解成部分分式的形式，即

$$Y(s)=\frac{1}{s}-\frac{1}{s+1}-\frac{1}{(s+1)^2}-\frac{1}{(s+1)^3} \tag{3.3.8}$$

对式（3.3.8）右端各项分别求出其原函数，即可求出 $Y(s)$ 的原函数

$$\begin{aligned} y(x)&=1-\mathrm{e}^{-x}-x\,\mathrm{e}^{-x}-\frac{1}{2}x^2\,\mathrm{e}^{-x} \\ &=1-\frac{1}{2}\left(x^2+2x+2\right)\mathrm{e}^{-x} \end{aligned}$$

这便是所求微分方程的解 .

3.4　高阶微分方程模型及分析

3.4.1　悬链线模型

有一绳索悬挂在 A 和 B 两点（不一定是在同一高度），如图 3-4-1 所示 . 设绳索是均匀、柔软的，仅受绳本身重量的作用，弯曲如图中的形状 . 我们来确定该绳索在平衡状态时的形状 .

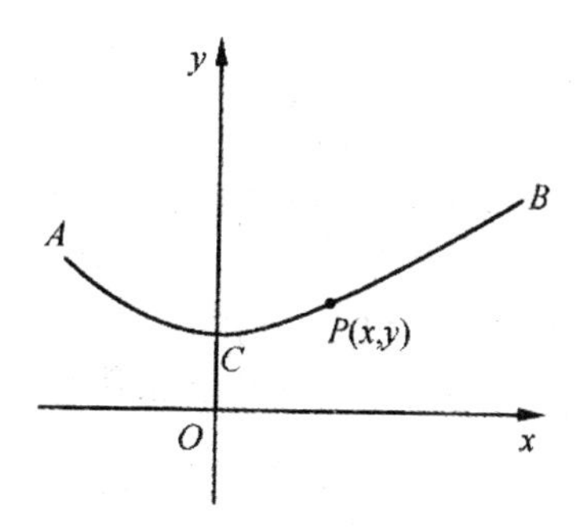

图 3-4-1　绳索悬挂示意图

设 C 是其最低点，选取坐标系 xOy 如图 3-4-1 所示，并且 y 轴通过 C 点 . 考虑绳索在最低点 C 与点 $P(x,\ y)$ 之间的一段的受力情况．这一段在下面三个

力的作用下平衡.

（1）在$P(x,\ y)$点的张力T，方向沿着$P(x,\ y)$点的切线方向.

（2）在C点处的水平张力H.

（3）CP段垂直的重力，记为$W(x)$，设它作用在某一点Q处，不一定是CP的中心，如图 3-4-2 所示. 由于平衡关系，这些力在x轴（水平）方向的代数和为0，在y轴（垂直）方向的代数和也必须为 0.

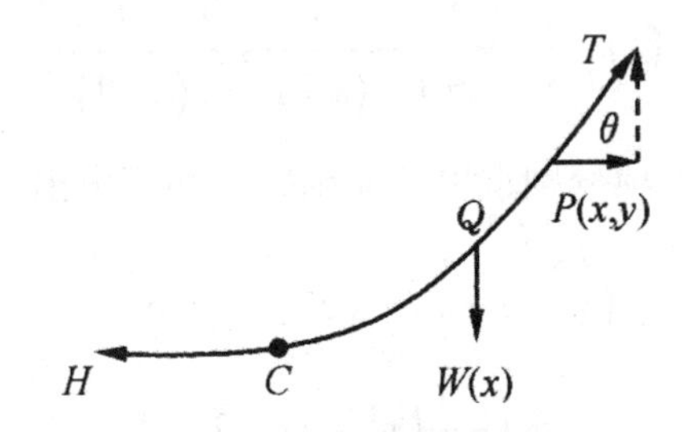

图 3-4-2　对绳索的受力分析

现将张力T分解为两个分力：水平方向分力为$T\cos\theta$，垂直方向分力为$T\sin\theta$. 此时，在x轴方向，H向左而$T\cos\theta$向右；在y轴方向，$W(x)$向下而$T\sin\theta$向上，按平衡关系有

$$T\sin\theta = W(x) \tag{3.4.1}$$

$$T\cos\theta = H \tag{3.4.2}$$

两式相除，并利用关系式（为P点切线斜率）

$$\tan\theta = \frac{\mathrm{d}y}{\mathrm{d}x} \tag{3.4.3}$$

得

$$\frac{\mathrm{d}y}{\mathrm{d}x} = \frac{W(x)}{H} \tag{3.4.4}$$

在上述方程中，H是常数，因为它是在最低点处的张力（与x无关），但$W(x)$依赖于x，将式（3.4.4）两边对x微分得

$$\frac{\mathrm{d}^2 y}{\mathrm{d}x^2} = \frac{1}{H}\frac{\mathrm{d}W(x)}{\mathrm{d}x} \tag{3.4.5}$$

其中，$\frac{\mathrm{d}W(x)}{\mathrm{d}x}$表示在水平方向上，$x$每增加单位距离时，$CP$段弧所增加的重量. 若设绳索的密度为$\omega$，则有$\frac{\mathrm{d}W}{\mathrm{d}S} = \omega$，其中，$S$表示从$C$点算起的弧长，

需要求出$\dfrac{\mathrm{d}W(x)}{\mathrm{d}x}$，因为

$$\frac{\mathrm{d}W}{\mathrm{d}S}=\frac{\mathrm{d}W}{\mathrm{d}x}\frac{\mathrm{d}x}{\mathrm{d}S}=\omega$$

或

$$\frac{\mathrm{d}W}{\mathrm{d}x}=\omega\frac{\mathrm{d}S}{\mathrm{d}x}$$

又由于

$$\frac{\mathrm{d}S}{\mathrm{d}x}=\sqrt{1+\left(\frac{\mathrm{d}y}{\mathrm{d}x}\right)^2}$$

故

$$\frac{\mathrm{d}W(x)}{\mathrm{d}x}=\omega\sqrt{1+\left(\frac{\mathrm{d}y}{\mathrm{d}x}\right)^2} \tag{3.4.6}$$

从而方程（3.4.5）化为

$$\frac{\mathrm{d}^2y}{\mathrm{d}x^2}=\frac{\omega}{H}\sqrt{1+\left(\frac{\mathrm{d}y}{\mathrm{d}x}\right)^2} \tag{3.4.7}$$

记b为绳索最低点C到坐标原点的距离，则有

$$y(0)=b,\ y'(0)=0 \tag{3.4.8}$$

方程（3.4.7）是一个不显含自变量x的方程，令$p=\dfrac{\mathrm{d}y}{\mathrm{d}x}$，则方程（3.4.7）化为

$$\frac{\mathrm{d}p}{\mathrm{d}x}=\frac{\omega}{H}\sqrt{1+p^2} \tag{3.4.9}$$

分离变量，积分得

$$\int\frac{\mathrm{d}p}{\sqrt{1+p^2}}=\int\frac{\omega}{H}\mathrm{d}x+c_1$$

即

$$\ln\left(p+\sqrt{1+p^2}\right)=\frac{x}{a}+c_1 \tag{3.4.10}$$

其中，$a=\dfrac{H}{\omega}$．把初始条件$y'(0)=0$代入式（3.4.10）得$c_1=0$．

于是式（3.4.10）变为

$$p+\sqrt{1+p^2}=\mathrm{e}^{\frac{x}{a}} \tag{3.4.11}$$

为解出p，把$p-\sqrt{1+p^2}$乘到式（3.4.11）两端得

$$p-\sqrt{1+p^2}=-\mathrm{e}^{-\frac{x}{a}} \tag{3.4.12}$$

把式（3.4.11）与式（3.4.12）相加得

$$y'=p=\frac{1}{2}\left(\mathrm{e}^{\frac{x}{a}}-\mathrm{e}^{-\frac{x}{a}}\right)=\mathrm{sh}\frac{x}{a} \tag{3.4.13}$$

积分式（3.4.13）得

$$y=\frac{a}{2}\left(\mathrm{e}^{\frac{x}{a}}+\mathrm{e}^{-\frac{x}{a}}\right)+c_2=a\mathrm{sh}\frac{x}{a}+c_2 \tag{3.4.14}$$

将初始条件$y(0)=b$代入式（3.4.12）得$c_2=b-a$.为简单起见，假设$b=a=\dfrac{H}{\omega}$.此时$c_2=0$，从而所得绳索的方程是

$$y=a\mathrm{sh}\frac{x}{a}=\frac{a}{2}\left(\mathrm{e}^{\frac{x}{a}}+\mathrm{e}^{-\frac{x}{a}}\right) \tag{3.4.15}$$

式（3.4.15）表示的曲线叫作悬链线.

此时，绳索在最低点C与点P之间一段的弧长是

$$S=\int_0^x\sqrt{1+(y')^2}\mathrm{d}x=\int_0^x\sqrt{1+\mathrm{sh}^2\frac{x}{a}}\mathrm{d}x=\int_0^x\mathrm{ch}\frac{x}{a}\mathrm{d}x=a\mathrm{sh}\frac{x}{a}$$

3.4.2　机械振动模型

设有一个弹簧，它的上端固定，下端挂一个质量为m的物体，当物体处于静止状态时，作用在物体上的重力与弹性力大小相等、方向相反.这个位置就是物体的平衡位置，如图3-4-3所示.

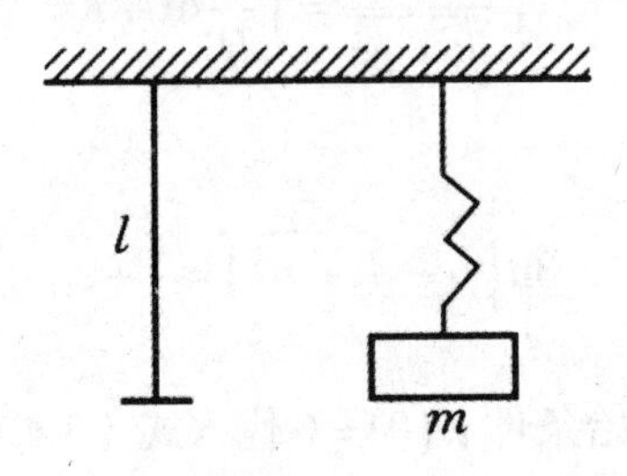

图3-4-3　物体处于平衡位置示意图

当物体处于平衡位置时，受到向下的重力 mg、弹簧向上的弹力 $k\Delta l$ 的作用，其中 k 是弹簧的弹性系数，Δl 是弹簧受重力 mg 作用后向下拉伸的长度，即

$$k\Delta l = mg$$

为了研究物体的运动规律，选取平衡位置为坐标原点，取垂直向下的方向为 x 轴正方形．当物体处于平衡位置时，有 $x=0$，当物体受到外力 $F(t)$ 作用时，从平衡位置开始运动，$x(t)$ 是物体在 t 时刻的位置．当物体开始运动时，受到下面 4 个外力的作用．

（1）物体的重力 $W=mg$，方向向下，与坐标轴方向一致．

（2）弹簧的弹力 R，当 $\Delta l + x > 0$ 时，弹力与 x 轴方向相反，取

$$R = -k(\Delta l + x) \tag{3.4.16}$$

当 $\Delta l + x < 0$ 时，弹力与 x 轴方向相同，也满足（3.4.16）．因此，弹簧的弹力总满足式（3.4.16）．

（3）空气阻力 D，物体在运动过程中总会受到空气或其他介质的阻力作用，使振动逐渐减弱，阻力的大小与物体运动的速度成正比，阻力的方向与运动的方向相反．该阻力系数为 c，在 t 时刻物体运动速度为 $\dfrac{\mathrm{d}x}{\mathrm{d}t}$，因此

$$D = -c\frac{\mathrm{d}x}{\mathrm{d}t}$$

（4）物体在运动过程中还受到随时间变化的外力作用 $F(t)$，方向可能向上，也可能向下，依赖于 $F(t)$ 的正负．

根据牛顿第二定律，得

$$\begin{aligned} m\frac{\mathrm{d}^2x}{\mathrm{d}t^2} &= W + R + D + F \\ &= mg - k(\Delta l + x) - c\frac{\mathrm{d}x}{\mathrm{d}t} + F(t) \\ &= -kx - c\frac{\mathrm{d}x}{\mathrm{d}t} + F(t) \end{aligned}$$

因此，物体的运动满足二阶常系数线性微分方程

$$m\frac{\mathrm{d}^2x}{\mathrm{d}t^2} + c\frac{\mathrm{d}x}{\mathrm{d}t} + kx = F(t) \tag{3.4.17}$$

接下来，我们分如下几种情况来分析讨论机械振动．

1. 无阻尼自由振动

无阻尼自由振动是指没有空气阻力和外力作用的弹簧振动．此时，方程（3.4.17）变为

$$m\frac{d^2x}{dt^2}+kx=0$$

或

$$m\frac{d^2x}{dt^2}+\omega_0^2x=0 \tag{3.4.18}$$

其中 $\omega_0^2=\frac{k}{m}$，方程（3.4.18）的通解为

$$x(t)=c_1\cos\omega_0t+c_2\sin\omega_0t \tag{3.4.19}$$

其中，c_1，c_2 为常数．为了明确物理意义，令

$$\sin\theta=\frac{c_1}{\sqrt{c_1^2+c_2^2}},\cos\theta=\frac{c_2}{\sqrt{c_1^2+c_2^2}}$$

取

$$A=\sqrt{c_1^2+c_2^2},\quad \theta=\arctan\frac{c_1}{c_2}$$

则式（3.4.19）可改写为

$$\begin{aligned}x(t)&=\sqrt{c_1^2+c_2^2}\left(\frac{c_1}{\sqrt{c_1^2+c_2^2}}\cos\omega_0t+\frac{c_2}{\sqrt{c_1^2+c_2^2}}\sin\omega_0t\right)\\&=A(\sin\theta\cos\omega_0t+\cos\theta\sin\omega_0t)\\&=A\sin(\omega_0t+\theta)\end{aligned} \tag{3.4.20}$$

式（3.4.20）表明，物体的运动是周期运动，周期为 $T=\frac{2\pi}{\omega_0}$，这种运动称为简谐振动，A 为振幅，θ 为初相位，振幅和初相位都依赖于初始条件的选择，如图 3-4-4 所示．

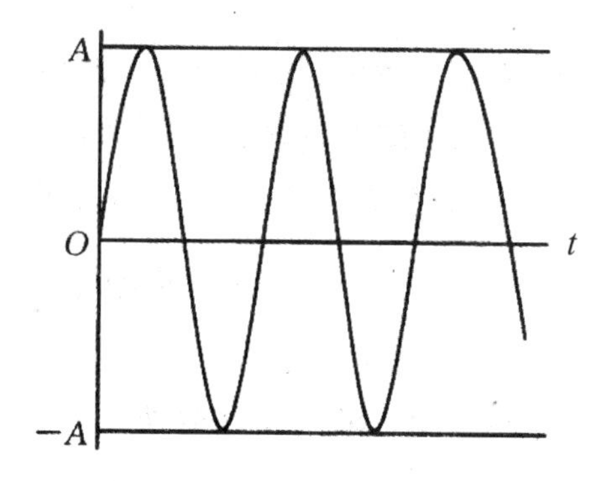

图 3-4-4　无阻尼自由振动

2. 有阻尼自由振动

有阻尼自由振动是指有空气阻力而无外力作用的弹簧振动 . 此时，方程（3.4.17）变为

$$m\frac{\mathrm{d}^2x}{\mathrm{d}t^2}+c\frac{\mathrm{d}x}{\mathrm{d}t}+kx=0 \qquad (3.4.21)$$

方程（3.4.21）对应的特征方程的特征根为

$$\lambda_1=\frac{-c+\sqrt{c^2-4km}}{2m},\quad \lambda_2=\frac{-c-\sqrt{c^2-4km}}{2m}$$

我们分以下三种情况考虑方程（3.4.21）的解 .

（1）$c^2-4km>0$，方程（3.4.18）的通解为

$$x(t)=c_1\mathrm{e}^{\lambda_1 t}+c_2\mathrm{e}^{\lambda_2 t}$$

（2）$c^2-4km=0$，方程（3.4.18）的通解为

$$x(t)=(c_1+c_2t)\exp\left(-\frac{c}{2m}t\right)$$

（3）$c^2-4km<0$，方程（3.4.21）的通解为

$$x(t)=\exp\left(-\frac{c}{2m}t\right)(c_1\cos\mu t+c_2\sin\mu t)$$

其中，

$$\mu=\frac{\sqrt{4km-c^2}}{2m}$$

情形（1）称为大阻尼情形，情形（2）称为临界阻尼情形，情形（3）称为小阻尼情形 . 对于情形（3），类似于无阻尼自由振动 . 可以把方程（3.4.21）

的通解改写为

$$x(t)=A\mathrm{e}^{-\frac{c}{2m}t}\sin(\mu t+\theta)$$

其中，A，θ为任意常数.

显然，弹簧的振动已不是周期的，振幅的最大偏离$A\mathrm{e}^{-\frac{c}{2m}t}$随时间增加而不断减小，如图 3-4-5 所示，最后趋于平衡位置$x=0$.

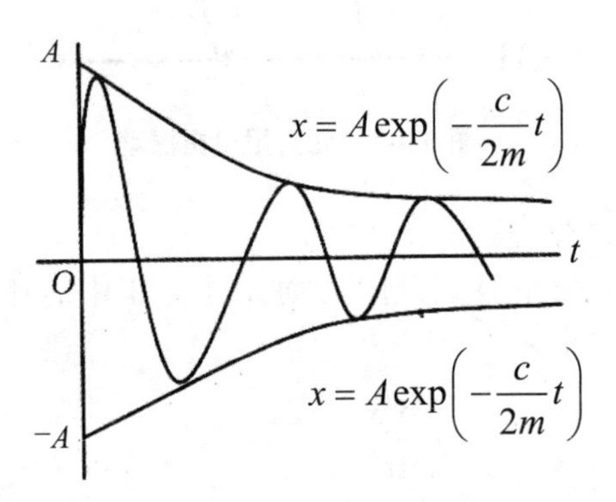

图 3-4-5　有阻尼自由振动

3. 有阻尼强迫振动

如果物体在运动过程中既有空气阻力又有周期性外力$F(t)$作用，设

$$F(t)=F_0\cos\omega t$$

则方程（3.4.17）变为

$$m\frac{\mathrm{d}^2x}{\mathrm{d}t^2}+c\frac{\mathrm{d}x}{\mathrm{d}t}+kx=F_0\cos\omega t \tag{3.4.22}$$

方程（3.4.22）的一个特解为

$$\psi(t)=\frac{F_0\sin(\omega t+\theta)}{\left[\left(k-m\omega^2\right)^2+c^2\omega^2\right]^{\frac{1}{2}}}$$

其中，$\tan\theta=\frac{k-m\omega^2}{c\omega}$. 于是方程（3.4.22）的通解为

$$x(t)=\varphi(t)+\psi(t) \tag{3.4.23}$$

其中，$\varphi(t)$是方程（3.4.22）对应的齐次方程

$$m\frac{\mathrm{d}^2x}{\mathrm{d}t^2}+c\frac{\mathrm{d}x}{\mathrm{d}t}+kx=0$$

的通解．

由式（3.4.23）可以看出，弹簧的振动由两部分叠加而成：第一部分是有阻尼的自由振动，它是系统本身的固定振动，振幅随时间的延续而衰减，最终趋于零；第二部分是由外力而引起的强迫振动，它的振幅不随时间的延续而衰减，当时间充分长时，方程（3.4.22）的解 $x(t)$ 最终趋向于解 $\psi(t)$．

4. 无阻尼强迫振动

当没有空气阻力而有周期性外力 $F(t)=F_0\cos\omega t$ 作用时，弹簧的振动满足方程

$$\frac{\mathrm{d}^2x}{\mathrm{d}t^2}+\omega_0^2x=\frac{F_0}{m}\cos\omega t \tag{3.4.24}$$

其中，$\omega_0^2=\dfrac{k}{m}$．

当 $\omega\neq\omega_0$ 时，方程（3.4.24）有通解

$$x(t)=c_1\cos\omega_0t+c_2\sin\omega_0t+\frac{F_0}{m\left(\omega_0^2-\omega^2\right)}\cos\omega t$$

它是两个不同周期函数的和．

当 $\omega=\omega_0$ 时，外力的频率 $\dfrac{\omega}{2\pi}$ 与弹簧振动的固有频率 $\dfrac{\omega_0}{2\pi}$ 是相等的，这种现象称为共振现象，此时，弹簧的振动满足方程

$$\frac{\mathrm{d}^2x}{\mathrm{d}t^2}+\omega_0^2x=\frac{F_0}{m}\cos\omega_0t \tag{3.4.25}$$

方程（3.4.25）有通解

$$x(t)=c_1\cos\omega_0t+c_2\sin\omega_0t+\frac{F_0t}{2m\omega_0}\sin\omega_0t \tag{3.4.26}$$

其中，c_1，c_2 是任意常数．

式（3.4.26）前面两项的和是一个周期函数，第三项代表振幅随时间增大而增大的一种振动，这就是共振现象，如图 3-4-6 所示，这一现象在许多方面有着不同的应用．

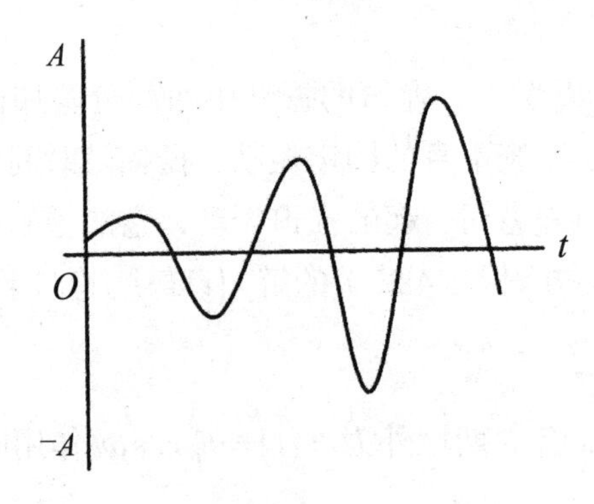

图 3-4-6　无阻尼强迫振动

第 4 章　线性微分方程组及其解法

本章主要介绍线性微分方程组的通解理论和常系数线性方程组的解法. 相关概念、理论和方法，大体上与常微分方程的概念、理论和方法相平行，并且后者包含于前者. 本章采用矩阵与向量的记号和方法，较多地运用了线性代数的知识. 为了方便读者，本章给出了矩阵分析方面的一些必要的预备知识.

4.1　矩阵分析含义与运算性质

本节主要介绍矩阵分析的一些基本概念和运算性质.

4.1.1　矩阵函数与向量函数

设 $n\times m$ 个函数 $a_{ij}(t)(i=1,2,\cdots,\ n;\ j=1,2,\cdots,\ m)$ 在区间（a，b）上有定义，对于（a，b）上的每一个 t，定义矩阵

$$\boldsymbol{A}(t)=\begin{pmatrix} a_{11}(t) & a_{12}(t) & \cdots & a_{1m}(t) \\ a_{21}(t) & a_{22}(t) & \cdots & a_{2m}(t) \\ \vdots & \vdots & & \vdots \\ a_{n1}(t) & a_{n2}(t) & \cdots & a_{nm}(t) \end{pmatrix}$$

则称 $\boldsymbol{A}(t)$ 是区间（a，b）上的 $n\times m$ 矩阵函数，函数 $a_{ij}(t)(i=1,\ 2,\ \cdots,\ n;\ j=1,\ 2,\ \cdots,\ m)$ 称为 $\boldsymbol{A}(t)$ 的元素. 这里，凡涉及区间（a，b），也可以是半开半闭区间或闭区间或无穷区间.

特别地，如果 $m=1$，则称

$$\boldsymbol{a}(t)=\begin{pmatrix} a_1(t) \\ a_2(t) \\ \vdots \\ a_n(t) \end{pmatrix}$$

为n维向量函数．为书写方便，有时采用转置的写法，即

$$[a_1(t),\ a_2(t),\cdots,\ a_n(t)]^{\mathrm{T}}=\boldsymbol{a}(t)=\begin{pmatrix}a_1(t)\\a_2(t)\\\vdots\\a_n(t)\end{pmatrix}$$

其中右上角T表示转置．

在不至于混淆的情况下，有时也将矩阵函数与向量函数分别称为矩阵与向量．在此，用黑体大写表示矩阵，用黑体小写表示向量．用$\boldsymbol{O}$表示一切元素都是零的矩阵，称它为零矩阵．用$\boldsymbol{E}$表示对角线上元素都是1，其他元素都是零的方阵，并称它为单位阵．至于$\boldsymbol{O}$和$\boldsymbol{E}$的阶数，在具体问题中是显而易见的．

设将$\boldsymbol{A}(t)$中的每一列向量记为

$$\boldsymbol{a}_j(t)=\begin{bmatrix}a_{1j}(t)\\a_{2j}(t)\\\vdots\\a_{nj}(t)\end{bmatrix},\ j=1,2,\cdots,\ m$$

于是$\boldsymbol{A}(t)$可以简写为

$$\boldsymbol{A}(t)=[\boldsymbol{a}_1(t),\ \boldsymbol{a}_2(t),\cdots,\ \boldsymbol{a}_m(t)]$$

有时还将$\boldsymbol{A}(t)$更简单地写为$\boldsymbol{A}(t)=[a_{ij}(t)]$．

设当$t\to t_0$时，$\boldsymbol{A}(t)$中的一切元素$a_{ij}(t)$的极限都存在，即

$$\lim_{t\to t_0}a_{ij}(t)=a_{ij}^0,\ i=1,2,\cdots,\ n,\ j=1,2,\cdots,\ m$$

则称当$t\to t_0$时，$\boldsymbol{A}(t)$的极限存在，并定义

$$\lim_{t\to t_0}\boldsymbol{A}(t)=\left(a_{ij}^0\right)$$

这里的t_0可以是∞．

如果$\boldsymbol{A}(t)$中的一切元素$a_{ij}(t)$都是区间（a，b）上的连续函数，则称$\boldsymbol{A}(t)$在（a，b）上连续．如果$a_{ij}(t)$都是区间（a，b）上的可微函数，则称$\boldsymbol{A}(t)$在（a，b）上是可微的，并且定义

$$\frac{\mathrm{d}\boldsymbol{A}(t)}{\mathrm{d}t}=\left[\frac{\mathrm{d}a_{ij}(t)}{\mathrm{d}t}\right]$$

设$t_0\in(a,\ b)$，$t\in(a,\ b)$，如果对于一切$1\leqslant i\leqslant n$和$1\leqslant j\leqslant m$，积分

$\int_{t_0}^{t} a_{ij}(s)\mathrm{d}s$ 存在，则称 $\boldsymbol{A}(t)$ 在 [t_0，t]（或 [t，t_0]）上可积，并且定义

$$\int_{t_0}^{t} \boldsymbol{A}(s)\mathrm{d}s = \int_{t_0}^{t} a_{ij}(s)\mathrm{d}s \tag{4.1.1}$$

由上述一些定义可知，关于矩阵函数的和与积的极限、微分与积分的运算，与数值函数的相应运算类似. 以下列举一些主要的运算性质.

（1）$\dfrac{\mathrm{d}\boldsymbol{A}(t)}{\mathrm{d}t} \equiv 0$ 的充分必要条件是 $\boldsymbol{A}(t)$ 为常数矩阵.

（2）设 $\boldsymbol{A}(t)$ 和 $\boldsymbol{B}(t)$ 都是 $n \times m$ 可微的矩阵函数，α 和 β 是常数，则

$$\frac{\mathrm{d}}{\mathrm{d}t}\left[\alpha \boldsymbol{A}(t) + \beta \boldsymbol{B}(t)\right] = \alpha \frac{\mathrm{d}\boldsymbol{A}(t)}{\mathrm{d}t} + \beta \frac{\mathrm{d}\boldsymbol{B}(t)}{\mathrm{d}t}$$

（3）设 $\boldsymbol{A}(t)$ 和 $\boldsymbol{B}(t)$ 分别是 $n \times m$ 和 $m \times l$ 可微的矩阵函数，则

$$\frac{\mathrm{d}}{\mathrm{d}t}\left[\boldsymbol{A}(t)\boldsymbol{B}(t)\right] = \frac{\mathrm{d}\boldsymbol{A}(t)}{\mathrm{d}t} \cdot \boldsymbol{B}(t) + \boldsymbol{A}(t) \cdot \frac{\mathrm{d}\boldsymbol{B}(t)}{\mathrm{d}t} \tag{4.1.2}$$

特别地，如果 $\boldsymbol{A}(t)$ 或 $\boldsymbol{B}(t)$ 中有一个是常数矩阵 $\boldsymbol{C}$，则有

$$\frac{\mathrm{d}}{\mathrm{d}t}\left[\boldsymbol{A}(t)\boldsymbol{C}\right] = \frac{\mathrm{d}\boldsymbol{A}(t)}{\mathrm{d}t} \cdot \boldsymbol{C} \tag{4.1.3}$$

$$\frac{\mathrm{d}}{\mathrm{d}t}\left[\boldsymbol{C}\boldsymbol{B}(t)\right] = \boldsymbol{C} \cdot \frac{\mathrm{d}\boldsymbol{B}(t)}{\mathrm{d}t} \tag{4.1.4}$$

注意，因为矩阵乘法不满足交换律，所以式（4.1.2）～式（4.1.4）右边的 $\boldsymbol{A}$，$\boldsymbol{B}$，$\boldsymbol{C}$ 的次序不能交换.

（4）如果 $\boldsymbol{A}(t)$ 是区间（ a，b ）上的 n 阶可微方阵函数，并且对于任意的 $t \in (a,\ b)$，$\boldsymbol{A}(t)$ 的行列式

$$\det \boldsymbol{A}(t) \neq 0 \tag{4.1.5}$$

则在区间（ a，b ）上 $\boldsymbol{A}(t)$ 存在逆阵 $\boldsymbol{A}^{-1}(t)$，并且

$$\frac{\mathrm{d}}{\mathrm{d}t}\boldsymbol{A}^{-1}(t) = -\boldsymbol{A}^{-1}(t)\frac{\mathrm{d}\boldsymbol{A}(t)}{\mathrm{d}t}\boldsymbol{A}^{-1}(t) \tag{4.1.6}$$

证明：因式（4.1.5）对一切 $t \in (a,\ b)$ 成立，于是由线性代数理论知，在区间 $(a,\ b)$ 上 $\boldsymbol{A}(t)$ 存在逆阵. 由于 $\boldsymbol{A}(t)$ 的一切元素可微，所以 $\boldsymbol{A}^{-1}(t)$ 的一切元素也可微，从而 $\boldsymbol{A}^{-1}(t)$ 可微. 又由于

$$\boldsymbol{A}(t)\boldsymbol{A}^{-1}(t) = \boldsymbol{E}$$

两边对 t 求导数，由上述性质（1）和（2）推得

$$A(t)\frac{\mathrm{d}}{\mathrm{d}t}A^{-1}(t)+\frac{\mathrm{d}A(t)}{\mathrm{d}t}A^{-1}(t)=O$$

移项，再用$A^{-1}(t)$同时左乘两边，得到式（4.1.6）.

以下（5）～（8）的诸条中，$t_0\in(a, b)$，$t\in(a, b)$都是任意给定的.

（5）设$A(t)$和$B(t)$都是$n\times m$矩阵函数，在闭区间[t_0，t]（或[t，t_0]）上可积，α和β是常数，则

$$\int_{t_0}^{t}[\alpha A(s)+\beta B(s)]\mathrm{d}s=\alpha\int_{t_0}^{t}A(s)\mathrm{d}s+\beta\int_{t_0}^{t}B(s)\mathrm{d}s$$

（6）设A是$n\times m$常数矩阵，$B(t)$是$m\times l$矩阵函数，在闭区间[t_0，t]（或[t_0，t]）上可积，则

$$\int_{t_0}^{t}AB(s)\mathrm{d}s=A\int_{t_0}^{t}B(s)\mathrm{d}s$$

设$A(t)$是$n\times m$矩阵函数，在闭区间[t_0，t]（或[t_0，t]）上可积，B是$m\times l$常数矩阵，则

$$\int_{t_0}^{t}A(s)B\,\mathrm{d}s=\left(\int_{t_0}^{t}A(s)\mathrm{d}s\right)B$$

（7）设$A(t)$在(a, b)上连续，则

$$\frac{\mathrm{d}}{\mathrm{d}t}\int_{t_0}^{t}A(s)\mathrm{d}s=A(t)$$

（8）设$A(t)$在(a, b)上可微，则

$$\int_{t_0}^{t}\left(\frac{\mathrm{d}}{\mathrm{d}t}A(s)\right)\mathrm{d}s=A(t)-A(t_0)$$

4.1.2 矩阵和向量的模

矩阵和向量的模的概念，是数量函数中绝对值概念的推广，定义如下 .

定义 4.1.1　设

$$x=\begin{pmatrix}x_1\\x_1\\\vdots\\x_n\end{pmatrix}$$

和

$$A=\begin{pmatrix} a_{11} & a_{12} & \cdots & a_{1m} \\ a_{21} & a_{22} & \cdots & a_{2m} \\ \vdots & \vdots & & \vdots \\ a_{n1} & a_{n2} & \cdots & a_{nm} \end{pmatrix}$$

分别是一个 n 维向量和一个 $n\times m$ 矩阵，向量 $\boldsymbol{x}$ 的模记为 $\|\boldsymbol{x}\|$，它的定义是

$$\|\boldsymbol{x}\|=\sum_{i=1}^{n}|x_i| \qquad (4.1.7)$$

矩阵 $\boldsymbol{A}$ 的模记为 $\|\boldsymbol{A}\|$，它的定义是

$$\|\boldsymbol{A}\|=\sum_{j=1}^{m}\sum_{i=1}^{n}|a_{ij}| \qquad (4.1.8)$$

显然，式（4.1.7）包含于式（4.1.8）之中.

关于模，有下述性质. 其中（1）和（2）是显然的.

（1）$\|\boldsymbol{A}\|\geqslant 0$，当且仅当 $\boldsymbol{A}=\boldsymbol{O}$ 时，$\|\boldsymbol{A}\|=0$.

（2）设 α 是一个数，则

$$\|\alpha\boldsymbol{A}\|=|\alpha|\|\boldsymbol{A}\|$$

（3）设 $\boldsymbol{A}$ 和 $\boldsymbol{B}$ 都是 $n\times m$ 矩阵，则

$$\|\boldsymbol{A}+\boldsymbol{B}\|\leqslant\|\boldsymbol{A}\|+\|\boldsymbol{B}\|$$

证明：设 $\boldsymbol{A}=(a_{ij})$，$\boldsymbol{B}=(b_{ij})$，$i=1, 2,\cdots, n$; $j=1, 2,\cdots, m$，则 $\boldsymbol{A}+\boldsymbol{B}=a_{ij}+b_{ij}$. 于是

$$\begin{aligned}\|\boldsymbol{A}+\boldsymbol{B}\|&=\sum_{j=1}^{m}\sum_{i=1}^{n}|a_{ij}+b_{ij}|\\ &\leqslant\sum_{j=1}^{m}\sum_{i=1}^{n}\left(|a_{ij}|+|b_{ij}|\right)\\ &=\sum_{j=1}^{m}\sum_{i=1}^{n}|a_{ij}|+\sum_{j=1}^{m}\sum_{i=1}^{n}|b_{ij}|\\ &=\|\boldsymbol{A}\|+\|\boldsymbol{B}\|.\end{aligned}$$

（4）设 $\boldsymbol{A}$ 是 $n\times m$ 矩阵，$\boldsymbol{B}$ 是 $m\times l$ 矩阵，则

$$\|\boldsymbol{AB}\|\leqslant\|\boldsymbol{A}\|\cdot\|\boldsymbol{B}\| \qquad (4.1.9)$$

特别地，如果 $\boldsymbol{A}$ 是 $n\times n$ 矩阵，$\boldsymbol{x}$ 是 n 维向量，则

$$\|Ax\| \leqslant \|A\| \cdot \|x\| \tag{4.1.10}$$

证明：设

$$A = \left(a_{ij}\right),\ i = 1,2,\cdots,\ n;\ j = 1,2,\cdots,\ m$$

$$B = \left(b_{jk}\right),\ j = 1,2,\cdots,\ m;\ k = 1,2,\cdots,\ l$$

则由矩阵乘法得

$$AB = \left(\sum_{j=1}^{m} a_{ij} b_{jk}\right),\ i = 1,2,\cdots,\ n;\ k = 1,2,\cdots,\ l$$

按模的定义式（4.1.8），有

$$\begin{aligned}
\|AB\| &= \sum_{k=1}^{l}\sum_{i=1}^{n}\left|\sum_{j=1}^{m} a_{ij} b_{jk}\right| \\
&\leqslant \sum_{k=1}^{l}\sum_{i=1}^{n}\sum_{j=1}^{m}\left|a_{ij}\right|\left|b_{jk}\right| \\
&\leqslant \sum_{k=1}^{l}\sum_{i=1}^{n}\left[\left(\sum_{j=1}^{m}\left|a_{ij}\right|\right)\left(\sum_{j=1}^{m}\left|b_{jk}\right|\right)\right] \\
&= \left(\sum_{i=1}^{n}\sum_{j=1}^{m}\left|a_{ij}\right|\right)\left(\sum_{k=1}^{l}\sum_{j=1}^{m}\left|b_{jk}\right|\right) \\
&= \left(\sum_{j=1}^{m}\sum_{i=1}^{n}\left|a_{ij}\right|\right)\left(\sum_{k=1}^{l}\sum_{j=1}^{m}\left|b_{jk}\right|\right) \\
&= \|A\| \cdot \|B\|.
\end{aligned}$$

这就证明了式（4.1.9）成立.

当 $m = n$，$l = 1$ 时，则由式（4.1.9）就推得式（4.1.10）成立.

（5）设矩阵函数 $A(t)$ 在区间 $[a,\ b]$ 上连续，则 $\|A(t)\|$ 在 $[a,\ b]$ 上也连续，并且

$$\left\|\int_a^b A(t)\mathrm{d}t\right\| \leqslant \int_a^b \|A(t)\|\mathrm{d}t$$

证明：设 $A(t) = \left[a_{ij}(t)\right]$，$i = 1,2,\cdots,\ n$；$j = 1,2,\cdots,\ m$，则

$$\|A(t)\| = \sum_{j=1}^{m}\sum_{i=1}^{n}\left|a_{ij}(t)\right|$$

显然，$\|A(t)\|$ 在 $[a,\ b]$ 上连续，并且

$$\begin{aligned}\left\|\int_a^b \boldsymbol{A}(t)\mathrm{d}t\right\| &= \left\|\int_a^b a_{ij}(t)\mathrm{d}t\right\| \\ &= \sum_{j=1}^{m}\sum_{i=1}^{n}\left|\int_a^b a_{ij}(t)\mathrm{d}t\right| \\ &\leqslant \sum_{j=1}^{m}\sum_{i=1}^{n}\int_a^b \left|a_{ij}(t)\right|\mathrm{d}t \\ &= \int_a^b\left(\sum_{j=1}^{m}\sum_{i=1}^{n}\left|a_{ij}(t)\right|\mathrm{d}t\right) \\ &= \int_a^b \left\|\boldsymbol{A}(t)\right\|\mathrm{d}t.\end{aligned}$$

除了按式（4.1.7）和式（4.1.8）定义模，还有用其他方式来定义模的．但是无论如何定义，都要求向量的模和矩阵的模满足上述性质．

4.1.3　矩阵函数级数和向量函数级数

在常微分方程组的研究中，将会遇到矩阵（向量）与矩阵函数（向量函数）所构成的序列与级数，需要处理它们的极限与收敛或一致收敛问题．这些概念的定义依赖于元素的相应的概念．

定义 4.1.2　设 $\{\boldsymbol{S}_k\}$ 是一列 $n\times m$ 矩阵，并设

$$\boldsymbol{S}_k = \left[s_{ij}^{(k)}\right],\ k=1,2,\cdots$$

如果存在一个 $n\times m$ 矩阵 $\boldsymbol{S}=\left(s_{ij}\right)$，使得

$$\lim_{k\to+\infty} s_{ij}^{(k)} = s_{ij},\ i=1,2,\cdots,\ n;\ j=1,2,\cdots,\ m \tag{4.1.11}$$

则称序列 $\{\boldsymbol{S}_k\}$ 收敛于 $\boldsymbol{S}$，或者说当 $k\to+\infty$ 时，$\boldsymbol{S}_k$ 的极限是 $\boldsymbol{S}$，记为

$$\lim_{k\to+\infty}\boldsymbol{S}_k=\boldsymbol{S} \tag{4.1.12}$$

由模的定义容易看出，式（4.1.11）与

$$\lim_{k\to+\infty}\left\|\boldsymbol{S}_k-\boldsymbol{S}\right\|=0 \tag{4.1.13}$$

相当．以后凡用到式（4.1.11）就可以用式（4.1.13）代替，反之亦然．于是推知当且仅当式（4.1.13）成立时式（4.1.12）成立．

定义 4.1.3　设｛ $\boldsymbol{S}_k(t)$ ｝是定义在区间（ a，b ）上的 $n\times m$ 矩阵函数序列．如果对于每一个 $t\in$（ a，b ），序列｛ $\boldsymbol{S}_k(t)$ ｝收敛，其极限为 $\boldsymbol{S}(t)$，即

$$\lim_{k\to+\infty}\boldsymbol{S}_k(t)=\boldsymbol{S}(t)$$

则说矩阵函数序列｛$\boldsymbol{S}_k(t)$｝在区间（a，b）上收敛于矩阵函数$\boldsymbol{S}(t)$.

显然，定义 4.1.3 的另一种说法是，对于任意给定的$\varepsilon>0$和区间（a，b）上的每一个t，存在$K=K(\varepsilon, t)>0$，只要$k>K$，就有

$$\|\boldsymbol{S}_k(t)-\boldsymbol{S}(t)\|<\varepsilon$$

则矩阵函数序列｛$\boldsymbol{S}_k(t)$｝在区间（a，b）上收敛于矩阵函数$\boldsymbol{S}(t)$.

定义 4.1.4　设｛$\boldsymbol{S}_k(t)$｝是定义在区间（a，b）上的$n\times m$矩阵函数序列. 如果对于任意给定的$\varepsilon>0$，存在$K=K(\varepsilon)>0$，只要$k>K$，对于一切$t\in$（a，b）都有

$$\|\boldsymbol{S}_k(t)-\boldsymbol{S}(t)\|<\varepsilon$$

则说矩阵函数序列｛$\boldsymbol{S}_k(t)$｝在区间（a，b）上一致收敛于矩阵函数$\boldsymbol{S}(t)$.

设$\boldsymbol{S}_k(t)=\left[s_{ij}^{(k)}(t)\right]$，$i=1,2,\cdots, n$; $j=1,2,\cdots, m$. 矩阵函数序列｛$\boldsymbol{S}_k(t)$｝在区间（a，b）上一致收敛于$\boldsymbol{S}(t)$的充分必要条件是$\boldsymbol{S}_k(t)$的每一个元素相应地构成的$n\times m$个函数序列

$$s_{ij}^{(1)}(t),\ s_{ij}^{(2)}(t),\cdots,\ s_{ij}^{(k)}(t),\cdots,\quad i=1,2,\cdots,\ n;\ j=1,2,\cdots,\ m$$

在区间（a，b）上都一致收敛，分别收敛于$s_{ij}(t)$. 这里的$s_{ij}(t)$是$\boldsymbol{S}(t)$的元素.

定义 4.1.5　设｛$\boldsymbol{A}_k(t)$｝是定义在区间（a，b）上的$n\times m$矩阵函数，称

$$\boldsymbol{A}_1(t)+\boldsymbol{A}_2(t)+\cdots+\boldsymbol{A}_k(t)+\cdots \tag{4.1.14}$$

为矩阵函数项级数；称

$$\boldsymbol{S}_k(t)=\boldsymbol{A}_1(t)+\boldsymbol{A}_2(t)+\cdots+\boldsymbol{A}_k(t)$$

为式（4.1.14）的部分和. 如果部分和序列｛$\boldsymbol{S}_k(t)$｝在（a，b）上收敛，则称级数（4.1.14）在（a，b）上收敛. 如果部分和序列｛$\boldsymbol{S}_k(t)$｝在（a，b）上一致收敛，则称级数（4.1.14）在（a，b）上一致收敛. ｛$\boldsymbol{S}_k(t)$｝的收敛极限$\boldsymbol{S}(t)$称为级数（4.1.14）的和，记为

$$\boldsymbol{S}(t)=\boldsymbol{A}_1(t)+\boldsymbol{A}_2(t)+\cdots+\boldsymbol{A}_k(t)+\cdots$$

设$\boldsymbol{A}_k(t)=\left[a_{ij}^{(k)}(t)\right]$，$i=1,2,\cdots, n$; $j=1,2,\cdots, m$. 矩阵函数项级数（4.1.14）在（a，b）上收敛（一致收敛）于$\boldsymbol{S}(t)$的充分必要条件是$\boldsymbol{A}_k(t)$的每一个元素相应地构成的$n\times m$个函数项级数

$$a_{ij}^{(1)}(t)+a_{ij}^{(2)}(t)+\cdots+a_{ij}^{(k)}(t)+\cdots,\quad i=1,2,\cdots,\ n;\ j=1,2,\cdots,\ m$$

在区间（ a，b ）上都收敛（一致收敛），分别收敛于 $s_{ij}(t)$，这里的 $s_{ij}(t)$ 是 $\boldsymbol{S}(t)$ 的元素.

下述引理是判别函数项级数一致收敛性的维尔斯特拉斯判别法在矩阵函数项级数中的推广.

引理 4.1.1　设对于一切 $t\in(a,\ b)$，满足

$$\|\boldsymbol{A}_k(t)\|\leqslant M_k,\ \ k=1,2,\cdots \tag{4.1.15}$$

并且数项级数 $M_1+M_2+\cdots+M_k+\cdots$ 收敛，则式（4.1.14）在区间 $(a,\ b)$ 上一致收敛.

证明：由矩阵的模的定义（4.1.8）及式（4.1.15），对一切 $t\in(a,\ b)$ 和 $i=1,2,\cdots,\ n;\ j=1,2,\cdots,\ m$，有

$$\left|a_{ij}^{(k)}(t)\right|\leqslant M_k,\ \ k=1,2,\cdots$$

这里 $\left[a_{ij}^{(k)}(t)\right]=\boldsymbol{A}_k(t)$. 由维尔斯特拉斯判别法知，$n\times m$ 个函数级数

$$\sum_{k=1}^{\infty}a_{ij}^{(k)}(t),\ \ i=1,2,\cdots,\ n;\ j=1,2,\cdots,\ m$$

在区间（ a，b ）上都一致收敛，则式（4.1.14）在（ a，b ）上一致收敛.

一致收敛的矩阵函数级数，有重要性质引理 4.1.2. 它是一致收敛的函数项级数相应的性质的推广.

引理 4.1.2　设 $n\times m$ 矩阵函数 $\boldsymbol{A}_k(t)$，$k=1,2,\cdots$ 在区间（ a，b ）上连续，级数 $\sum\limits_{k=1}^{\infty}\boldsymbol{A}_k(t)$ 在（ a，b ）上一致收敛于 $\boldsymbol{S}(t)$，即

$$\boldsymbol{S}(t)=\sum_{k=1}^{\infty}\boldsymbol{A}_k(t) \tag{4.1.16}$$

在（ a，b ）上一致地成立. 则有：矩阵函数 $\boldsymbol{S}(t)$ 在（ a，b ）上连续；设 $t_0\in(a,\ b)$，$t\in(a,\ b)$，则式（4.1.16）可以逐项积分，即

$$\int_{t_0}^{t}\boldsymbol{S}(\xi)\mathrm{d}\xi=\sum_{k=1}^{\infty}\int_{t_0}^{t}\boldsymbol{A}_k(\xi)\mathrm{d}\xi \tag{4.1.17}$$

证明：设 $\boldsymbol{A}_k(t)=\left[a_{ij}^{(k)}(t)\right]$，$\boldsymbol{S}(t)=\left[s_{ij}(t)\right]$，由式（4.1.16）及以上内容知，在（ a，b ）上一致地成立

$$s_{ij}(t)=\sum_{k=1}^{\infty}a_{ij}^{(k)}(t),\ \ i=1,2,\cdots,\ n;\ j=1,2,\cdots,\ m$$

由一致收敛的函数项级数性质推知，$s_{ij}(t)$ 在（ a，b ）上连续，所以矩阵

函数 $\boldsymbol{S}(t)$ 在 (a, b) 上连续，并且可以逐项积分，即

$$\int_{t_0}^{t} s_{ij}(\xi)\mathrm{d}\xi = \sum_{k=1}^{\infty}\int_{t_0}^{t} a_{ij}^{(k)}(\xi)\mathrm{d}\xi,\ i=1,2,\cdots,\ n;\ j=1,2,\cdots,\ m$$

由矩阵函数积分的定义（4.1.1）推知（4.1.17）成立.

4.2 微分方程组的一般理论

在前几章里研究了只含一个未知函数的微分方程. 但是大量的实际问题和一些理论的研究中，未知函数往往不止一个，涉及的微分方程也不止一个，而是一组，即微分方程组. 本节先引入微分方程组的例子；然后叙述高阶方程与方程组的关系；最后介绍一阶微分方程组的解的基本理论. 在本节中，自变量一律记为 t.

4.2.1 微分方程组的一般概念

例 4.2.1 考虑人造卫星绕地球运动的问题. 忽略其他天体对人造卫星的影响，只计地球引力场对人造卫星的作用，这样构成的运动问题称为二体问题. 试求二体问题的微分方程.

解：设地球质量为 M，卫星质量为 m，将坐标原点取在地心，并且把地球和卫星都看成质点，则由万有引力定律得

$$m\frac{\mathrm{d}^2\boldsymbol{r}}{\mathrm{d}t^2} = -\frac{GMm}{r^2}\cdot\frac{\boldsymbol{r}}{r} \tag{4.2.1}$$

这里 $\boldsymbol{r}=(x,\ y,\ z)^{\mathrm{T}}$ 为卫星的坐标向量，$r=\sqrt{x^2+y^2+z^2}$ 为卫星与地心的距离. 负号表示引力指向地心，与向量 $\boldsymbol{r}$ 的方向相反. 将式（4.2.1）用分量表示可得

$$\frac{\mathrm{d}^2 x}{\mathrm{d}t^2} = -\frac{GMx}{(x^2+y^2+z^2)^{\frac{3}{2}}} \tag{4.2.2}$$

$$\frac{\mathrm{d}^2 y}{\mathrm{d}t^2} = -\frac{GMy}{(x^2+y^2+z^2)^{\frac{3}{2}}} \tag{4.2.3}$$

$$\frac{\mathrm{d}^2 z}{\mathrm{d}t^2} = -\frac{GMz}{(x^2+y^2+z^2)^{\frac{3}{2}}} \tag{4.2.4}$$

如果引入速度变量

$$\frac{\mathrm{d}x}{\mathrm{d}t}=v_x \tag{4.2.5}$$

$$\frac{\mathrm{d}y}{\mathrm{d}t}=v_y \tag{4.2.6}$$

$$\frac{\mathrm{d}z}{\mathrm{d}t}=v_z \tag{4.2.7}$$

则式（4.2.2）～式（4.2.4）可分别化为

$$\frac{\mathrm{d}v_x}{\mathrm{d}t}=-\frac{GMx}{(x^2+y^2+z^2)^{\frac{3}{2}}} \tag{4.2.8}$$

$$\frac{\mathrm{d}v_y}{\mathrm{d}t}=-\frac{GMy}{(x^2+y^2+z^2)^{\frac{3}{2}}} \tag{4.2.9}$$

$$\frac{\mathrm{d}v_z}{\mathrm{d}t}=-\frac{GMz}{(x^2+y^2+z^2)^{\frac{3}{2}}} \tag{4.2.10}$$

这样，由式（4.2.5）～式（4.2.10）6 个微分方程构成了含有 6 个未知函数（x，y，z，v_x，v_y，v_z）的微分方程组. 这就是二体问题所应满足的微分方程组.

一般地，如果方程组中含有高阶方程，并且解出了相应的未知函数的最高阶导数，例如，

$$\frac{\mathrm{d}^n x}{\mathrm{d}t^n}=f\left(t,\ x,\frac{\mathrm{d}x}{\mathrm{d}t},\cdots,\frac{\mathrm{d}^{n-1}x}{\mathrm{d}t^{n-1}},\ y,\frac{\mathrm{d}y}{\mathrm{d}t},\cdots,\frac{\mathrm{d}^{m-1}x}{\mathrm{d}t^{m-1}}\right) \tag{4.2.11}$$

$$\frac{\mathrm{d}^m y}{\mathrm{d}t^m}=g\left(t,\ x,\frac{\mathrm{d}x}{\mathrm{d}t},\cdots,\frac{\mathrm{d}^{n-1}x}{\mathrm{d}t^{n-1}},\ y,\frac{\mathrm{d}y}{\mathrm{d}t},\cdots,\frac{\mathrm{d}^{m-1}y}{\mathrm{d}t^{m-1}}\right) \tag{4.2.12}$$

则令

$$x=x_1,\frac{\mathrm{d}x_1}{\mathrm{d}t}=x_2,\cdots,\frac{\mathrm{d}x_{n-1}}{\mathrm{d}t}=x_n$$

$$y=y_1,\frac{\mathrm{d}y_1}{\mathrm{d}t}=y_2,\cdots,\frac{\mathrm{d}y_{m-1}}{\mathrm{d}t}=y_m$$

将式（4.2.11）和式（4.2.12）化为含有 $n+m$ 个未知函数的由 $n+m$ 个一阶微分方程构成的方程组

$$\begin{cases} \dfrac{\mathrm{d}x_1}{\mathrm{d}t}=x_2 \\ \cdots\cdots \\ \dfrac{\mathrm{d}x_{n-1}}{\mathrm{d}t}=x_n \\ \dfrac{\mathrm{d}x_n}{\mathrm{d}t}=f(t,\ x_1,\cdots,\ x_n,\ y_1,\cdots,\ y_m) \\ \dfrac{\mathrm{d}y_1}{\mathrm{d}t}=y_2 \\ \cdots\cdots \\ \dfrac{\mathrm{d}y_{m-1}}{\mathrm{d}t}=y_m \\ \dfrac{\mathrm{d}y_m}{\mathrm{d}t}=g(t,\ x_1,\cdots,\ x_n,\ y_1,\cdots,\ y_m) \end{cases}$$

所以以下只要研究含有 n 个未知函数 x_1，$x_2,\cdots$，x_n 的由 n 个一阶微分方程构成的一阶微分方程组

$$\frac{\mathrm{d}x_i}{\mathrm{d}t}=f_i(t,\ x_1,\cdots,\ x_n),\ i=1,2,\cdots,\ n \qquad (4.2.13)$$

就可以了，其中 $f_i(t,\ x_1,\cdots,\ x_n)$，$i=1,2,\cdots,\ n$ 是定义在 $n+1$ 维空间（$t,\ x_1,\cdots,\ x_n$）中某区域 G 内的函数．称式（4.2.13）为一阶微分方程组的标准形式．

由上述可知，讨论（4.2.13）具有普遍意义，因为它包含了含有高阶导数的一般情况．所以以下关于式（4.2.13）的理论，适用于高阶方程．

引入向量记号，令

$$\boldsymbol{x}=\begin{pmatrix} x_1 \\ x_2 \\ \vdots \\ x_n \end{pmatrix},\ (t,\boldsymbol{x})=(t,\ x_1,\ \cdots,\ x_n),\ \boldsymbol{f}(t,\ \boldsymbol{x})=\begin{bmatrix} f_1(t,\ x) \\ f_2(t,\ x) \\ \vdots \\ f_n(t,\ x) \end{bmatrix}$$

于是方程组（4.2.13）可以写成向量的形式，即

$$\frac{\mathrm{d}\boldsymbol{x}}{\mathrm{d}t}=\boldsymbol{f}(t,\ \boldsymbol{x}) \qquad (4.2.14)$$

如果向量函数 $\boldsymbol{x}=\boldsymbol{\varphi}(t)$ 在某区间 $a<t<b$ 上连续，并且存在导数，能使在该区间上成立恒等式

$$\frac{\mathrm{d}\boldsymbol{\varphi}(t)}{\mathrm{d}t}\equiv\boldsymbol{f}\left[t,\ \boldsymbol{\varphi}(t)\right]$$

则说 $\boldsymbol{x}=\boldsymbol{\varphi}(t)$ 是式（4.2.14）在区间（a，b）上的一个解（向量）.

方程组（4.2.14）的初值条件是

$$\boldsymbol{x}\Big|_{t=t_0}=\boldsymbol{x}_0 \tag{4.2.15}$$

这里 $(t_0,\ \boldsymbol{x}_0)\in G$ 是指定的一组数.

求方程组（4.2.14）的满足初值条件（4.2.15）的解的问题称为一阶微分方程组的初值问题. 设 $\boldsymbol{c}$ 是 n 维的常数向量，且

$$\boldsymbol{x}=\boldsymbol{\varphi}(t,\ \boldsymbol{c}) \tag{4.2.16}$$

是方程组（4.2.14）的解，如果对于区域 G 内任意给定的点 $(t_0,\ \boldsymbol{x}_0)$，总能确定出 $\boldsymbol{c}$（如确定 $\boldsymbol{c}=\boldsymbol{c}_0$），使对应的解满足初值条件（4.2.15），即

$$\boldsymbol{x}\Big|_{t=t_0}=\boldsymbol{\varphi}(t,\ \boldsymbol{c}_0)\Big|_{t=t_0}=\boldsymbol{x}_0$$

则称解族（4.2.16）是方程组（4.2.14）在 G 内的通解.

如果由函数方程组

$$\Phi_1(t,\ \boldsymbol{x},\ \boldsymbol{c})=0,\cdots,\ \Phi_n(t,\ \boldsymbol{x},\ \boldsymbol{c})=0 \tag{4.2.17}$$

所确定的隐函数 $\boldsymbol{x}=\boldsymbol{\varphi}(t,\ \boldsymbol{c})$ 是方程组（4.2.14）的通解，则称式（4.2.17）是式（4.2.14）的通积分.

4.2.2　一阶微分方程组的解的基本理论

首先考虑一阶微分方程组的初值问题

$$\begin{cases}\dfrac{\mathrm{d}\boldsymbol{x}}{\mathrm{d}t}=\boldsymbol{f}(t,\ \boldsymbol{x})\\ \boldsymbol{x}(t_0)=\boldsymbol{x}_0\end{cases} \tag{4.2.18}$$

解的存在性和唯一性. 第 2 章中关于一阶微分方程的一些理论，可以很容易推广到式（4.2.18）.

定理 4.2.1　给定初值问题式（4.2.18）. 设向量函数 $\boldsymbol{f}(t,\ \boldsymbol{x})$ 在区域

$$R=\left\{(t,\ \boldsymbol{x})\big\|t-t_0\right|\leqslant a,\|\boldsymbol{x}-\boldsymbol{x}_0\|\leqslant b\right\}$$

上连续；并且对 $\boldsymbol{x}$ 满足利普希茨条件，即对于 R 上任意两点（t，$\boldsymbol{x}_1$）和（t，$\boldsymbol{x}_2$），不等式

$$\|\boldsymbol{f}(t,\ \boldsymbol{x}_1)-\boldsymbol{f}(t,\ \boldsymbol{x}_2)\|\leqslant L\|\boldsymbol{x}_1-\boldsymbol{x}_2\|$$

恒成立，这里 L 是与（t，$\boldsymbol{x}_1$）和（t，$\boldsymbol{x}_2$）无关的正常数，则在区间 $|t-t_0|\leqslant h$ 上初值问题（4.2.18）存在唯一的解，这个解在区间 $|t-t_0|\leqslant h$ 上是连续可微的.

这里

$$h=\min\left\{a,\frac{b}{M}\right\}$$

$$M=\max_{(t,\ x)\in R}\|\boldsymbol{f}(t,\ \boldsymbol{x})\|$$

证明略.

关于一阶微分方程的解的延展概念、延展定理、解对初值的连续依赖性定理和解对初值和参数的连续依赖性定理，都可以推广到一阶微分方程组（4.2.1）. 另外，一阶微分方程的解对初值的可微性定理和解对初值、参数的可微性定理也可推广到一阶微分方程组（4.2.1）. 这里不再详述.

4.3 线性微分方程组的一般理论

设 $\boldsymbol{A}(t)=\left[a_{ij}(t)\right]$，$i=1,2,\cdots,\ n$; $j=1,2,\cdots,\ n$ 是 n 阶方阵函数，$\boldsymbol{f}(t)=\left(f_1(t),\cdots,\ f_n(t)\right)^{\mathrm{T}}$ 是 n 维列向量函数. 它们都是已知的，并且都是定义在区间 $a<t<b$ 上的. $\boldsymbol{x}=\left(x_1,\ x_2,\cdots,\ x_n\right)^{\mathrm{T}}$ 是未知的 n 维列向量函数，t 是自变量. 方程组

$$\frac{\mathrm{d}\boldsymbol{x}}{\mathrm{d}t}=\boldsymbol{A}(t)\boldsymbol{x}+\boldsymbol{f}(t) \tag{4.3.1}$$

称为一阶线性微分方程组. 它是一阶线性微分方程的自然推广.

如果 $\boldsymbol{f}(t)\neq\mathbf{0}$，则称式（4.3.1）为一阶非齐次线性微分方程组. 如果 $\boldsymbol{f}(t)\equiv\mathbf{0}$，则称

$$\frac{\mathrm{d}\boldsymbol{x}}{\mathrm{d}t}=\boldsymbol{A}(t)\boldsymbol{x} \tag{4.3.2}$$

为一阶齐次线性微分方程组. 称式（4.3.2）为式（4.3.1）对应的齐次线性微分方程组.

本节先介绍齐次后介绍非齐次线性微分方程组的解的理论，包括初值问题解的存在唯一性定理和通解结构理论. 运用常数变易法不但证明了非齐次线性微分方程的初值问题解的存在性，并且具体给出了通解公式. 高阶线性微分方程

$$\frac{\mathrm{d}^n x}{\mathrm{d}t^n}+a_1(t)\frac{\mathrm{d}^{n-1}x}{\mathrm{d}t^{n-1}}+\cdots+a_n(t)x=f(t) \tag{4.3.3}$$

借助变换

$$x = x_1, \frac{\mathrm{d}x_1}{\mathrm{d}t} = x_2, \cdots, \frac{\mathrm{d}x_{n-1}}{\mathrm{d}t} = x_n \tag{4.3.4}$$

可以化成 n 个未知函数的一阶线性微分方程组，即

$$\begin{cases} \dfrac{\mathrm{d}x_1}{\mathrm{d}t} = x_2 \\ \dfrac{\mathrm{d}x_2}{\mathrm{d}t} = x_3 \\ \cdots\cdots \\ \dfrac{\mathrm{d}x_{n-1}}{\mathrm{d}t} = x_n \\ \dfrac{\mathrm{d}x_n}{\mathrm{d}t} = -a_n(t)x_1 - a_{n-1}(t)x_2 - \cdots - a_1(t)x_n + f(t) \end{cases} \tag{4.3.5}$$

所以下面即将介绍的线性微分方程组的一些性质可以看作高阶线性微分方程的性质的推广，而高阶线性微分方程又可以作为线性微分方程组的特例而推得一些结论.

4.3.1　一阶齐次线性微分方程组的解的理论

现在考虑初值问题

$$\begin{cases} \dfrac{\mathrm{d}\boldsymbol{x}}{\mathrm{d}t} = \boldsymbol{A}(t)\boldsymbol{x} \\ \boldsymbol{x}(t_0) = \boldsymbol{x}_0 \end{cases} \tag{4.3.6}$$

其中 $t_0 \in (a,\ b)$.

定理 4.3.1　设 n 阶方阵函数 $\boldsymbol{A}(t)$ 在区间 $(a,\ b)$ 上连续，$t_0 \in (a,\ b)$ 是任意给定的值，$\boldsymbol{x}_0$ 是任意给定的 n 维常数向量，则初值问题（4.3.6）的解在区间 $(a,\ b)$ 上存在且唯一，此解在 $(a,\ b)$ 上是连续可微的.

证明：采用逐次逼近法. 取零次近似为

$$\boldsymbol{x}_0(t) = \boldsymbol{x}_0$$

定义第一次近似为

$$\boldsymbol{x}_1(t) = \boldsymbol{x}_0 + \int_{t_0}^{t} \boldsymbol{A}(s)\boldsymbol{x}_0 \mathrm{d}s$$

逐次下去，第 n 次近似定义为

$$\boldsymbol{x}_n(t) = \boldsymbol{x}_0 + \int_{t_0}^{t} \boldsymbol{A}(s)\boldsymbol{x}_{n-1}(s)\mathrm{d}s,\quad n = 1,2,\cdots \tag{4.3.7}$$

显然，各次近似 $\boldsymbol{x}_n(t)$，$n = 1,2,\cdots$ 在区间 $(a,\ b)$ 上都有定义.

以下证明，在区间 (a, b) 内的任意一个闭区间 $[\alpha, \beta]$ 上，向量函数序列 $\{\boldsymbol{x}_n(t)\}$ 一致收敛．事实上，由模的性质显然有

$$\|\boldsymbol{x}_n(t)-\boldsymbol{x}_{n-1}(t)\|=\left\|\int_{t_0}^{t}\boldsymbol{A}(s)\left[\boldsymbol{x}_{n-1}(s)-\boldsymbol{x}_{n-2}(s)\right]\mathrm{d}s\right\|$$
$$\leqslant\left|\int_{t_0}^{t}\|\boldsymbol{A}(s)\|\|\boldsymbol{x}_{n-1}(s)-\boldsymbol{x}_{n-2}(s)\|\mathrm{d}s\right|$$

因为如能在较大的区间上证明 $\{\boldsymbol{x}_n(t)\}$ 一致收敛，则在子区间上 $\{\boldsymbol{x}_n(t)\}$ 也必一致收敛．令

$$M=\max_{t\in[\alpha, \beta]}\|\boldsymbol{A}(t)\|$$

则当 $t\in[\alpha, \beta]$ 时，有

$$\|\boldsymbol{x}_n(t)-\boldsymbol{x}_{n-1}(t)\|\leqslant M\left|\int_{t_0}^{t}\|\boldsymbol{x}_{n-1}(s)-\boldsymbol{x}_{n-2}(s)\|\mathrm{d}s\right|,\quad n=1,2,\cdots;\quad \boldsymbol{x}_0(t)\equiv 0$$

于是由数学归纳法容易证明：

$$\|\boldsymbol{x}_n(t)-\boldsymbol{x}_{n-1}(t)\|\leqslant\|\boldsymbol{x}_0\|\frac{M^n|t-t_0|^n}{n!}\tag{4.3.8}$$

因为 $|t-t_0|<b-a$，所以由式（4.3.8）可推得

$$\|\boldsymbol{x}_n(t)-\boldsymbol{x}_{n-1}(t)\|\leqslant\|\boldsymbol{x}_0\|\frac{[M(b-a)]^n}{n!},\quad n=1,2,\cdots$$

易知正项级数

$$\sum_{n=1}^{\infty}\|\boldsymbol{x}_0\|\frac{[M(b-a)]^n}{n!}$$

是收敛的，于是可知，向量级数

$$\boldsymbol{x}_0(t)+[\boldsymbol{x}_1(t)-\boldsymbol{x}_0(t)]+\cdots+[\boldsymbol{x}_n(t)-\boldsymbol{x}_{n-1}(t)]+\cdots$$

在区间 $[\alpha, \beta]$ 上一致收敛，上述向量函数级数的部分和是 $\boldsymbol{x}_n(t)$，于是就证明了对于 $t\in[\alpha, \beta]$，序列 $\{\boldsymbol{x}_n(t)\}$ 一致收敛，记为

$$\lim_{n\to+\infty}\boldsymbol{x}_n(t)=\boldsymbol{\varphi}(t)\tag{4.3.9}$$

从而有

$$\begin{aligned}\lim_{n\to+\infty}\int_{t_0}^{t} \boldsymbol{A}(s)\boldsymbol{x}_n(s)\mathrm{d}s &= \lim_{n\to+\infty}\int_{t_0}^{t} \boldsymbol{A}(s)\sum_{i=0}^{n}\left[\boldsymbol{x}_i(s)-\boldsymbol{x}_{i-1}(s)\right]\mathrm{d}s \\ &= \int_{t_0}^{t} \boldsymbol{A}(s)\left\{\lim_{n\to+\infty}\sum_{i=0}^{n}\left[\boldsymbol{x}_i(s)-\boldsymbol{x}_{i-1}(s)\right]\right\}\mathrm{d}s \\ &= \int_{t_0}^{t} \boldsymbol{A}(s)\left[\lim_{n\to+\infty}\boldsymbol{x}_n(s)\right]\mathrm{d}s \\ &= \int_{t_0}^{t} \boldsymbol{A}(s)\boldsymbol{\varphi}(s)\mathrm{d}s\end{aligned} \tag{4.3.10}$$

在式（4.3.7）两边取极限，再利用式（4.3.9）与式（4.3.10）立即得到

$$\boldsymbol{\varphi}(t) = \boldsymbol{x}_0 + \int_{t_0}^{t} \boldsymbol{A}(s)\boldsymbol{\varphi}(s)\mathrm{d}s \tag{4.3.11}$$

从而得到

$$\begin{cases}\dfrac{\mathrm{d}\boldsymbol{\varphi}(t)}{\mathrm{d}t} = \boldsymbol{A}(t)\boldsymbol{\varphi}(t),\ t\in[\alpha,\ \beta] \\ \boldsymbol{\varphi}(t_0) = \boldsymbol{x}_0\end{cases}$$

这就证明了 $\boldsymbol{x}=\boldsymbol{\varphi}(t)$ 是初值问题（4.3.6）的解.

为证明唯一性，设 $\boldsymbol{x}=\boldsymbol{\varphi}(t)$ 和 $\boldsymbol{x}=\boldsymbol{\psi}(t)$ 都是初值问题（4.3.6）的解，则

$$\boldsymbol{\varphi}(t) = \boldsymbol{x}_0 + \int_{t_0}^{t} \boldsymbol{A}(s)\boldsymbol{\varphi}(s)\mathrm{d}s$$

$$\boldsymbol{\psi}(t) = \boldsymbol{x}_0 + \int_{t_0}^{t} \boldsymbol{A}(s)\boldsymbol{\psi}(s)\mathrm{d}s$$

相减取模，再由模的性质，并设 $t_0<t$，则有

$$\begin{aligned}\|\boldsymbol{\varphi}(t)-\boldsymbol{\psi}(t)\| &= \left\|\int_{t_0}^{t} \boldsymbol{A}(s)\left[\boldsymbol{\varphi}(s)-\boldsymbol{\psi}(s)\right]\mathrm{d}s\right\| \\ &\leqslant \int_{t_0}^{t}\|\boldsymbol{A}(s)\|\|\boldsymbol{\varphi}(s)-\boldsymbol{\psi}(s)\|\mathrm{d}s\end{aligned}$$

由贝尔曼不等式可推得

$$\|\boldsymbol{\varphi}(t)-\boldsymbol{\psi}(t)\| \leqslant 0,\ t\in[t_0,\ \beta]$$

类似地可证当 $t\in[\alpha,\ t_0]$ 时亦有 $\|\boldsymbol{\varphi}(t)-\boldsymbol{\psi}(t)\|\leqslant 0$. 但因 $\|\bullet\|\geqslant 0$，于是推得当 $t\in[\alpha,\ \beta]$ 时，有

$$\|\boldsymbol{\varphi}(t)-\boldsymbol{\psi}(t)\| = 0$$

从而推知，在 $\alpha\leqslant t\leqslant\beta$ 上恒有 $\boldsymbol{\varphi}(t)=\boldsymbol{\psi}(t)$. 这就证明了唯一性.

以上的证明，对于区间（a，b）内的任意一个闭区间 $[\alpha,\ \beta]$ 都成立，从而推知对于（a，b）上的任意 t，恒成立

$$\frac{\mathrm{d}\boldsymbol{\varphi}(t)}{\mathrm{d}t}=\boldsymbol{A}(t)\boldsymbol{\varphi}(t)$$

和

$$\boldsymbol{\varphi}(t)=\boldsymbol{\psi}(t)$$

这就证明了在区间（a，b）上，$\boldsymbol{x}=\boldsymbol{\varphi}(t)$是初值问题（4.3.6）的解，并且是唯一的．再由引理 4.1.2 知，$\boldsymbol{\varphi}(t)$在（a，b）上连续，从而它在（a，b）上任意一点t连续，即$\boldsymbol{\varphi}(t)$在（a，b）上连续．再由式（4.3.11）知，$\boldsymbol{\varphi}(t)$在（a，b）上连续可微．

这里需要注意以下两点．

（1）满足初值问题

$$\begin{cases}\dfrac{\mathrm{d}\boldsymbol{x}}{\mathrm{d}t}=\boldsymbol{A}(t)\boldsymbol{x}\\ \boldsymbol{x}(t_0)=\boldsymbol{0}\end{cases}$$

的唯一解显然是$\boldsymbol{x}(t)\equiv\boldsymbol{0}$，称它为零解．

（2）今后总假定$\boldsymbol{A}(t)$在（a，b）（或$[a, b]$）上连续，从而保证初值问题解的存在唯一性．

引理 4.3.1　设$\boldsymbol{x}_i(t)$，$i=1,2,\cdots$，m是（4.3.2）的m个解，$C_i(i=1,2,\cdots, m)$是m个常数，则$\boldsymbol{x}=\sum\limits_{i=1}^{m}C_i(t)\boldsymbol{x}_i(t)$也是（4.3.2）的解．

证明：由于

$$\begin{aligned}\frac{\mathrm{d}}{\mathrm{d}t}\sum_{i=1}^{m}C_i\boldsymbol{x}_i(t)&=\sum_{i=1}^{m}C_i\frac{\mathrm{d}}{\mathrm{d}t}\boldsymbol{x}_i(t)\\&=\sum_{i=1}^{m}C_i\boldsymbol{A}(t)\boldsymbol{x}_i(t)\\&=\boldsymbol{A}(t)\left[\sum_{i=1}^{m}C_i\boldsymbol{x}_i(t)\right]\end{aligned}$$

所以$\boldsymbol{x}=\sum\limits_{i=1}^{m}C_i\boldsymbol{x}_i(t)$也是（4.3.2）的解．

向量函数$\boldsymbol{x}_1(t)$，$\boldsymbol{x}_2(t)$，$\cdots$，$\boldsymbol{x}_m(t)$在区间（a，b）上线性相关、线性无关，是按下述定义的．

定义 4.3.1　设$\boldsymbol{x}_1(t)$，$\boldsymbol{x}_2(t)$，$\cdots$，$\boldsymbol{x}_m(t)$是定义在区间（a，b）上的m个向量函数．如果存在m个不全为零的常数α_1，α_2，$\cdots$，α_m，使得在区间（a，b）上

成立恒等式

$$\alpha_1\boldsymbol{x}_1(t)+\alpha_2\boldsymbol{x}_2(t)+\cdots+\alpha_m\boldsymbol{x}_m(t)\equiv\mathbf{0} \tag{4.3.12}$$

则称向量函数 $\boldsymbol{x}_1(t)$，$\boldsymbol{x}_2(t),\cdots$，$\boldsymbol{x}_m(t)$ 在区间（a，b）上线性相关．如果 $\boldsymbol{x}_1(t)$，$\boldsymbol{x}_2(t),\cdots$，$\boldsymbol{x}_m(t)$ 在区间（a，b）上不是线性相关，则称它们在区间（a，b）上线性无关．换句话讲，如果仅当 $\alpha_1=\alpha_2=\cdots=\alpha_m=0$ 时，式（4.3.12）成立，则称 $\boldsymbol{x}_1(t)$，$\boldsymbol{x}_2(t),\cdots$，$\boldsymbol{x}_m(t)$ 在区间（a，b）上线性无关.

定义 4.3.2　设

$$\boldsymbol{x}_1(t)=\begin{bmatrix}x_{11}(t)\\x_{21}(t)\\\vdots\\x_{n1}(t)\end{bmatrix},\cdots,\ \boldsymbol{x}_n(t)=\begin{bmatrix}x_{1n}(t)\\x_{2n}(t)\\\vdots\\x_{nn}(t)\end{bmatrix}$$

是 n 个 n 维向量，则称行列式

$$W(t)=\begin{vmatrix}x_{11}(t)&x_{12}(t)&\cdots&x_{1n}(t)\\x_{21}(t)&x_{22}(t)&\cdots&x_{2n}(t)\\\vdots&\vdots&&\vdots\\x_{n1}(t)&x_{n2}(t)&\cdots&x_{nn}(t)\end{vmatrix}$$

为 $\boldsymbol{x}_1(t)$，$\boldsymbol{x}_2(t),\cdots$，$\boldsymbol{x}_n(t)$ 的朗斯基行列式.

引理 4.3.2　设 $\boldsymbol{x}_1(t)$，$\boldsymbol{x}_2(t),\cdots$，$\boldsymbol{x}_n(t)$ 是式（4.3.2）的 n 个解（向量），则 $\boldsymbol{x}_1(t)$，$\boldsymbol{x}_2(t),\cdots$，$\boldsymbol{x}_m(t)$ 在区间（a，b）上线性无关的充分必要条件是它的朗斯基行列式

$$W(t)\neq 0,\ t\in(a,\ b) \tag{4.3.13}$$

证明：充分性．用反证法．设 $\boldsymbol{x}_1(t)$，$\boldsymbol{x}_2(t),\cdots$，$\boldsymbol{x}_n(t)$ 在（a，b）上线性相关，则存在 n 个不全为零的常数 α_1，$\alpha_2,\cdots$，α_n，使

$$\alpha_1\boldsymbol{x}_1(t)+\alpha_2\boldsymbol{x}_2(t)+\cdots+\alpha_n\boldsymbol{x}_n(t)\equiv\mathbf{0} \tag{4.3.14}$$

取 $t_0\in(a,\ b)$，由式（4.3.13）知 $W(t_0)\neq 0$. 把 $t=t_0$ 代入式（4.3.14）得

$$\alpha_1\boldsymbol{x}_1(t_0)+\alpha_2\boldsymbol{x}_2(t_0)+\cdots+\alpha_n\boldsymbol{x}_n(t_0)=\mathbf{0}$$

用分量表示的话，这是以 α_1，$\alpha_2,\cdots$，α_n 为未知数的由 n 个齐次线性代数方程构成的方程组，它的系数行列式 $W(t_0)\neq 0$，从而推得 $\alpha_1=\alpha_2=\cdots=\alpha_n=0$．这与 $\boldsymbol{x}_1(t)$，$\boldsymbol{x}_2(t),\cdots$，$\boldsymbol{x}_n(t)$ 在区间（a，b）上线性相关矛盾.

必要性．设 n 个解（向量）$\boldsymbol{x}_1(t)$，$\boldsymbol{x}_2(t),\cdots$，$\boldsymbol{x}_n(t)$ 在区间（a，b）上线性无关，今证 $W(t_0)\neq 0$，$t\in(a,\ b)$．仍用反证法．设存在 $t_0\in(a,\ b)$ 使 $W(t_0)=0$．考虑

以 α_1，α_2,…，α_n 为未知数的齐次线性代数方程组

$$\alpha_1\boldsymbol{x}_1(t_0)+\alpha_2\boldsymbol{x}_2(t_0)+\cdots+\alpha_n\boldsymbol{x}_n(t_0)=\boldsymbol{0} \tag{4.3.15}$$

因为它的系数行列式 $W(t_0)=0$，所以式（4.3.15）存在不全为零的解 α_1，α_2,…，α_n．以 α_1，α_2,…，α_n 构造向量函数

$$\boldsymbol{x}(t)=\alpha_1\boldsymbol{x}_1(t)+\alpha_2\boldsymbol{x}_2(t)+\cdots+\alpha_n\boldsymbol{x}_n(t) \tag{4.3.16}$$

因为 $\boldsymbol{x}_1(t)$，$\boldsymbol{x}_2(t)$,…，$\boldsymbol{x}_n(t)$ 是式（4.3.2）的解，由引理 4.3.2 知，式（4.3.16）也是式（4.3.2）的解．并且由式（4.3.15）知

$$\boldsymbol{x}(t_0)=\boldsymbol{0}$$

换言之，由式（4.3.16）定义的 $\boldsymbol{x}(t)$ 是式（4.3.2）的满足零初值条件的解．由定理 4.3.1 后面的注（2）知 $\boldsymbol{x}(t)\equiv\boldsymbol{0}$，$t\in(a, b)$．这就证明了存在 n 个不全为零的常数 α_1，α_2,…，α_n，使

$$\alpha_1\boldsymbol{x}_1(t)+\alpha_2\boldsymbol{x}_2(t)+\cdots+\alpha_n\boldsymbol{x}_n(t)\equiv\boldsymbol{0},\ t\in(a, b)$$

于是知 $\boldsymbol{x}_1(t)$，$\boldsymbol{x}_2(t)$,…，$\boldsymbol{x}_n(t)$ 在（a，b）上线性相关，与假设矛盾，从而推知 $W(t)\neq 0$，$t\in(a, b)$．

推论 4.3.1　设 $\boldsymbol{x}_1(t)$，$\boldsymbol{x}_2(t)$,…，$\boldsymbol{x}_n(t)$ 是式（4.3.2）的 n 个解（向量），则它的朗斯基行列式 $W(t)$ 要么在区间（a，b）上处处不等于零，要么恒等于零．

证明：只要证明如果存在 $t_0\in(a, b)$ 使 $W(t_0)\neq 0$，则 $W(t)$ 在区间（a，b）上处处不等于零即可．注意到引理 4.3.2 的充分性证明中，实际上只用到条件"存在 $t_0\in(a, b)$ 使 $W(t_0)\neq 0$"，于是推出 $\boldsymbol{x}_1(t)$，$\boldsymbol{x}_2(t)$,…，$\boldsymbol{x}_n(t)$ 在（a，b）上线性无关．再由引理 4.3.2 的必要性推出 $W(t)\neq 0$，$t\in(a, b)$．

现在证明一阶齐次线性微分方程组（4.3.2）的通解结构定理．

定理 4.3.2　由 n 个方程构成的一阶齐次线性微分方程组（4.3.2）的解的全体构成一个 n 维线性空间 H．如果 $\boldsymbol{x}_1(t)$，$\boldsymbol{x}_2(t)$,…，$\boldsymbol{x}_n(t)$ 是方程组（4.3.2）的 n 个线性无关的解，则方程组（4.3.2）的任意一个确定的解 $\boldsymbol{x}=\boldsymbol{x}(t)$ 可以表示成

$$\boldsymbol{x}(t)=C_1\boldsymbol{x}_1(t)+C_2\boldsymbol{x}_2(t)+\cdots+C_n\boldsymbol{x}_n(t)$$

其中 C_1，C_2,…，C_n 是 n 个确定的常数．所以当 C_1，C_2,…，C_n 为任意常数时，$C_1\boldsymbol{x}_1(t)+C_2\boldsymbol{x}_2(t)+\cdots+C_n\boldsymbol{x}_n(t)$ 是方程组（4.3.2）的通解．

证明：由引理 4.3.1 知，方程组（4.3.2）的解的全体构成一个向量空间 H．为证它是 n 维的，即证：

（1）方程组（4.3.2）中存在 n 个线性无关的解．

（2）方程组（4.3.2）中任意多于 n 个解必线性相关.

为证（1），考虑初值问题

$$\begin{cases}\dfrac{\mathrm{d}\boldsymbol{x}}{\mathrm{d}t}=\boldsymbol{A}(t)\boldsymbol{x}\\ \boldsymbol{x}(t_0)=\boldsymbol{e}_i,\quad i=1,2,\cdots,\ n\end{cases}\tag{4.3.17}$$

这里 $\boldsymbol{e}_i$ 是一个 n 维常数向量，它的第 i 行元素为 1，其余各元素为 0. 由定理 4.2.1 知，对于每一个 i，方程组（4.3.17）存在唯一的解，记为 $\boldsymbol{x}_i(t)$，$i=1,2,\cdots,\ n$. 它的朗斯基行列式在 t_0 的值为

$$W(t_0)=\det \boldsymbol{E}=1$$

这里 $\boldsymbol{E}$ 是 n 阶单位方阵. 于是由引理 4.3.2 知，$\boldsymbol{x}_1(t)$，$\boldsymbol{x}_2(t)$，$\cdots$，$\boldsymbol{x}_n(t)$ 在（a，b）上线性无关.

（2）的证明留给读者.

既然已证明了 H 是一个 n 维线性空间，则式（4.3.2）的任意的 n 个线性无关的解（如引理中已做出的 $\boldsymbol{x}_1(t)$，$\boldsymbol{x}_2(t)$，$\cdots$，$\boldsymbol{x}_n(t)$），都可以作为 H 中的一个基. H 中的任意一个确定的元素（即式（4.3.2）的任意一个确定的解）$\boldsymbol{x}(t)$，总可以由 $\boldsymbol{x}_1(t)$，$\boldsymbol{x}_2(t)$，$\cdots$，$\boldsymbol{x}_n(t)$ 线性组合来表示，即

$$\boldsymbol{x}(t)=C_1\boldsymbol{x}_1(t)+C_2\boldsymbol{x}_2(t)+\cdots+C_n\boldsymbol{x}_n(t)$$

其中，C_1，C_2，$\cdots$，C_n 为 n 个确定的常数. 所以当 C_1，C_2，$\cdots$，C_n 为任意常数时，$C_1\boldsymbol{x}_1(t)+C_2\boldsymbol{x}_2(t)+\cdots+C_n\boldsymbol{x}_n(t)$ 为式（4.3.2）的通解.

定义 4.3.2　式（4.3.2）的 n 个线性无关的解称为它的一个基本解组. 设 $\boldsymbol{x}_1(t)$，$\boldsymbol{x}_2(t)$，$\cdots$，$\boldsymbol{x}_n(t)$ 是式（4.3.2）的一个基本解组，则矩阵

$$\boldsymbol{\Phi}(t)=\left[\boldsymbol{x}_1(t),\ \boldsymbol{x}_2(t),\cdots,\ \boldsymbol{x}_n(t)\right]$$

称为式（4.3.2）的一个基本解矩阵.

一旦求得式（4.3.2）的一个基本解组 $\boldsymbol{x}_1(t)$，$\boldsymbol{x}_2(t)$，$\cdots$，$\boldsymbol{x}_n(t)$ 或基本解矩阵 $\boldsymbol{\Phi}(t)$，则式（4.3.2）的通解是

$$\boldsymbol{x}(t)=C_1\boldsymbol{x}_1(t)+C_2\boldsymbol{x}_2(t)+\cdots+C_n\boldsymbol{x}_n(t)$$

或者由矩阵乘法，通解可以写成

$$\boldsymbol{x}(t)=\boldsymbol{\Phi}(t)\boldsymbol{c}$$

这里 $\boldsymbol{c}=(C_1,\ C_2,\cdots,\ C_n)^{\mathrm{T}}$ 是任意常数向量，即 C_1，C_2，$\cdots$，C_n 是任意常数.

基本解矩阵有下述特征.

定理 4.3.3　$\boldsymbol{\Phi}(t)$ 是式（4.3.2）的基本解矩阵的充分必要条件是它同时满足：

（1）$\dfrac{\mathrm{d}\boldsymbol{\Phi}(t)}{\mathrm{d}t}=\boldsymbol{A}(t)\boldsymbol{\Phi}(t)$．

（2）$\det\boldsymbol{\Phi}(t_0)\neq 0$，$t\in(a, b)$．

证明：必要性．设 $\boldsymbol{\Phi}(t)=\left(\boldsymbol{x}_1(t), \boldsymbol{x}_2(t),\cdots, \boldsymbol{x}_n(t)\right)$ 是式（4.3.2）的一个基本解矩阵，则 $\boldsymbol{x}_1(t), \boldsymbol{x}_2(t),\cdots, \boldsymbol{x}_n(t)$ 是式（4.3.2）的 n 个线性无关的解．因此（2）成立，并且

$$\frac{\mathrm{d}\boldsymbol{x}_i(t)}{\mathrm{d}t}=\boldsymbol{A}(t)\boldsymbol{x}_i(t) \tag{4.3.18}$$

从而

$$\begin{aligned}\frac{\mathrm{d}\boldsymbol{\Phi}(t)}{\mathrm{d}t}&=\left[\frac{\mathrm{d}\boldsymbol{x}_1(t)}{\mathrm{d}t},\frac{\mathrm{d}\boldsymbol{x}_2(t)}{\mathrm{d}t},\cdots,\frac{\mathrm{d}\boldsymbol{x}_n(t)}{\mathrm{d}t}\right]\\&=\left[\boldsymbol{A}(t)\boldsymbol{x}_1(t), \boldsymbol{A}(t)\boldsymbol{x}_2(t),\cdots, \boldsymbol{A}(t)\boldsymbol{x}_n(t)\right]\\&=\boldsymbol{A}(t)\left[\boldsymbol{x}_1(t), \boldsymbol{x}_2(t),\cdots, \boldsymbol{x}_n(t)\right]\\&=\boldsymbol{A}(t)\boldsymbol{\Phi}(t)\end{aligned}$$

所以（1）也成立．

充分性．设 $\boldsymbol{\Phi}(t)=\left[\boldsymbol{x}_1(t), \boldsymbol{x}_2(t),\cdots, \boldsymbol{x}_n(t)\right]$ 满足

$$\frac{\mathrm{d}\boldsymbol{\Phi}(t)}{\mathrm{d}t}=\boldsymbol{A}(t)\boldsymbol{\Phi}(t)$$

上述等式左边和右边对应的列向量相等，便得式（4.3.18）．故知 $\boldsymbol{x}_1(t), \boldsymbol{x}_2(t),\cdots, \boldsymbol{x}_n(t)$ 是式（4.3.2）的 n 个解．再由（2）知，它们线性无关，故 $\boldsymbol{\Phi}(t)=\left(\boldsymbol{x}_1(t), \boldsymbol{x}_2(t),\cdots, \boldsymbol{x}_n(t)\right)$ 是式（4.3.2）的一个基本解矩阵．

定理 4.3.4　设 $W(t)$ 是式（4.3.2）的 n 个解 $\boldsymbol{x}_1(t), \boldsymbol{x}_2(t),\cdots, \boldsymbol{x}_n(t)$ 的朗斯基行列式，$t_0\in(a, b)$，$t\in(a, b)$，则

$$W(t)=W(t_0)\mathrm{e}^{\int_{t_0}^{t}\operatorname{tr}\boldsymbol{A}(s)\mathrm{d}s} \tag{4.3.19}$$

其中，$\operatorname{tr}\boldsymbol{A}(t)=\sum\limits_{i=1}^{n}a_{ii}(t)$ 是方阵 $\boldsymbol{A}(t)=\left(a_{ii}(t)\right)$ 的主对角线上元素之和，公式（4.3.19）称为刘维尔公式．

证明：以 $n=2$ 的情形为例证明之，对于一般的 n，其证明是类似的．当 $n=2$ 时，式（4.3.2）成为

$$\begin{cases} \dfrac{\mathrm{d}x_1}{\mathrm{d}t} = a_{11}(t)x_1 + a_{12}(t)x_2 \\ \dfrac{\mathrm{d}x_2}{\mathrm{d}t} = a_{21}(t)x_1 + a_{22}(t)x_2 \end{cases} \tag{4.3.20}$$

设

$$\begin{pmatrix} x_1 \\ x_2 \end{pmatrix}_1 = \begin{bmatrix} x_{11}(t) \\ x_{21}(t) \end{bmatrix}, \begin{pmatrix} x_1 \\ x_2 \end{pmatrix}_2 = \begin{bmatrix} x_{12}(t) \\ x_{22}(t) \end{bmatrix}$$

是该方程组的两个解，由这两个解组成的朗斯基行列式是

$$W(t) = \begin{vmatrix} x_{11}(t) & x_{12}(t) \\ x_{21}(t) & x_{22}(t) \end{vmatrix}$$

由行列式求导法则，并利用式（4.3.20）及行列式性质，得

$$\begin{aligned} \frac{\mathrm{d}W(t)}{\mathrm{d}t} &= \begin{vmatrix} x'_{11}(t) & x'_{12}(t) \\ x_{21}(t) & x_{22}(t) \end{vmatrix} + \begin{vmatrix} x_{11}(t) & x_{12}(t) \\ x'_{21}(t) & x'_{22}(t) \end{vmatrix} \\ &= a_{11}(t)\begin{vmatrix} x_{11}(t) & x_{12}(t) \\ x_{21}(t) & x_{22}(t) \end{vmatrix} + a_{22}(t)\begin{vmatrix} x_{11}(t) & x_{12}(t) \\ x_{21}(t) & x_{22}(t) \end{vmatrix} \\ &= \left[a_{11}(t) + a_{22}(t)\right]W(t) \end{aligned}$$

这是一个关于 $W(t)$ 的一阶齐次线性微分方程，解得

$$W(t) = W(t_0)\mathrm{e}^{\int_{t_0}^{t}(a_{11}(\tau)+a_{22}(\tau))\mathrm{d}\tau}$$

这里 $t_0 \in (a, b)$ 可以任意取定，$t \in (a, b)$.

例 4.3.1　设 γ_1，γ_2,…，γ_m 是 m 个非零的多项式向量函数，即每一个 γ_i 的各分量是 t 的多项式，对于每个 i，γ_i 的各分量中至少有一个非零，并设 λ_1，λ_2,…，λ_m 是 m 个互不相等的常数，则向量函数

$$\gamma_1\mathrm{e}^{\lambda_1 t}, \ \gamma_2\mathrm{e}^{\lambda_2 t}, \cdots, \ \gamma_m\mathrm{e}^{\lambda_m t}$$

在（$-\infty$，$+\infty$）上线性无关.

例 4.3.2　（1）试证明：基本解矩阵完全决定齐次线性微分方程组.

（2）试做出以方阵

$$\begin{pmatrix} \mathrm{e}^{-t} & 0 & \mathrm{e}^{2t} \\ 0 & \mathrm{e}^{-t} & \mathrm{e}^{2t} \\ -\mathrm{e}^{-t} & -\mathrm{e}^{-t} & \mathrm{e}^{2t} \end{pmatrix}$$

为基本解矩阵的齐次线性微分方程组.

证明：（1）即证如果方程组

$$\frac{d\boldsymbol{x}}{dt}=\boldsymbol{A}(t)\boldsymbol{x}$$

与

$$\frac{d\boldsymbol{x}}{dt}=\boldsymbol{B}(t)\boldsymbol{x}$$

有相同的基本解矩阵 $\boldsymbol{\Phi}(t)$，则 $\boldsymbol{A}(t)\equiv\boldsymbol{B}(t)$．事实上，由定理 4.3.4，可分别得到

$$\boldsymbol{\Phi}'(t)=\boldsymbol{A}(t)\boldsymbol{\Phi}(t)$$

和

$$\boldsymbol{\Phi}'(t)=\boldsymbol{B}(t)\boldsymbol{\Phi}(t)$$

因此

$$\boldsymbol{A}(t)=\boldsymbol{\Phi}'(t)\boldsymbol{\Phi}^{-1}(t)$$

$$\boldsymbol{B}(t)=\boldsymbol{\Phi}'(t)\boldsymbol{\Phi}^{-1}(t)$$

所以

$$\boldsymbol{A}(t)\equiv\boldsymbol{B}(t)$$

（2）由（1）得到从 $\boldsymbol{\Phi}(t)$ 求系数矩阵 $\boldsymbol{A}(t)$ 的方法如下．由于

$$\boldsymbol{\Phi}'(t)=\begin{pmatrix}-e^{-t} & 0 & 2e^{2t}\\ 0 & -e^{-t} & 2e^{2t}\\ e^{-t} & e^{-t} & 2e^{2t}\end{pmatrix}$$

及

$$\boldsymbol{\Phi}^{-1}(t)=\frac{1}{3}\begin{pmatrix}2e^{t} & -e^{t} & -e^{t}\\ -e^{t} & 2e^{t} & -e^{t}\\ e^{-2t} & e^{-2t} & e^{-2t}\end{pmatrix}$$

所以

$$\boldsymbol{A}(t)=\boldsymbol{\Phi}'(t)\boldsymbol{\Phi}^{-1}(t)=\begin{pmatrix}0 & 1 & 1\\ 1 & 0 & 1\\ 1 & 1 & 0\end{pmatrix}$$

所求的齐次线性微分方程组是

$$\frac{d\boldsymbol{x}}{dt}=\begin{pmatrix}0 & 1 & 1\\ 1 & 0 & 1\\ 1 & 1 & 0\end{pmatrix}\boldsymbol{x}$$

例 4.3.3　黎卡提方程

$$\frac{\mathrm{d}x}{\mathrm{d}t}=a(t)x^2+b(t)x+c(t)$$

可由变换

$$x=-\frac{1}{a(t)u}\cdot\frac{\mathrm{d}u}{\mathrm{d}t} \tag{4.3.21}$$

化为 u 的二阶线性微分方程，然后化为线性微分方程组.

证明: 将式(4.3.21)两边对 t 求导数, 再将式(4.3.21)一起代入黎卡提方程, 得到

$$a(t)\frac{\mathrm{d}^2u}{\mathrm{d}t^2}-\left[a(t)b(t)+a'(t)\right]\frac{\mathrm{d}u}{\mathrm{d}t}+a^2(t)c(t)u=0$$

再令 $v=\frac{\mathrm{d}u}{\mathrm{d}t}$，便得到一阶线性微分方程组

$$\begin{cases}\dfrac{\mathrm{d}u}{\mathrm{d}t}=v\\ \dfrac{\mathrm{d}v}{\mathrm{d}t}=\left[b(t)+\dfrac{a'(t)}{a(t)}\right]v-a(t)c(t)u\end{cases}$$

这是一个 $n=2$ 时的变系数齐次线性微分方程组.

黎卡提方程的通解一般来说是不能用初等积分法求出来的，从而推知式（4.3.22）亦是如此. 这说明，$n=2$ 时的一阶线性微分方程组一般也是不能用初等积分法求解的.

4.3.2　一阶非齐次线性微分方程组的解的理论与常数变易法

一阶非齐次线性微分方程组（4.3.1）的解与它对应的齐次线性微分方程组（4.3.2）的解有密切关系.

定理 4.3.5　设 $\boldsymbol{x}^*(t)$ 是非齐次线性微分方程组（4.3.1）的任意一个确定的解，$\boldsymbol{\Phi}(t)$ 是方程组（4.3.1）对应的齐次线性微分方程组（4.3.2）的一个基本解矩阵，则

$$\boldsymbol{x}(t)=\boldsymbol{\Phi}(t)\boldsymbol{c}+\boldsymbol{x}^*(t)$$

是方程组（4.3.1）的通解，其中 $\boldsymbol{c}$ 是常向量.

定理 4.3.5 称为非齐次线性微分方程组的通解结构定理. 请读者注意，到现在为止，尚未证明非齐次线性微分方程组（4.3.1）的解是否存在. 下述定理回答了这个问题.

定理 4.2.6　设 n 阶方阵函数 $\boldsymbol{A}(t)$ 和 n 维向量函数 $\boldsymbol{f}(t)$ 在区间（a，b）上连续，$t_0 \in (a, b)$ 是任意给定的值，$\boldsymbol{x}_0$ 是任意给定的 n 维常数向量，则初值问题

$$\begin{cases}\dfrac{\mathrm{d}\boldsymbol{x}}{\mathrm{d}t} = \boldsymbol{A}(t)\boldsymbol{x} + \boldsymbol{f}(t) \\ \boldsymbol{x}(t_0) = \boldsymbol{x}_0\end{cases} \tag{4.3.22}$$

的解在（a，b）上存在且唯一，此解在（a，b）上是连续可微的并且可以由

$$\boldsymbol{x}(t) = \boldsymbol{\Phi}(t)\boldsymbol{\Phi}^{-1}(t_0)\boldsymbol{x}_0 + \int_{t_0}^{t} \boldsymbol{\Phi}(t)\boldsymbol{\Phi}^{-1}(s)\boldsymbol{f}(s)\mathrm{d}s \tag{4.3.23}$$

给出，其中 $\boldsymbol{\Phi}(t)$ 是方程组（4.3.1）对应的齐次线性微分方程组（4.3.2）的一个基本解矩阵.

证明：先证唯一性. 如果 $\boldsymbol{x} = \boldsymbol{\varphi}(t)$ 和 $\boldsymbol{x} = \boldsymbol{\psi}(t)$ 都是初值问题（4.3.22）的解，则 $\boldsymbol{x} = \boldsymbol{\varphi}(t) - \boldsymbol{\psi}(t)$ 满足

$$\begin{cases}\dfrac{\mathrm{d}\boldsymbol{x}}{\mathrm{d}t} = \boldsymbol{A}(t)\boldsymbol{x} \\ \boldsymbol{x}(t_0) = \boldsymbol{x}_0 - \boldsymbol{x}_0 = \boldsymbol{0}\end{cases}$$

由定理 4.3.1 后面的注（2）知，$\boldsymbol{x} \equiv \boldsymbol{0}$，所以 $\boldsymbol{\varphi}(t) \equiv \boldsymbol{\psi}(t)$.

再证存在性. 如定理中所设，$\boldsymbol{\Phi}(t)$ 是方程组（4.3.2）的一个基本解矩阵，故 $\boldsymbol{\Phi}(t)\boldsymbol{c}$ 是方程组（4.3.2）的通解. 将这里的 $\boldsymbol{c}$ 看作未知的向量函数，即引入变量变换

$$\boldsymbol{x} = \boldsymbol{\Phi}(t)\boldsymbol{c}(t) \tag{4.3.24}$$

求导数得

$$\frac{\mathrm{d}\boldsymbol{x}}{\mathrm{d}t} = \frac{\mathrm{d}\boldsymbol{\Phi}(t)}{\mathrm{d}t}\boldsymbol{c}(t) + \boldsymbol{\Phi}(t)\frac{\mathrm{d}\boldsymbol{c}(t)}{\mathrm{d}t} \tag{4.3.25}$$

将式（4.3.24）和式（4.3.25）代入方程组（4.3.1），得到

$$\frac{\mathrm{d}\boldsymbol{\Phi}(t)}{\mathrm{d}t}\boldsymbol{c}(t) + \boldsymbol{\Phi}(t)\frac{\mathrm{d}\boldsymbol{c}(t)}{\mathrm{d}t} = \boldsymbol{A}(t)\boldsymbol{\Phi}(t)\boldsymbol{c}(t) + \boldsymbol{f}(t) \tag{4.3.26}$$

再由定理 4.3.3 的（1）知，式（4.3.26）为

$$\boldsymbol{\Phi}(t)\frac{\mathrm{d}\boldsymbol{c}(t)}{\mathrm{d}t} = \boldsymbol{f}(t) \tag{4.3.27}$$

由定理 4.3.3 的（2），对于 $t \in (a, b), \det \boldsymbol{\Phi}(t) \neq 0$，所以存在逆阵 $\boldsymbol{\Phi}^{-1}(t)$. 将它左乘式（4.3.27）得

$$\frac{\mathrm{d}\boldsymbol{c}(t)}{\mathrm{d}t} = \boldsymbol{\Phi}^{-1}(t)\boldsymbol{f}(t)$$

积分便得 $\boldsymbol{c}(t)=\int_{t_0}^{t}\boldsymbol{\Phi}^{-1}(s)\boldsymbol{f}(s)\mathrm{d}s$，代入式（4.3.24），得

$$\begin{aligned}\boldsymbol{x}(t)&=\boldsymbol{\Phi}(t)\int_{t_0}^{t}\boldsymbol{\Phi}^{-1}(s)\boldsymbol{f}(s)\mathrm{d}s\\&=\int_{t_0}^{t}\boldsymbol{\Phi}(t)\boldsymbol{\Phi}^{-1}(s)\boldsymbol{f}(s)\mathrm{d}s\end{aligned}\tag{4.3.28}$$

不难直接验证式（4.3.28）的确是方程组（4.3.1）的一个解. 由定理4.3.5知，方程组（4.3.1）的通解为

$$\boldsymbol{x}(t)=\boldsymbol{\Phi}(t)\boldsymbol{c}+\int_{t_0}^{t}\boldsymbol{\Phi}(t)\boldsymbol{\Phi}^{-1}(s)\boldsymbol{f}(s)\mathrm{d}s\tag{4.3.29}$$

其中 $\boldsymbol{c}$ 是任意常数向量.

为求初值问题（4.3.22）的解，将式（4.3.6）代入式（4.3.29），有 $\boldsymbol{x}_0=\boldsymbol{\Phi}(t_0)\boldsymbol{c}$，于是 $\boldsymbol{c}=\boldsymbol{\Phi}^{-1}(t_0)\boldsymbol{x}_0$，将其代回（4.3.29），便得到了初值问题（4.3.22）的唯一解（4.3.23）.

因为解是由 $\boldsymbol{\Phi}(t)$ 以及连续函数的变上限积分给出，所以是连续可微的.

推导公式（4.3.24）的方法称为非齐次线性微分方程组的常数变易法，这是常数变易法的自然推广. 公式（4.3.24）称为非齐次线性微分方程组（4.3.1）的解的常数变易法公式. 若已知方程组（4.3.1）的对应的齐次线性微分方程组的一个基本解组，则可按常数变易法公式（4.3.24）求得方程组（4.3.1）的一个解，从而由式（4.3.29）得到方程组（4.3.1）的通解.

下面简要地介绍将本节的结论用到 n 阶线性微分方程中的情况. 考虑式（4.3.3）和初值条件：

$$x(t_0)=x_0,\ x'(t_0)=x_0',\cdots,\ x_n(t_0)=x_0^{(n-1)}\tag{4.3.30}$$

在变换式（4.3.4）之下，方程（4.3.3）变为方程组（4.3.5），初值条件（4.3.30）变为

$$x_1(t_0)=x_0,\ x_2(t_0)=x_0',\cdots,\ x_n(t_0)=x_0^{(n-1)}$$

式（4.3.30）化为初值问题

$$\begin{cases}\dfrac{\mathrm{d}\boldsymbol{x}}{\mathrm{d}t}=\boldsymbol{A}(t)\boldsymbol{x}+\boldsymbol{f}(t)\\\boldsymbol{x}(t_0)=\boldsymbol{x}_0\end{cases}\tag{4.3.31}$$

其中，

$$\boldsymbol{x}=\begin{pmatrix} x_1 \\ \vdots \\ x_{n-1} \\ x_n \end{pmatrix},\boldsymbol{x}_0=\begin{bmatrix} x_0 \\ \vdots \\ x_0^{(n-2)} \\ x_0^{(n-1)} \end{bmatrix},\boldsymbol{f}(t)=\begin{bmatrix} 0 \\ \vdots \\ 0 \\ f(t) \end{bmatrix} \quad (4.3.32)$$

$$\boldsymbol{A}(t)=\begin{bmatrix} 0 & 1 & 0 & \cdots & 0 \\ 0 & 0 & 1 & \cdots & 0 \\ \vdots & \vdots & \vdots & & \vdots \\ 0 & 0 & 0 & \cdots & 1 \\ -a_n(t) & -a_{n-1}(t) & -a_{n-2}(t) & \cdots & -a_1(t) \end{bmatrix}$$

下面用方程组的解的常数变易法公式（4.3.24）推导出 n 阶非齐次线性微分方程（4.3.3）的解的常数变易法公式，便于读者应用.

设 $x_1(t)$，$x_2(t)$,…，$x_n(t)$ 是方程（4.3.3）对应的齐次线性微分方程的 n 个线性无关的解，且

$$W(t)=\begin{vmatrix} x_1(t) & \cdots & x_{n-1}(t) & x_n(t) \\ \vdots & & \vdots & \vdots \\ x_1^{(n-2)}(t) & \cdots & x_{n-1}^{(n-2)}(t) & x_n^{(n-2)}(t) \\ x_1^{(n-1)}(t) & \cdots & x_{n-1}^{(n-1)}(t) & x_n^{(n-1)}(t) \end{vmatrix}$$

是相应的朗斯基行列式. 将 $W(s)$ 中最后一行元素分别换成 $x_1(t)$，$x_2(t)$,…，$x_n(t)$ 所得到的行列式记为 $W(t，s)$，即

$$W(t，s)=\begin{vmatrix} x_1(s) & \cdots & x_{n-1}(s) & x_n(s) \\ \vdots & & \vdots & \vdots \\ x_1^{(n-2)}(s) & \cdots & x_{n-1}^{(n-2)}(s) & x_n^{(n-2)}(s) \\ x_1^{(n-1)}(t) & \cdots & x_{n-1}^{(n-1)}(t) & x_n^{(n-1)}(t) \end{vmatrix}$$

用 $b_{ji}(s)$ 表示 $W(s)$ 中元素 $x_i^{(j-1)}(s)$ 所对应的代数余子式($i=1，2，\cdots，n$; $j=1，2，\cdots，n$; $x_i^{(0)}(s)\equiv x_i(s)$)，则 $W(t，s)$ 按最后一行元素展开，可以写成

$$W(t，s)=\sum_{i=1}^{n}x_i(t)b_{ni}(s) \quad (4.3.33)$$

定理 4.3.7　设 $x_1(t)$，$x_2(t)$, …，$x_n(t)$ 是式（4.3.3）对应的齐次线性微分方程的 n 个线性无关的解，则

$$x^*(t)=\int_{t_0}^{t}\frac{W(t,s)}{W(s)}f(s)\mathrm{d}s \quad (4.3.34)$$

是式（4.3.3）的一个解. 式（4.3.34）也可以写成

$$x^*(t)=\int_{t_0}^{t}\frac{\sum_{i=1}^{n}x_i(t)b_{ni}(s)}{W(s)}f(s)\mathrm{d}s \tag{4.3.35}$$

这里 $t_0\in(a,\ b)$ 是任意固定的一个值，$t\in(a,\ b)$.

证明：经变换式（4.3.4），方程（4.3.3）化为方程组（4.3.31）．由 $x_1(t),\ x_2(t),\ \cdots,\ x_n(t)$ 可以得到方程组（4.3.31）的 n 个线性无关的解：

$$\begin{bmatrix}x_1(t)\\ \vdots\\ x_1^{(n-2)}(t)\\ x_1^{(n-1)}(t)\end{bmatrix},\ \cdots,\ \begin{bmatrix}x_{n-1}(t)\\ \vdots\\ x_{n-1}^{(n-2)}(t)\\ x_{n-1}^{(n-1)}(t)\end{bmatrix},\ \begin{bmatrix}x_n(t)\\ \vdots\\ x_n^{(n-2)}(t)\\ x_n^{(n-1)}(t)\end{bmatrix}$$

上述 n 个解按下标次序排成列所构成的基本解矩阵记为 $\boldsymbol{\Phi}(t)$．易知 $\det\ \boldsymbol{\Phi}(t)=W(t)$．由逆阵计算公式有

$$\boldsymbol{\Phi}^{-1}(s)=\frac{1}{W(s)}\begin{bmatrix}b_{11}(s) & b_{21}(s) & \cdots & b_{n1}(s)\\ b_{12}(s) & b_{22}(s) & \cdots & b_{n2}(s)\\ \vdots & \vdots & & \vdots\\ b_{1n}(s) & b_{2n}(s) & \cdots & b_{nn}(s)\end{bmatrix}$$

再注意到式（4.3.32），则有

$$\boldsymbol{\Phi}^{-1}(s)\boldsymbol{f}(s)=\begin{bmatrix}b_{n1}(s)\\ b_{n2}(s)\\ \vdots\\ b_{nn}(s)\end{bmatrix}\frac{f(s)}{W(s)} \tag{4.3.36}$$

方程组（4.3.31）的解向量的第一个分量是方程（4.3.3）的解，所以只要从常数变易法公式（4.3.28）中取出第一个分量即可．由常数变易法公式（4.3.28）及（4.3.36），有

$$\begin{aligned}\boldsymbol{x}^*(t)&=\int_{t_0}^{t}\boldsymbol{\Phi}(t)\boldsymbol{\Phi}^{-1}(s)\boldsymbol{f}(s)\mathrm{d}s\\ &=\int_{t_0}^{t}\boldsymbol{\Phi}(t)\begin{bmatrix}b_{n1}(s)\\ b_{n2}(s)\\ \vdots\\ b_{nn}(s)\end{bmatrix}\frac{f(s)}{W(s)}\mathrm{d}s\end{aligned}$$

$$=\int_{t_0}^{t}\begin{bmatrix}\sum_{i=1}^{n}x_i(t)b_{ni}(s)\\ \sum_{i=1}^{n}x_i'(t)b_{ni}(s)\\ \vdots\\ \sum_{i=1}^{n}x_i^{(n-1)}(t)b_{ni}(s)\end{bmatrix}\frac{f(s)}{W(s)}\mathrm{d}s,$$

所以

$$\boldsymbol{x}^*(t)=\int_{t_0}^{t}\frac{\sum_{i=1}^{n}x_i(t)b_{ni}(s)}{W(s)}f(s)\mathrm{d}s$$

是式（4.3.3）的一个解，这就是式（4.3.35）.

式（4.3.34）称为 n 阶非齐次线性微分方程的解的常数变易法公式.

例 4.3.4　考虑线性微分方程组（4.3.31），其中 n 阶方阵函数 $\boldsymbol{A}(t)$ 和向量函数 $\boldsymbol{f}(t)$ 都是 t 的以 ω 为周期的连续周期函数，并设 $\boldsymbol{\Phi}(t)$ 是式（4.3.1）对应的齐次线性微分方程组（4.3.2）的满足 $\boldsymbol{\Phi}(0)=\boldsymbol{E}$ 的基本解矩阵．试证明：

（1）设 $\boldsymbol{x}=\boldsymbol{\varphi}(t)$ 是方程组（4.3.1）的一个解，则 $\boldsymbol{\varphi}(t)$ 是 t 的以 ω 为周期的周期解的充分必要条件是 $\boldsymbol{\varphi}(0)=\boldsymbol{\varphi}(\omega)$.

（2）方程组（4.3.1）存在唯一周期为 ω 的周期解的充分必要条件是方阵 $\boldsymbol{\Phi}(\omega)$ 没有等于 1 的特征根，或者方程组（4.3.2）不存在的以 ω 为周期的非零周期解.

证明：（1）设 $\boldsymbol{\varphi}(t)$ 是 t 的以 ω 为周期的周期解，则有

$$\boldsymbol{\varphi}(t+\omega)=\boldsymbol{\varphi}(t)$$

把 $t=0$ 代入得 $\boldsymbol{\varphi}(\omega)=\boldsymbol{\varphi}(0)$ ，证得了必要性.

反之，设 $\boldsymbol{\varphi}(\omega)=\boldsymbol{\varphi}(0)$ ．在恒等式 $\frac{\mathrm{d}\boldsymbol{\varphi}(t)}{\mathrm{d}t}=\boldsymbol{A}(t)\boldsymbol{\varphi}(t)+\boldsymbol{f}(t)$ 中，将 t 换为 $t+\omega$ ，由于

$$\boldsymbol{A}(t+\omega)=\boldsymbol{A}(t),\ \boldsymbol{f}(t+\omega)=\boldsymbol{f}(t),\ \mathrm{d}(t+\omega)=\mathrm{d}t$$

于是推得恒成立

$$\frac{\mathrm{d}\boldsymbol{\varphi}(t+\omega)}{\mathrm{d}t}=\boldsymbol{A}(t)\boldsymbol{\varphi}(t+\omega)+\boldsymbol{f}(t)$$

即证明了 $\boldsymbol{x}=\boldsymbol{\varphi}(t+\omega)$ 也是方程组（4.3.1）的解．请注意，现在有

$$\boldsymbol{\varphi}(t+\omega)\big|_{t=0}=\boldsymbol{\varphi}(\omega)=\boldsymbol{\varphi}(0)=\boldsymbol{\varphi}(t)\big|_{t=0}$$

即解 $\boldsymbol{\varphi}(t)$ 与解 $\boldsymbol{\varphi}(t+\omega)$ 在 $t=0$ 时的值是一样的，于是由初值问题解的唯一性定理 4.3.6 知，对一切 t， $\boldsymbol{\varphi}(t+\omega)\equiv\boldsymbol{\varphi}(t)$，所以 $\boldsymbol{\varphi}(t)$ 是 t 的以 ω 为周期的周期解．

（2）由通解公式（4.3.29），取 $t_0=0$，则方程组（4.3.1）的通解可写成

$$\boldsymbol{x}(t)=\boldsymbol{\Phi}(t)\boldsymbol{c}+\int_0^t\boldsymbol{\Phi}(t)\boldsymbol{\Phi}^{-1}(s)\boldsymbol{f}(s)\mathrm{d}s \tag{4.3.37}$$

由（1）知，方程组（4.3.1）存在周期为 ω 的唯一周期解的充分必要条件是存在唯一常数向量 $\boldsymbol{c}$ 使式（4.3.37）的 $\boldsymbol{x}(t)$ 满足 $\boldsymbol{x}(\omega)=\boldsymbol{x}(0)$，即

$$\left[\boldsymbol{\Phi}(\omega)-\boldsymbol{\Phi}(0)\right]\boldsymbol{c}=\int_0^\omega\boldsymbol{\Phi}(t)\boldsymbol{\Phi}^{-1}(s)\boldsymbol{f}(s)\mathrm{d}s \tag{4.3.38}$$

从而推知

$$\det\left[\boldsymbol{\Phi}(\omega)-\boldsymbol{\Phi}(0)\right]\neq 0 \tag{4.3.39}$$

但因 $\boldsymbol{\Phi}(0)=\boldsymbol{E}$，所以式（4.3.39）相当于方程 $\det\left[\boldsymbol{\Phi}(\omega)-\lambda\boldsymbol{E}\right]=0$ 没有 $\lambda=1$ 的根．这就证明了（2）的第一组充分必要条件．

现在证明（2）的第二组充分必要条件．方程组（4.3.2）的以 ω 为周期的非零周期解可以表示成 $\boldsymbol{\Phi}(t)\boldsymbol{c}$，其中 $\boldsymbol{c}$ 为非零常数向量，由式（4.3.38）右边恒为零知，$\boldsymbol{x}(t)$ 为 ω 周期非零解的充要条件是 $\det\left[\boldsymbol{\Phi}(\omega)-\boldsymbol{\Phi}(0)\right]=0$，与式（4.3.39）矛盾．故方程组（4.3.2）不存在以 ω 为周期的非零周期解．证毕．

例 4.3.5　求方程

$$\frac{\mathrm{d}^3x}{\mathrm{d}t^3}+4\frac{\mathrm{d}x}{\mathrm{d}t}=4\cot 2t \tag{4.3.40}$$

的通解．

解：易知 1，$\cot 2t$，$\sin 2t$ 是式（4.3.40）对应的齐次线性微分方程的一个基本解组．此基本解组的朗斯基行列式为

$$\begin{aligned}W(s)&=\begin{vmatrix}1 & \cos 2s & \sin 2s\\ 0 & -2\sin 2s & 2\cos 2s\\ 0 & -4\cos 2s & -4\sin 2s\end{vmatrix}\\&=8\end{aligned}$$

$$
\begin{aligned}
W(t,s) &= \begin{vmatrix} 1 & \cos 2s & \sin 2s \\ 0 & -2\sin 2s & 2\cos 2s \\ 1 & \cos 2t & \sin 2t \end{vmatrix} \\
&= 2 - 2\cos 2t \cos 2s - \sin 2t \sin 2s
\end{aligned}
$$

代入式（4.3.34），并取 $t_0 = \frac{\pi}{4}$，得到式（4.3.40）的一个解

$$
\begin{aligned}
x^*(t) &= \int_{\frac{\pi}{4}}^{t} \left(1 - \cos 2t \cos 2s - \sin 2t \sin 2s\right) \cos 2s \mathrm{d}s \\
&= \frac{1}{2}\ln\left|\sin 2t\right| - \frac{1}{2}\cos 2t \ln\left|\tan t\right| - \frac{1}{2} + \frac{1}{2}\sin 2t
\end{aligned}
$$

于是式（4.3.40）的通解为

$$
x(t) = C_1 + C_2 \cos 2t + C_3 \sin 2t + \frac{1}{2}\ln\left|\sin 2t\right| - \frac{1}{2}\cos 2t \ln\left|\tan t\right|
$$

注意，$x^*(t)$ 中的 $-\frac{1}{2}$ 和 $\frac{1}{2}\sin 2t$ 已分别并入 C_2 和 $C_3 \sin 2t$ 中去了.

4.4 常系数线性微分方程组的解法

本节考虑常系数线性微分方程组

$$
\frac{\mathrm{d}\boldsymbol{x}}{\mathrm{d}t} = \boldsymbol{A}\boldsymbol{x} + \boldsymbol{f}(t) \tag{4.4.1}
$$

的解法. 这里 $\boldsymbol{A}$ 是 n 阶常数方阵，$\boldsymbol{f}(t)$ 是区间（a，b）上的连续向量函数. 先介绍齐次线性微分方程组

$$
\frac{\mathrm{d}\boldsymbol{x}}{\mathrm{d}t} = \boldsymbol{A}\boldsymbol{x} \tag{4.4.2}
$$

的解法，然后用常数变易法公式，就可求得非齐次线性微分方程组（4.4.1）的通解.

常系数齐次线性微分方程组（4.4.2）的解法有很多，本书采取的方法是，先由逐次逼近法引出无穷级数形式的解，然后将它们化成有限形式，再求解.

4.4.1 e^{At}

为了求出方程组（4.4.2）的通解，考虑在区间（$-\infty$，$+\infty$）上的初值问题

$$\begin{cases}\dfrac{\mathrm{d}\boldsymbol{x}}{\mathrm{d}t}=\boldsymbol{A}\boldsymbol{x}\\ \boldsymbol{x}(0)=\boldsymbol{x}_0\end{cases} \tag{4.4.3}$$

按照定理 4.3.1，取

$$\boldsymbol{x}_1(t)=\boldsymbol{x}_0+\int_0^t \boldsymbol{A}\boldsymbol{x}_0\mathrm{d}s=(\boldsymbol{E}+\boldsymbol{A}t)\boldsymbol{x}_0$$

$$\boldsymbol{x}_n(t)=\boldsymbol{x}_0+\int_0^t \boldsymbol{A}\boldsymbol{x}_{n-1}(s)\mathrm{d}s，\ n=1，2，\cdots$$

由数学归纳法，容易证明

$$\boldsymbol{x}_n(t)=\left(\sum_{k=0}^{n}\frac{\boldsymbol{A}^k t^k}{k!}\right)\boldsymbol{x}_0，\ \boldsymbol{A}^0=\boldsymbol{E}$$

因为现在考虑的方程组（4.4.2）是方程组（4.3.2）的特殊情形，并将区间（a，b）改为（$-\infty$，$+\infty$），所以由定理 4.3.1 的证明知，$\{\boldsymbol{x}_n(t)\}$ 在任意有限区间上一致收敛，从而知方阵函数级数 $\sum\limits_{k=0}^{n}\dfrac{\boldsymbol{A}^k t^k}{k!}$ 在任意有限区间上一致收敛，于是在区间（$-\infty$，$+\infty$）上收敛．参照数值函数，记

$$\mathrm{e}^{\boldsymbol{A}t}=\sum_{k=0}^{n}\frac{\boldsymbol{A}^k t^k}{k!} \tag{4.4.4}$$

称它为矩阵指数函数．于是有下面的定理．

定理 4.4.1　初值问题（4.4.3）在区间（$-\infty$，$+\infty$）上的解为

$$\boldsymbol{x}(t)=\mathrm{e}^{\boldsymbol{A}t}\boldsymbol{x}_0 \tag{4.4.5}$$

读者容易发现，现在的解（4.4.5）的确是一阶齐次线性微分方程的初值问题

$$\begin{cases}\dfrac{\mathrm{d}x}{\mathrm{d}t}=ax\\ x(0)=x_0\end{cases}$$

的解 $x(t)=\mathrm{e}^{at}x_0$ 的推广．但必须注意，$\mathrm{e}^{\boldsymbol{A}t}$ 是一个矩阵级数，是否能用初等函数通过有限步来表示它，是面临的一个问题．下面将证明 $\mathrm{e}^{\boldsymbol{A}t}$ 可以用有限的形式表示．一旦这样做了之后，就可以将式（4.4.5）真正地求出来．为此，需要做一些讨论，证明 $\mathrm{e}^{\boldsymbol{A}t}$ 的一些性质．其中有些性质在下面的论证中即将用到，有些为以后备用．

（1）$\mathrm{e}^{\boldsymbol{A}0}=\boldsymbol{E}$；对任何 t 和 λ_0，都有 $\mathrm{e}^{\lambda_0\boldsymbol{E}t}=\mathrm{e}^{\lambda_0 t}\boldsymbol{E}$.

证明：请注意，式（4.4.4）中$k=0$对应的项是$\boldsymbol{E}$. 把$t=0$代入式（4.4.4），其右边只剩下一项$\boldsymbol{E}$，其余项皆为$\boldsymbol{O}$，这就证得$\mathrm{e}^{\boldsymbol{A}0}=\boldsymbol{E}$.

把$\boldsymbol{A}=\lambda_0\boldsymbol{E}$代入式（4.4.4），因为$\boldsymbol{E}^k=\boldsymbol{E}$，所以$\mathrm{e}^{\lambda_0\boldsymbol{E}t}=\mathrm{e}^{\lambda_0 t}\boldsymbol{E}$.

（2）$\dfrac{\mathrm{d}}{\mathrm{d}t}\mathrm{e}^{\boldsymbol{A}t}=\boldsymbol{A}\mathrm{e}^{\boldsymbol{A}t}$.

证明：由定理 4.4.1 知，对任何$\boldsymbol{x}_0$，都有

$$\frac{\mathrm{d}}{\mathrm{d}t}\mathrm{e}^{\boldsymbol{A}t}\boldsymbol{x}_0=\boldsymbol{A}\mathrm{e}^{\boldsymbol{A}t}\boldsymbol{x}_0$$

分别取$\boldsymbol{x}_0=\boldsymbol{e}_1$，$\boldsymbol{e}_2$，⋯，$\boldsymbol{e}_n$，这里$\boldsymbol{e}_i$为单位向量，于是得$\dfrac{\mathrm{d}}{\mathrm{d}t}\mathrm{e}^{\boldsymbol{A}t}\boldsymbol{E}=\boldsymbol{A}\mathrm{e}^{\boldsymbol{A}t}\boldsymbol{E}$，即

$$\frac{\mathrm{d}}{\mathrm{d}t}\mathrm{e}^{\boldsymbol{A}t}=\boldsymbol{A}\mathrm{e}^{\boldsymbol{A}t}$$

（3）$\mathrm{e}^{\boldsymbol{A}t}$是式（4.4.2）的一个基本解矩阵；对任何$t$，方阵$\mathrm{e}^{\boldsymbol{A}t}$是非奇异的.

证明：由性质（1）和性质（2），立即可得性质（3）.

（4）设$\boldsymbol{A}$和$\boldsymbol{B}$是两个n阶方阵，并且$\boldsymbol{AB}=\boldsymbol{BA}$，则

$$\mathrm{e}^{\boldsymbol{A}t}\cdot\mathrm{e}^{\boldsymbol{B}t}=\mathrm{e}^{(\boldsymbol{A}+\boldsymbol{B})t}$$

证明：直接去乘当然也可以证明，但太麻烦了. 现在改用一个巧妙的办法来证明，考虑初值问题

$$\begin{cases}\dfrac{\mathrm{d}\boldsymbol{x}}{\mathrm{d}t}=(\boldsymbol{A}+\boldsymbol{B})\boldsymbol{x}\\ \boldsymbol{x}(0)=\boldsymbol{x}_0\end{cases}\tag{4.4.6}$$

由定理 4.4.1 知，它的唯一解是$\boldsymbol{x}(t)=\mathrm{e}^{(\boldsymbol{A}+\boldsymbol{B})t}\boldsymbol{x}_0$.

另外，由式（4.1.2）及上面的性质（2）有

$$\frac{\mathrm{d}}{\mathrm{d}t}\left(\mathrm{e}^{\boldsymbol{A}t}\cdot\mathrm{e}^{\boldsymbol{B}t}\boldsymbol{x}_0\right)=\left(\boldsymbol{A}\mathrm{e}^{\boldsymbol{A}t}\mathrm{e}^{\boldsymbol{B}t}+\mathrm{e}^{\boldsymbol{A}t}\boldsymbol{B}\mathrm{e}^{\boldsymbol{B}t}\right)\boldsymbol{x}_0$$

其中

$$\begin{aligned}\mathrm{e}^{\boldsymbol{A}t}\boldsymbol{B}&=\left(\sum_{k=0}^{\infty}\frac{\boldsymbol{A}^k t^k}{k!}\right)\boldsymbol{B}=\left(\sum_{k=0}^{\infty}\frac{\boldsymbol{B}\boldsymbol{A}^k t^k}{k!}\right)\\&=\boldsymbol{B}\mathrm{e}^{\boldsymbol{A}t}\end{aligned}$$

于是推得

$$\frac{\mathrm{d}}{\mathrm{d}t}\left(\mathrm{e}^{\boldsymbol{A}t}\cdot\mathrm{e}^{\boldsymbol{B}t}\boldsymbol{x}_0\right)=\left(\boldsymbol{A}\mathrm{e}^{\boldsymbol{A}t}\mathrm{e}^{\boldsymbol{B}t}+\boldsymbol{B}\mathrm{e}^{\boldsymbol{A}t}\mathrm{e}^{\boldsymbol{B}t}\right)\boldsymbol{x}_0$$
$$=\left(\boldsymbol{A}+\boldsymbol{B}\right)\mathrm{e}^{\boldsymbol{A}t}\mathrm{e}^{\boldsymbol{B}t}\boldsymbol{x}_0$$

并且

$$\mathrm{e}^{\boldsymbol{A}t}\mathrm{e}^{\boldsymbol{B}t}\boldsymbol{x}_0\big|_{t=0}=\boldsymbol{x}_0$$

故知 $\mathrm{e}^{\boldsymbol{A}t}\mathrm{e}^{\boldsymbol{B}t}\boldsymbol{x}_0$ 也是初值问题（4.4.6）的解．于是由初值问题解的唯一性定理推知

$$\mathrm{e}^{(\boldsymbol{A}+\boldsymbol{B})t}\boldsymbol{x}_0=\mathrm{e}^{\boldsymbol{A}t}\mathrm{e}^{\boldsymbol{B}t}\boldsymbol{x}_0$$

因为该式对任何向量 $\boldsymbol{x}_0$ 都成立，所以推得 $\mathrm{e}^{\boldsymbol{A}t}\cdot\mathrm{e}^{\boldsymbol{B}t}=\mathrm{e}^{(\boldsymbol{A}+\boldsymbol{B})t}$ 成立．

这里需要注意，对于数值指数函数 e^{at} 和 e^{bt}，总有 $\mathrm{e}^{at}\cdot\mathrm{e}^{bt}=\mathrm{e}^{(\boldsymbol{A}+\boldsymbol{B})t}$，但是对于矩阵指数函数，在条件 $\boldsymbol{AB}=\boldsymbol{BA}$ 之下，才能证明 $\mathrm{e}^{\boldsymbol{A}t}\cdot\mathrm{e}^{\boldsymbol{B}t}=\mathrm{e}^{(\boldsymbol{A}+\boldsymbol{B})t}$．

（5）$\mathrm{e}^{-\boldsymbol{A}t}=\left(\mathrm{e}^{\boldsymbol{A}t}\right)^{-1}$，这里 $(\cdot)^{-1}$ 表示逆阵．

证明：在性质（4）中取 $\boldsymbol{B}=-\boldsymbol{A}$，从而有 $\mathrm{e}^{\boldsymbol{A}t}\cdot\mathrm{e}^{-\boldsymbol{A}t}=\mathrm{e}^{\boldsymbol{O}t}=\boldsymbol{E}$，所以 $\mathrm{e}^{-\boldsymbol{A}t}=\left(\mathrm{e}^{\boldsymbol{A}t}\right)^{-1}$．

（6）$\mathrm{e}^{\boldsymbol{A}(t+s)}=\mathrm{e}^{\boldsymbol{A}t}\cdot\mathrm{e}^{\boldsymbol{A}s}$．

证明：如果 $t=0$，上式显然成立．设 $t\neq0$，在性质（4）中令 $\boldsymbol{B}=\frac{s}{t}\boldsymbol{A}$，显然满足 $\boldsymbol{AB}=\boldsymbol{BA}$，于是由性质（4）即得．

（7）设 $\boldsymbol{S}$ 是 n 阶非奇异方阵，则 $\boldsymbol{S}^{-1}\mathrm{e}^{-\boldsymbol{A}t}\boldsymbol{S}=\mathrm{e}^{\left(\boldsymbol{S}^{-1}\boldsymbol{AS}\right)t}$．

证明：在相邻两个 $\boldsymbol{A}$ 之间插入 $\boldsymbol{SS}^{-1}\equiv\boldsymbol{E}$，则有

$$\boldsymbol{S}^{-1}\boldsymbol{A}^k\boldsymbol{S}=\boldsymbol{S}^{-1}\underbrace{\boldsymbol{ASS}^{-1}\boldsymbol{ASS}^{-1}\boldsymbol{A}\cdots\boldsymbol{AS}}_{k\text{个}\boldsymbol{A}}=\left(\boldsymbol{S}^{-1}\boldsymbol{AS}\right)^k$$

于是

$$\boldsymbol{S}^{-1}\mathrm{e}^{\boldsymbol{A}t}\boldsymbol{S}=\boldsymbol{S}^{-1}\left(\sum_{k=0}^{\infty}\frac{\boldsymbol{A}^kt^k}{k!}\right)\boldsymbol{S}$$
$$=\sum_{k=0}^{\infty}\frac{\boldsymbol{S}^{-1}\boldsymbol{A}^k\boldsymbol{S}t^k}{k!}=\sum_{k=0}^{\infty}\frac{\left(\boldsymbol{S}^{-1}\boldsymbol{AS}\right)^kt^k}{k!}$$
$$=\mathrm{e}^{\left(\boldsymbol{S}^{-1}\boldsymbol{AS}\right)t}$$

（8）设 λ_0 是一个常数，则

$$e^{At}=e^{\lambda_0 t}\sum_{k=0}^{\infty}\frac{(A-\lambda_0 E)^k t^k}{k!} \tag{4.4.7}$$

证明：

$$e^{At}=e^{(A-\lambda_0 E)t}e^{\lambda_0 Et}=e^{(A-\lambda_0 E)t}e^{\lambda_0 t}E$$
$$=e^{\lambda_0 t}\sum_{k=0}^{\infty}\frac{(A-\lambda_0 E)^k t^k}{k!}$$

设 $\boldsymbol{v}_0$ 是一个 n 维常数向量，则由式（4.4.5）及式（4.4.7）可知

$$e^{At}\boldsymbol{v}_0=e^{\lambda_0 t}\left[\sum_{k=0}^{\infty}\frac{(A-\lambda_0 E)^k t^k}{k!}\right]\boldsymbol{v}_0 \tag{4.4.8}$$

是式（4.4.2）的一个解. 可选取特殊的 λ_0 和 $\boldsymbol{v}_0$，使式（4.4.8）能写成有限形式，从而获得式（4.4.2）的解的有限形式.

4.4.2 特征方程的根都是单根的情形

由式（4.4.8）立即可得下述引理.

引理 4.4.1 如果能选取常数 λ_0 和非零向量 $\boldsymbol{v}_0$，使

$$(A-\lambda_0 E)\boldsymbol{v}_0=\boldsymbol{0} \tag{4.4.9}$$

则

$$\boldsymbol{x}(t)=e^{\lambda_0 t}\boldsymbol{v}_0$$

是方程（4.4.2）的一个解.

证明：由条件（4.4.9）立即推知，对于 $k\geqslant 1$，有

$$(A-\lambda_0 E)^k\boldsymbol{v}_0=\boldsymbol{0}$$

于是式（4.4.8）右边中括号中只剩下一项 $\boldsymbol{E}$，即 $k=0$ 对应的那一项，于是式（4.4.8）成为

$$e^{At}\boldsymbol{v}_0=e^{\lambda_0 t}\boldsymbol{v}_0 \tag{4.4.10}$$

故知 $\boldsymbol{x}(t)=e^{\lambda_0 t}\boldsymbol{v}_0$ 是方程组（4.4.2）的一个解.

从线性代数知识知，满足式（4.4.8）的 λ_0 和非零向量 $\boldsymbol{v}_0$ 分别是矩阵 $\boldsymbol{A}$ 的特征根 λ_0 和属于 λ_0 的特征向量，$\boldsymbol{A}$ 的每一个特征根 λ_0 至少有属于它的一个特征向量 $\boldsymbol{v}_0$，从而方程组（4.4.2）至少有一个解（4.4.10）. 由此立即有下述定理.

定理 4.4.2　设 $\boldsymbol{A}$ 的特征根都是单根，即设 λ_1，λ_2，…，λ_n 是 $\boldsymbol{A}$ 的 n 个不同特征根，$\boldsymbol{v}_1$，$\boldsymbol{v}_2$，…，$\boldsymbol{v}_n$ 是分别属于 λ_1，λ_2，…，λ_n 的特征向量，则

$$\boldsymbol{v}_1 e^{\lambda_1 t},\ \boldsymbol{v}_2 e^{\lambda_2 t},\ \cdots,\ \boldsymbol{v}_n e^{\lambda_n t} \tag{4.4.11}$$

是方程组（4.4.2）的 n 个线性无关的解 .

$$\boldsymbol{x}(t)=\sum_{i=1}^{n} C_i \boldsymbol{v}_i e^{\lambda_i t} \tag{4.4.12}$$

是方程组（4.4.2）的通解，其中 C_i，$i=1, 2, \cdots, n$ 是 n 个任意常数.

证明：式（4.4.11）中这 n 个向量函数在区间（$-\infty$，$+\infty$）上线性无关；再由引理 4.4.1 知，式（4.4.11）中的每一个向量函数都是方程组（4.4.2）的解，于是由定理 4.3.2 知，式（4.4.12）是方程组（4.4.2）的通解.

例 4.4.1　求方程组

$$\begin{cases} \dfrac{dx_1}{dt}=x_1-x_2+4x_3 \\ \dfrac{dx_2}{dt}=3x_1+2x_2-x_3 \\ \dfrac{dx_3}{dt}=2x_1+x_2-x_3 \end{cases}$$

的通解.

解：记

$$\boldsymbol{x}=\begin{pmatrix} x_1 \\ x_2 \\ x_3 \end{pmatrix},\ \boldsymbol{A}=\begin{pmatrix} 1 & -1 & 4 \\ 3 & 2 & -1 \\ 2 & 1 & -1 \end{pmatrix}$$

于是所给方程组可以写成

$$\frac{d\boldsymbol{x}}{dt}=\boldsymbol{A}\boldsymbol{x}$$

方阵 $\boldsymbol{A}$ 的特征方程是

$$\begin{aligned} \det(\boldsymbol{A}-\lambda\boldsymbol{E}) &= \begin{vmatrix} 1-\lambda & -1 & 4 \\ 3 & 2-\lambda & -1 \\ 2 & 1 & -1-\lambda \end{vmatrix} \\ &= -\lambda^3+2\lambda^2+5\lambda-6 \\ &= -(\lambda-1)(\lambda-3)(\lambda+2) \\ &= 0 \end{aligned}$$

特征根 $\lambda_1=1$，$\lambda_2=3$，$\lambda_3=-2$ 都是单根.

对于 $\lambda_1=1$，记 $\boldsymbol{v}=(\alpha_1,\ \alpha_2,\ \alpha_3)^{\mathrm{T}}$，式（4.4.9）成为

$$(\boldsymbol{A}-\boldsymbol{E})\boldsymbol{v}=\begin{pmatrix}0 & -1 & 4\\ 3 & 1 & -1\\ 2 & 1 & -2\end{pmatrix}\begin{pmatrix}\alpha_1\\ \alpha_2\\ \alpha_3\end{pmatrix}=\boldsymbol{0}$$

可得关于未知数 α_1，α_2，α_3 的方程组

$$\begin{cases}-\alpha_2+4\alpha_3=0\\ 3\alpha_1+\alpha_2-\alpha_3=0\\ 2\alpha_1+\alpha_2-2\alpha_3=0\end{cases}$$

解得

$$\frac{\alpha_1}{\begin{vmatrix}1 & -1\\ 1 & -2\end{vmatrix}}=\frac{\alpha_2}{\begin{vmatrix}-1 & 3\\ -2 & 2\end{vmatrix}}=\frac{\alpha_3}{\begin{vmatrix}3 & 1\\ 2 & 1\end{vmatrix}}$$

故可取

$$\begin{pmatrix}\alpha_1\\ \alpha_2\\ \alpha_3\end{pmatrix}=\begin{pmatrix}-1\\ 4\\ 1\end{pmatrix}$$

为属于 $\lambda_1=1$ 的一个特征向量，于是得所给微分方程的一个解

$$\boldsymbol{x}_1(t)=\begin{pmatrix}-1\\ 4\\ 1\end{pmatrix}\mathrm{e}^{t}$$

对于 $\lambda_2=3$，式（4.4.9）成为

$$(\boldsymbol{A}-3\boldsymbol{E})\boldsymbol{v}=\begin{pmatrix}-2 & -1 & 4\\ 3 & -1 & -1\\ 2 & 1 & -4\end{pmatrix}\begin{pmatrix}\alpha_1\\ \alpha_2\\ \alpha_3\end{pmatrix}=\boldsymbol{0}$$

解得属于 $\lambda_2=3$ 的一个特征向量为（1，2，1）^{T}. 于是又得到一个解

$$\boldsymbol{x}_2(t)=\begin{pmatrix}1\\ 2\\ 1\end{pmatrix}\mathrm{e}^{3t}$$

对于 $\lambda_3=-2$，式（4.4.9）成为

$$(A+2E)v=\begin{pmatrix}3 & -1 & 4\\ 3 & 4 & -1\\ 2 & 1 & 1\end{pmatrix}\begin{pmatrix}\alpha_1\\ \alpha_2\\ \alpha_3\end{pmatrix}=\mathbf{0}$$

解得属于 $\lambda_3=-2$ 的特征向量为（−1，1，1）^{T}．于是

$$x_3(t)=\begin{pmatrix}-1\\ 1\\ 1\end{pmatrix}\mathrm{e}^{-2t}$$

是微分方程的又一个解．由定理 4.4.2 可知所给微分方程的通解是

$$x(t)=C_1\begin{pmatrix}-1\\ 4\\ 1\end{pmatrix}\mathrm{e}^{t}+C_2\begin{pmatrix}1\\ 2\\ 1\end{pmatrix}\mathrm{e}^{3t}+C_3\begin{pmatrix}-1\\ 1\\ 1\end{pmatrix}\mathrm{e}^{-2t}$$

也可以写成

$$x(t)=\begin{pmatrix}-\mathrm{e}^{t} & \mathrm{e}^{3t} & -\mathrm{e}^{-2t}\\ 4\mathrm{e}^{t} & 2\mathrm{e}^{3t} & \mathrm{e}^{-2t}\\ \mathrm{e}^{t} & \mathrm{e}^{3t} & \mathrm{e}^{-2t}\end{pmatrix}\begin{pmatrix}C_1\\ C_2\\ C_3\end{pmatrix}$$

上式右边的方阵就是所给微分方程组的一个基本解矩阵．

例 4.4.2　求 $\dfrac{\mathrm{d}\boldsymbol{x}}{\mathrm{d}t}=\boldsymbol{A}\boldsymbol{x}$ 的通解，其中

$$\boldsymbol{x}=\begin{pmatrix}x_1\\ x_2\\ x_3\end{pmatrix},\ \boldsymbol{A}=\begin{pmatrix}-1 & -2 & 2\\ -2 & -1 & 2\\ -3 & -2 & 3\end{pmatrix}$$

解：特征方程是

$$\begin{aligned}\det(\boldsymbol{A}-\lambda\boldsymbol{E})&=-\lambda^3+\lambda^2-\lambda+1\\ &=-(\lambda-1)(\lambda^2+1)\\ &=0\end{aligned}$$

特征根是 $\lambda_1=1$，$\lambda_2=\mathrm{i}$，$\lambda_3=-\mathrm{i}$，都是单根．

关于 $\lambda_1=1$，式（4.4.9）成为

$$\begin{pmatrix}-2 & -2 & 2\\ -2 & -2 & 2\\ -3 & -2 & 2\end{pmatrix}\begin{pmatrix}\alpha_1\\ \alpha_2\\ \alpha_3\end{pmatrix}=\mathbf{0}$$

容易求得一个特征向量 $(\alpha_1,\ \alpha_2,\ \alpha_3)^{\mathrm{T}}=(0,\ 1,\ 1)^{\mathrm{T}}$．于是得到一个解

$$\boldsymbol{x}_1(t)=\begin{pmatrix}0\\1\\1\end{pmatrix}\mathrm{e}^t$$

关于 $\alpha_2=\mathrm{i}$，式（4.4.9）成为

$$\begin{pmatrix}-1-\mathrm{i} & -2 & 2\\ -2 & -1-\mathrm{i} & 2\\ -3 & -2 & 3-\mathrm{i}\end{pmatrix}\begin{pmatrix}\alpha_1\\ \alpha_2\\ \alpha_3\end{pmatrix}=\mathbf{0}$$

可得关于 α_1，α_2，α_3 的方程组 $\begin{cases}(-1-\mathrm{i})\alpha_1-2\alpha_2+2\alpha_3=0\\ -2\alpha_1-(1+\mathrm{i})\alpha_2+2\alpha_3=0.\\ -3\alpha_1-\alpha_2+(3-\mathrm{i})\alpha_3=0\end{cases}$

任取其中两个方程，如取前两个方程，于是求得 $(\alpha_1,\alpha_2,\alpha_3)^{\mathrm{T}}=(2,2,3+\mathrm{i})^{\mathrm{T}}$，从而得到一个复值解

$$\begin{aligned}\boldsymbol{x}_2(t)&=\begin{pmatrix}2\\2\\3+\mathrm{i}\end{pmatrix}\mathrm{e}^{\mathrm{i}t}\\ &=\left[\begin{pmatrix}2\\2\\3\end{pmatrix}\cos t-\begin{pmatrix}0\\0\\1\end{pmatrix}\sin t\right]+\mathrm{i}\left[\begin{pmatrix}0\\0\\1\end{pmatrix}\cos t+\begin{pmatrix}2\\2\\3\end{pmatrix}\sin t\right]\end{aligned}$$

取它的实部和虚部得到两个实值解，再连同第一个解可得原方程组的通解

$$\begin{aligned}\boldsymbol{x}(t)&=C_1\begin{pmatrix}0\\1\\1\end{pmatrix}\mathrm{e}^t+C_2\left[\begin{pmatrix}2\\2\\3\end{pmatrix}\cos t-\begin{pmatrix}0\\0\\1\end{pmatrix}\sin t\right]+C_3\left[\begin{pmatrix}0\\0\\1\end{pmatrix}\cos t+\begin{pmatrix}2\\2\\3\end{pmatrix}\sin t\right]\\ &=C_1\begin{pmatrix}0\\1\\1\end{pmatrix}\mathrm{e}^t+C_2\begin{pmatrix}2\cos t\\2\cos t\\3\cos t-\sin t\end{pmatrix}+C_3\begin{pmatrix}2\sin t\\2\sin t\\3\sin t+\cos t\end{pmatrix}\end{aligned}$$

4.4.3 一般情形

如果特征方程（4.4.9）有重根，那么就得不到 n 个不同的特征根．在这种情况下，一般来说也就得不到 n 个线性无关的特征向量以构成形如式（4.4.11）的 n 个线性无关的解．为了解决这种情形，再深入考察式（4.4.8）．

在引理 4.4.1 中，取 λ_0 和 $\boldsymbol{v}_0$ 使

$$(\boldsymbol{A}-\lambda_0\boldsymbol{E})\boldsymbol{v}_0=\boldsymbol{0}$$

于是式（4.4.8）右边只剩下 $k=0$ 这一项，得到相应的一个解 $\boldsymbol{x}(t)=\mathrm{e}^{\lambda_0 t}\boldsymbol{v}_0$．如果这样做了之后，得到的线性无关的解的个数不足 n 个（重根时就可能会出现这种情况），从式（4.4.8）给予的启发，自然要问，是否能选取 λ_0 和非零向量 $\boldsymbol{v}_1$，使

$$(\boldsymbol{A}-\lambda_0\boldsymbol{E})^2\boldsymbol{v}_1=\boldsymbol{0}$$

（这里当然要求 $(\boldsymbol{A}-\lambda_0\boldsymbol{E})\boldsymbol{v}_1\neq\boldsymbol{0}$．因为如果 $(\boldsymbol{A}-\lambda_0\boldsymbol{E})\boldsymbol{v}_1=\boldsymbol{0}$，则显然 $(\boldsymbol{A}-\lambda_0\boldsymbol{E})^2\boldsymbol{v}_1=\boldsymbol{0}$，而这种 $\boldsymbol{v}_1$ 不能给出更多的东西）如果可以，则式（4.4.8）的右边将只剩下 $k=0$ 和 $k=1$ 两项，于是将得到另一个解：

$$\begin{aligned}\mathrm{e}^{\boldsymbol{A}t}\boldsymbol{v}_1&=\mathrm{e}^{\lambda_0 t}\left[\boldsymbol{E}+\frac{(\boldsymbol{A}-\lambda_0\boldsymbol{E})t}{1!}\right]\boldsymbol{v}_1\\&=\mathrm{e}^{\lambda_0 t}\left[\boldsymbol{v}_1+(\boldsymbol{A}-\lambda_0\boldsymbol{E})\boldsymbol{v}_1 t\right]\end{aligned}$$

它就有可能补充刚才所说的解的个数不足的问题．为了让读者理解这种思想，先看一个例子．

例 4.4.3　试求方程组

$$\frac{\mathrm{d}}{\mathrm{d}t}\begin{pmatrix}x_1\\x_2\\x_3\end{pmatrix}=\begin{pmatrix}0&-1&1\\-1&-1&0\\-1&0&-1\end{pmatrix}\begin{pmatrix}x_1\\x_2\\x_3\end{pmatrix}$$

的通解．

解：方程组的特征方程是

$$\lambda(\lambda+1)^2=0$$

特征根 $\lambda_1=0$（单根），$\lambda_2=-1$（二重特征根）．

容易求得 $\lambda_1=0$ 对应的一个特征向量 $(\alpha_1,\ \alpha_2,\ \alpha_3)^{\mathrm{T}}=(1,\ -1,\ -1)^{\mathrm{T}}$．于是求得所给方程组的一个解

$$\boldsymbol{x}_1(t)=\begin{pmatrix}1\\-1\\-1\end{pmatrix}$$

考察二重特征根 $\lambda_2=-1$．先求 $(\boldsymbol{A}+\boldsymbol{E})\boldsymbol{v}_0=\boldsymbol{0}$，即

$$\begin{cases}\alpha_1-\alpha_2+\alpha_3=0\\-\alpha_1=0\\-\alpha_1=0\end{cases}$$

的非零解．求得一个特征向量 $\boldsymbol{v}_0=(\alpha_1,\ \alpha_2,\ \alpha_3)^{\mathrm{T}}=(0,\ 1,\ 1)^{\mathrm{T}}$，于是得到第二个解

$$\boldsymbol{x}_2(t)=\boldsymbol{v}_0\mathrm{e}^{-t}=\begin{pmatrix}0\\1\\1\end{pmatrix}\mathrm{e}^{-t}$$

容易看出，特征根 $\lambda_2=-1$ 所对应的其他特征向量都与特征向量 $\boldsymbol{v}_0=(0,\ 1,\ 1)^{\mathrm{T}}$ 线性相关，所以到此一共得到两个线性无关的解．还差一个与它们合在一起是线性无关的解．

按照本例前所说的想法，考察方程组

$$(\boldsymbol{A}-\lambda_0\boldsymbol{E})^2\boldsymbol{v}_1=\boldsymbol{0} \tag{4.4.13}$$

其中 λ_0 和向量 $\boldsymbol{v}_1$ 都待求．现在来看 λ_0 应等于什么？设 λ_0 和 $\boldsymbol{v}_1$ 满足式（4.4.13），令

$$(\boldsymbol{A}-\lambda_0\boldsymbol{E})\boldsymbol{v}_1=\boldsymbol{v}_0 \tag{4.4.14}$$

将它代入方程组（4.4.13），得到

$$(\boldsymbol{A}-\lambda_0\boldsymbol{E})\boldsymbol{v}_0=\boldsymbol{0} \tag{4.4.15}$$

反之，如果 λ_0 和 $\boldsymbol{v}_0$ 满足式（4.4.15），并设能从式（4.4.14）求得 $\boldsymbol{v}_1$，则 λ_0 和 $\boldsymbol{v}_1$ 必满足方程组（4.4.13）．

如果 $\boldsymbol{v}_0$ 是零向量，则式（4.4.14）成为求特征向量的方程组，于是 λ_0 必定是特征根，$\boldsymbol{v}_1$ 是属于 λ_0 的特征向量，这些都是前面已经得到了的．现在是希望能从方程组（4.4.13）得到除了特征向量之外的其他的解．为此，设 $\boldsymbol{v}_0\neq\boldsymbol{0}$，则由方程组（4.4.15）知 λ_0 仍必须是其特征根．换言之，如果要从方程组（4.4.13）求得 $\boldsymbol{v}_1$ 并且 $(\boldsymbol{A}-\lambda_0\boldsymbol{E})\boldsymbol{v}_1\neq\boldsymbol{0}$，则 λ_0 必须是 $\boldsymbol{A}$ 的特征根．

回到现在这个例子上来，$\lambda_0=-1$，代入方程组（4.4.13）得

$$(\boldsymbol{A}+\boldsymbol{E})^2\boldsymbol{v}_1=\boldsymbol{0}$$

将它具体写出来，就是

$$\begin{pmatrix} 1 & -1 & 1 \\ -1 & 0 & 0 \\ -1 & 0 & 0 \end{pmatrix}^2 \boldsymbol{v}_1 = \boldsymbol{0} \qquad (4.4.16)$$

按矩阵乘法运算，方程组（4.4.16）为

$$\begin{pmatrix} 1 & -1 & 1 \\ -1 & 1 & -1 \\ -1 & 1 & -1 \end{pmatrix} \boldsymbol{v}_1 = \boldsymbol{0} \qquad (4.4.17)$$

令 $\boldsymbol{v}_1 = (\alpha_1,\ \alpha_2,\ \alpha_3)^{\mathrm{T}}$，则方程组（4.4.17）实际上只是一个方程

$$\alpha_1 - \alpha_2 + \alpha_3 = 0 \qquad (4.4.18)$$

从中可以求出两个线性无关的向量．但 $\boldsymbol{v}_0$ 显然是其中的一个，故从方程（4.4.18）只能再求得一个解，它与 $\boldsymbol{v}_0$ 合在一起是线性无关的．例如，可取 $\boldsymbol{v}_1 = (-1,\ 1,\ 2)^{\mathrm{T}}$，将 $\lambda_0 = -1$ 及此 $\boldsymbol{v}_1$ 代入式（4.4.8），其中 $k \geqslant 2$ 的项都为零，于是得到所给微分方程组的第三个解：

$$\boldsymbol{x}_3(t) = \mathrm{e}^{-t}\left[\boldsymbol{E} + (\boldsymbol{A}+\boldsymbol{E})t\right]\boldsymbol{v}_1 = \mathrm{e}^{-t}\left[\boldsymbol{v}_1 + (\boldsymbol{A}+\boldsymbol{E})\boldsymbol{v}_1 t\right]$$
$$= \mathrm{e}^{-t}\left[\begin{pmatrix} -1 \\ 1 \\ 2 \end{pmatrix} + \begin{pmatrix} 0 \\ 1 \\ 1 \end{pmatrix} t\right]$$

由解 $\boldsymbol{x}_1(t)$，$\boldsymbol{x}_2(t)$，$\boldsymbol{x}_3(t)$ 所组成的朗斯基行列式 $W(t)$ 在 $t=0$ 的值为

$$W(0) = \begin{vmatrix} 1 & 0 & -1 \\ -1 & 1 & 1 \\ -1 & 1 & 2 \end{vmatrix} = 1 \neq 0$$

所以 $\boldsymbol{x}_1(t)$，$\boldsymbol{x}_2(t)$，$\boldsymbol{x}_3(t)$ 组成基本解组，于是得通解

$$\boldsymbol{x}(t) = C_1\begin{pmatrix} 1 \\ -1 \\ -1 \end{pmatrix} + \mathrm{e}^{-t}\left\{C_2\begin{pmatrix} 0 \\ 1 \\ 1 \end{pmatrix} + C_3\left[\begin{pmatrix} -1 \\ 1 \\ 2 \end{pmatrix} + \begin{pmatrix} 0 \\ 1 \\ 1 \end{pmatrix} t\right]\right\}$$

求解的轮廓大致就是这样了．为了要做一般的论证，需要弄清楚如下一点．设 λ_0 是 γ 重特征根，是否能从形如 $(\boldsymbol{A}-\lambda_0\boldsymbol{E})^k \boldsymbol{v} = \boldsymbol{0}$（$k$ 为正整数）的方程组中求出足够数量的线性无关的向量 $\boldsymbol{v}$？

为了论证需要，下面介绍一下约当（Jordan）法式以及将一般的方阵 $\boldsymbol{A}$ 化为约当法式的理论，但是用不到将 $\boldsymbol{A}$ 化成它的约当法式的具体计算．在具体解

题时，也用不到约当法式的理论.

方阵

$$J=\begin{pmatrix} J_1 & & & O \\ & J_2 & & \\ & & \ddots & \\ O & & & J_s \end{pmatrix}$$

称为约当法式，其中

$$J_i=\begin{pmatrix} \lambda_i & 1 & & O \\ & \lambda_i & \ddots & \\ & & \ddots & 1 \\ O & & & \lambda_i \end{pmatrix},\ 1\leqslant i\leqslant s$$

是n_i阶方阵，称为n_i阶约当块．$n_1+n_2+\cdots+n_s=n$是J的阶数，λ_1，λ_2，…，λ_s显然是J的特征根．这些λ_1，λ_2，…，λ_s中可以有相同的，即同一个特征根可以对应几个约当块．一个γ重特征根所对应的约当块的阶数之和为γ．如果$s=1$，则J只由一个约当块组成，就是J本身．这时当然只有一个特征根，是n重的．如果$s=n$，则J由n个约当块组成，每个约当块都是1阶的，即每个J_i只由一个元素λ_i构成.

例如，5阶方阵

$$J=\begin{pmatrix} -1 & 1 & 0 & 0 & 0 \\ & -1 & 0 & 0 & 0 \\ & & -1 & 0 & 0 \\ & & & 0 & 1 \\ O & & & & 0 \end{pmatrix}$$

是一个约当法式，它由如下3个约当块构成：

$$J_1=\begin{pmatrix} -1 & 1 \\ 0 & -1 \end{pmatrix},\ J_2=(-1),\ J_3=\begin{pmatrix} 0 & 1 \\ 0 & 0 \end{pmatrix}$$

$\lambda_1=-1$，$\lambda_2=-1$，$\lambda_3=0$．特征根-1对应了2个约当块J_1和J_2，分别是2阶和1阶，该特征根的重数是3．特征根0对应了1个2阶约当块J_3，该特征根的重数当然也就是2.

又如4阶方阵

$$\begin{pmatrix} 2 & & & \boldsymbol{O} \\ & 2 & & \\ & & 2 & \\ \boldsymbol{O} & & & 3 \end{pmatrix}$$

也是一个约当法式，它由 4 个 1 阶约当块构成：

$$\boldsymbol{J}_1=(2)，\boldsymbol{J}_2=(2)，\boldsymbol{J}_3=(2)，\boldsymbol{J}_4=(3)$$

3 重特征根 2 对应了 3 个约当块 $\boldsymbol{J}_1$，$\boldsymbol{J}_2$ 和 $\boldsymbol{J}_3$.

由线性代数理论知道，对于任意给定的一个 n 阶方阵 $\boldsymbol{A}$，必存在非奇异方阵 $\boldsymbol{S}$，使 $\boldsymbol{S}^{-1}\boldsymbol{A}\boldsymbol{S}$ 成为一个约当法式，即存在相应的某个 $\boldsymbol{J}$，使

$$\boldsymbol{S}^{-1}\boldsymbol{A}\boldsymbol{S}=\boldsymbol{J} \tag{4.4.19}$$

$\boldsymbol{J}$ 中的 λ_i，$i=1, 2, \cdots, s$ 是 $\boldsymbol{A}$ 的特征根.

引理 4.4.2　设 λ_0 是 $\boldsymbol{A}$ 的 γ 重特征根，则方程组

$$(\boldsymbol{A}-\lambda_0\boldsymbol{E})^{\gamma}\boldsymbol{v}=\boldsymbol{0} \tag{4.4.20}$$

有 γ 个并且至多有 γ 个线性无关的解向量 $\boldsymbol{v}^{(1)}, \boldsymbol{v}^{(2)}, \cdots, \boldsymbol{v}^{(\gamma)}$.

证明：等价于证明方阵 $(\boldsymbol{A}-\lambda_0\boldsymbol{E})^{\gamma}$ 的秩是 $n-\gamma$.

以方程组（4.4.19）中的 $\boldsymbol{S}^{-1}$ 和 $\boldsymbol{S}$ 分别左乘和右乘 $(\boldsymbol{A}-\lambda_0\boldsymbol{E})^{\gamma}$，得到方阵

$$\boldsymbol{S}^{-1}(\boldsymbol{A}-\lambda_0\boldsymbol{E})^{\gamma}\boldsymbol{S}$$

由线性代数的理论知，$(\boldsymbol{A}-\lambda_0\boldsymbol{E})^{\gamma}$ 与 $\boldsymbol{S}^{-1}(\boldsymbol{A}-\lambda_0\boldsymbol{E})^{\gamma}\boldsymbol{S}$ 有相同的秩. 易知

$$\boldsymbol{S}^{-1}(\boldsymbol{A}-\lambda_0\boldsymbol{E})\boldsymbol{S}=\boldsymbol{S}^{-1}\boldsymbol{A}\boldsymbol{S}-\lambda_0\boldsymbol{S}^{-1}\boldsymbol{E}\boldsymbol{S}=\boldsymbol{J}-\lambda_0\boldsymbol{E}$$

所以将 $(\boldsymbol{A}-\lambda_0\boldsymbol{E})^{\gamma}$ 写成 γ 个 $\boldsymbol{A}-\lambda_0\boldsymbol{E}$ 连乘，并且在相邻两个 $\boldsymbol{A}-\lambda_0\boldsymbol{E}$ 之间插入一组 $\boldsymbol{S}\boldsymbol{S}^{-1}$（共插入 $\gamma-1$ 组 $\boldsymbol{S}\boldsymbol{S}^{-1}$），有

$$\begin{aligned}\boldsymbol{S}^{-1}(\boldsymbol{A}-\lambda_0\boldsymbol{E})^{\gamma}\boldsymbol{S}&=\boldsymbol{S}^{-1}(\boldsymbol{A}-\lambda_0\boldsymbol{E})\boldsymbol{S}\boldsymbol{S}^{-1}(\boldsymbol{A}-\lambda_0\boldsymbol{E})\boldsymbol{S}\boldsymbol{S}^{-1}\cdots(\boldsymbol{A}-\lambda_0\boldsymbol{E})\boldsymbol{S}\\&=(\boldsymbol{J}-\lambda_0\boldsymbol{E})^{\gamma}\end{aligned}$$

设 $\boldsymbol{J}$ 中约当块 $\boldsymbol{J}_i$ 的阶数为 n_i，用 $\boldsymbol{E}_i$ 表示 $n_i\,(i=1, 2, \cdots, s)$ 阶单位方阵，于是由分块矩阵乘法规则，有

$$\left(\boldsymbol{J}-\lambda_0\boldsymbol{E}\right)^\gamma=\begin{pmatrix}\boldsymbol{J}_1-\lambda_0\boldsymbol{E}_1 & & & \boldsymbol{O}\\ & \boldsymbol{J}_2-\lambda_0\boldsymbol{E}_2 & & \\ & & \ddots & \\ \boldsymbol{O} & & & \boldsymbol{J}_s-\lambda_0\boldsymbol{E}_s\end{pmatrix}^\gamma$$

$$=\begin{pmatrix}\left(\boldsymbol{J}_1-\lambda_0\boldsymbol{E}_1\right)^\gamma & & & \boldsymbol{O}\\ & \left(\boldsymbol{J}_2-\lambda_0\boldsymbol{E}_2\right)^\gamma & & \\ & & \ddots & \\ \boldsymbol{O} & & & \left(\boldsymbol{J}_s-\lambda_0\boldsymbol{E}_s\right)^\gamma\end{pmatrix}$$

设$\boldsymbol{J}_q$是λ_0所对应的诸约当块中的一块，则显然$\boldsymbol{J}_q$的阶数$n_q\leqslant\gamma$，并且当且仅当λ_0只对应一个约当块时成立等式．通过直接验算知

$$\underbrace{\begin{pmatrix}0 & 1 & & \boldsymbol{O}\\ & 0 & \ddots & \\ & & \ddots & 1\\ \boldsymbol{O} & & & 0\end{pmatrix}}_{n_q\text{阶}}{}^{n_q}=\boldsymbol{O}$$

于是有

$$\left(\boldsymbol{J}_q-\lambda_0\boldsymbol{E}_q\right)^\gamma=\underbrace{\begin{pmatrix}0 & 1 & & \boldsymbol{O}\\ & 0 & \ddots & \\ & & \ddots & 1\\ \boldsymbol{O} & & & 0\end{pmatrix}}_{n_q\text{阶}}{}^{n_q}=\boldsymbol{O}$$

设$\boldsymbol{J}_k$不属于λ_0所对应的约当块，则$\boldsymbol{J}_k-\lambda_0\boldsymbol{E}_k$的主对角线上的元素都不是零，主对角线下方的元素都是零．按照上三角方阵的乘法可知，方阵（$\boldsymbol{J}_k-\lambda_0\boldsymbol{E}_k$）$^\gamma$的主对角线上的元素都不是零，主对角线下方的元素都是零．

由此可知，方阵$\left(\boldsymbol{J}-\lambda_0\boldsymbol{E}\right)^\gamma$中正好有$\gamma$行和$\gamma$列的元素全为零，这些行的行号与这些列的列号一致．并且除此之外的主对角线上的元素都不是零，而主对角线下方的元素都是零．于是推知方阵$\left(\boldsymbol{J}-\lambda_0\boldsymbol{E}\right)^\gamma$中任意一个阶数大于$n-\gamma$的子行列式（包括（$\det\left(\boldsymbol{J}-\lambda_0\boldsymbol{E}\right)^\gamma$本身）都等于零，而存在一个$n-\gamma$阶子行列式（例如，把元素全为零的那$\gamma$行和元素全为零的那$\gamma$列划去之后，剩下来的那个子行列式）不为零，所以$\left(\boldsymbol{J}-\lambda_0\boldsymbol{E}\right)^\gamma$的秩是$n-\gamma$，即$\left(\boldsymbol{A}-\lambda_0\boldsymbol{E}\right)^\gamma$的秩是$n-\gamma$．

由引理 4.4.2，立即可知有下面的引理.

引理 4.4.3　设 λ_0 是 $\boldsymbol{A}$ 的 γ 重特征根，$\boldsymbol{v}^{(j)}\left(j=1,2,\cdots,\gamma\right)$ 是方程组

$$\mathrm{e}^{\boldsymbol{A}t}\boldsymbol{v}^{(j)}=\mathrm{e}^{\lambda_0 t}\left[\sum_{k=0}^{\gamma-1}\frac{(\boldsymbol{A}-\lambda_0\boldsymbol{E})^k t^k}{k!}\right]\boldsymbol{v}^{(j)}，\ j=1，2，\cdots，\gamma \qquad (4.4.21)$$

的 γ 个线性无关的解向量，则式（4.4.21）是方程组（4.4.2）在区间（$-\infty$，$+\infty$）上的 γ 个线性无关的解.

证明：由定理 4.4.1 知 $\mathrm{e}^{\boldsymbol{A}t}\boldsymbol{v}^{(j)}(j=1，2，\cdots，\gamma)$ 都是方程组（4.4.2）的解. 又由方程组（4.4.20）知 $(\boldsymbol{A}-\lambda_0\boldsymbol{E})^k\boldsymbol{v}^{(j)}=\boldsymbol{0}$，$k\geqslant\gamma$，$j=1，2，\cdots，\gamma$. 于是由 4.4.1 节中的性质（8）即知方程组（4.4.21）成立.

如果式（4.4.21）中的 γ 个向量线性相关，则存在 γ 个不全为零的常数 α_1，α_2，$\cdots$，α_γ 使

$$\sum_{j=1}^{\gamma}\alpha_j\mathrm{e}^{\boldsymbol{A}t}\boldsymbol{v}^{(j)}\equiv\boldsymbol{0}，\ t\in(-\infty,+\infty)$$

把 $t=0$ 代入可得

$$\sum_{j=1}^{\gamma}\alpha_j\boldsymbol{v}^{(j)}=\boldsymbol{0}$$

这与 $\boldsymbol{v}^{(j)}(j=1，2，\cdots，\gamma)$ 线性无关矛盾，所以式（4.4.21）中的 γ 个向量线性无关.

回顾例 4.4.3，-1 是 $\boldsymbol{A}$ 的二重特征根. 由引理 4.4.2 知，从 $(\boldsymbol{A}+\boldsymbol{E})^2\boldsymbol{v}=\boldsymbol{0}$ 可以求得 2 个且至多 2 个线性无关的解. 在该处已求出 $\boldsymbol{v}_0=(0，1，1)^{\mathrm{T}}$ 和 $\boldsymbol{v}_1=(-1，1，2)^{\mathrm{T}}$. 相应地得到微分方程组的两个解

$$\boldsymbol{x}_2(t)=\boldsymbol{v}_0\mathrm{e}^{-t}$$

和

$$\boldsymbol{x}_3(t)=\left[\boldsymbol{E}+(\boldsymbol{A}+\boldsymbol{E})t\right]\boldsymbol{v}_1\mathrm{e}^{-t}$$

由引理 4.4.3 知它们在（$-\infty$，$+\infty$）上线性无关.

最后证明常系数齐次线性微分方程组（4.4.2）的通解公式定理.

定理 4.4.3　设 λ_1，λ_2，$\cdots$，λ_γ 是 $\boldsymbol{A}$ 的 γ 个不同的特征根，其重数分别为 m_1，m_2，$\cdots$，m_γ，$m_1+m_2+\cdots+m_\gamma=n$. 并设 $\boldsymbol{v}_i^{(j)}(j=1，2，\cdots，m_i)$ 是

$$(\boldsymbol{A}-\lambda_i\boldsymbol{E})^{m_i}\boldsymbol{v}_i^{(j)}=\boldsymbol{0} \qquad (4.4.22)$$

的 m_i 个线性无关的解向量，$i=1，2，\cdots，r$，则方程组（4.4.2）的通解是

$$x(t)=\sum_{i=1}^{r}\sum_{j=1}^{m_i}C_{ij}e^{\lambda_i t}\left[\sum_{k=0}^{m_i-1}\frac{(A-\lambda_i E)^k t^k}{k!}\right]v_i^{(j)} \tag{4.4.23}$$

如果记

$$p_{ij}(t)=\left[\sum_{k=0}^{m_i-1}\frac{(A-\lambda_i E)^k t^k}{k!}\right]v_i^{(j)},\ j=1,\ 2,\ \cdots,\ m_i;\ i=1,\ 2,\ \cdots,\ r \tag{4.4.24}$$

则通解公式（4.4.23）可以写成

$$x(t)=\sum_{i=1}^{r}\sum_{j=1}^{m_i}C_{ij}e^{\lambda_i t}p_{ij}(t) \tag{4.4.25}$$

其中，$C_{ij}(j=1,\ 2,\ \cdots,\ m_i;\ i=1,\ 2,\ \cdots,\ r)$是$n$个任意常数.

证明：为证式（4.4.25）是方程组（4.4.2）的通解，只要证n个解$e^{\lambda_i t}p_{ij}(t)(j=1,\ 2,\ \cdots,\ m_i;\ i=1,\ 2,\ \cdots,\ r)$在（$-\infty$，$+\infty$）上线性无关即可，用反证法. 设它们线性相关，则存在n个不全为零的常数$\alpha_{ij}(j=1,\ 2,\ \cdots,\ m_i;\ i=1,\ 2,\ \cdots,\ r)$使

$$\sum_{i=1}^{r}\sum_{j=1}^{m_i}\alpha_{ij}e^{\lambda_i t}p_{ij}(t)\equiv 0 \tag{4.4.26}$$

记$\sum_{j=1}^{m_i}\alpha_{ij}p_{ij}(t)=v_i(t)$，则式（4.4.26）可以写成

$$\sum_{i=1}^{r}v_i(t)e^{\lambda_i t}\equiv 0 \tag{4.4.27}$$

我们断言，$v_i(t)(i=1,\ 2,\ \cdots,\ r)$中至少有一个不是零向量. 事实上，如果对一切$i$，$v_i(t)\equiv 0$，则$v_i(0)=0$，即

$$0=v_i(0)=\sum_{j=1}^{m_i}\alpha_{ij}p_{ij}(0)=\sum_{j=1}^{m_i}\alpha_{ij}v_i^{(j)} \tag{4.4.28}$$

但是另一方面，对任意固定的i，向量$v_i^{(1)},\ v_i^{(2)},\cdots,\ v_i^{(m_i)}$是线性无关的，所以由式（4.4.28）可立即推出一切$\alpha_{ij}=0$. 这与$\alpha_{ij}(j=1,2,\cdots,\ m_i;\ i=1,2,\cdots,\ r)$不全为零相矛盾，所以至少有某$i$，使得$v_i(t)\neq 0$.

按照定理4.4.3的公式（4.4.23），求方程组（4.4.2）的通解的步骤如下.

（1）写出特征方程

$$\det(A-\lambda E)=0$$

并求出一切特征根及其相应的重数.

（2）对于每一个 γ 重根 λ_0，不必一开始就按式（4.4.22）求满足 $(\boldsymbol{A}-\lambda_0\boldsymbol{E})^{\gamma}\boldsymbol{v}_0=\boldsymbol{0}$ 的 γ 个线性无关的解向量，而可以按如下的方法一步步进行.

先求满足

$$(\boldsymbol{A}-\lambda_0\boldsymbol{E})\boldsymbol{v}_0=\boldsymbol{0}$$

的线性无关的一切 $\boldsymbol{v}_0$，将求得的 $\boldsymbol{v}_0$ 和 λ_0 代入方程组（4.4.21），得到解

$$\boldsymbol{x}(t)=\boldsymbol{v}_0\mathrm{e}^{\lambda_0 t}$$

如果得到的解的个数已达 γ 个（当单根即 $\gamma=1$ 时，形如 $\boldsymbol{x}(t)=\boldsymbol{v}_0\mathrm{e}^{\lambda_0 t}$ 的线性无关的解的个数必有 γ 个），则停止．如果得到的解的个数不足 γ 个，则再考虑

$$(\boldsymbol{A}-\lambda_0\boldsymbol{E})^2\boldsymbol{v}_1=\boldsymbol{0}$$

求出满足方程组 $(\boldsymbol{A}-\lambda_0\boldsymbol{E})^2\boldsymbol{v}_1=\boldsymbol{0}$ 的并与方程组 $(\boldsymbol{A}-\lambda_0\boldsymbol{E})\boldsymbol{v}_0=\boldsymbol{0}$ 中已求出的那些 $\boldsymbol{v}_0$ 合在一起是线性无关的一切 $\boldsymbol{v}_1$．将这样求得的 $\boldsymbol{v}_1$ 代入方程组（4.4.21），又得到一些线性无关的解

$$\boldsymbol{x}(t)=\mathrm{e}^{\lambda_0 t}\left[\boldsymbol{E}+(\boldsymbol{A}-\lambda_0\boldsymbol{E})t\right]\boldsymbol{v}_1=\mathrm{e}^{\lambda_0 t}\left[\boldsymbol{v}_1+(\boldsymbol{A}-\lambda_0\boldsymbol{E})\boldsymbol{v}_1 t\right]$$

如果以上总共已得到 γ 个线性无关的解，则停止．如果还不足 γ 个，则再考虑

$$(\boldsymbol{A}-\lambda_0\boldsymbol{E})^3\boldsymbol{v}_2=\boldsymbol{0} \qquad (4.4.29)$$

求出满足方程组 $(\boldsymbol{A}-\lambda_0\boldsymbol{E})^2\boldsymbol{v}_1=\boldsymbol{0}$ 的并且与上面已求出的那些 $\boldsymbol{v}_0$ 和 $\boldsymbol{v}_1$ 合在一起是线性无关的一切 $\boldsymbol{v}_2$．将这样求得的 $\boldsymbol{v}_2$ 代入方程组（4.4.21），又得到一些线性无关的解

$$\begin{aligned}\boldsymbol{x}(t)&=\mathrm{e}^{\lambda_0 t}\left[\boldsymbol{E}+(\boldsymbol{A}-\lambda_0\boldsymbol{E})t+\frac{1}{2!}(\boldsymbol{A}-\lambda_0\boldsymbol{E})^2t^2\right]\boldsymbol{v}_2\\&=\mathrm{e}^{\lambda_0 t}\left[\boldsymbol{v}_2+(\boldsymbol{A}-\lambda_0\boldsymbol{E})\boldsymbol{v}_2 t+\frac{1}{2!}(\boldsymbol{A}-\lambda_0\boldsymbol{E})^2\boldsymbol{v}_2 t^2\right]\end{aligned}$$

如此一直进行下去，直到求得 γ 个线性无关的解为止．由引理 4.4.2 知，最多进行到

$$(\boldsymbol{A}-\lambda_0\boldsymbol{E})^{\gamma}\boldsymbol{v}_{\gamma-1}=\boldsymbol{0} \qquad (4.4.30)$$

一定可以求得 γ 个线性无关的解向量，然后按方程组（4.4.21）可以得到对应的 γ 个线性无关的解.

对于每一个特征根 λ_0 都按如上处理，就可得到 $\boldsymbol{n}$ 个线性无关的解

$$\boldsymbol{p}_{ij}(t)\mathrm{e}^{\lambda_i t},\ j=1,2,\cdots,\ m_i;\ i=1,2,\cdots,\ r$$

这里 λ_i、$\boldsymbol{p}_{ij}(t)$ 等的意义见定理 4.4.3．再由这些解分别乘以任意常数便得通解，即式（4.4.23）．

例 4.4.4　求方程组 $\dfrac{\mathrm{d}\boldsymbol{x}}{\mathrm{d}t}=\boldsymbol{A}\boldsymbol{x}$ 的通解，其中

$$\boldsymbol{A}=\begin{pmatrix}0&1&1\\1&0&1\\1&1&0\end{pmatrix}$$

解：特征方程是

$$\det(\boldsymbol{A}-\lambda\boldsymbol{E})=-(\lambda-2)(\lambda+1)^2=0$$

解得特征根 $\lambda_1=2$（单根），$\lambda_2=-1$（二重根）．

对于单根 $\lambda_1=2$，考虑

$$(\boldsymbol{A}-2\boldsymbol{E})\boldsymbol{v}_0=\boldsymbol{0}$$

记 $\boldsymbol{v}_0=(\alpha_1,\ \alpha_2,\ \alpha_3)^{\mathrm{T}}$，则可得方程组为

$$\begin{cases}-2\alpha_1+\alpha_2+\alpha_3=0\\\alpha_1-2\alpha_2+\alpha_3=0\\\alpha_1+\alpha_2-2\alpha_3=0\end{cases}$$

易知 $(\alpha_1,\ \alpha_2,\ \alpha_3)^{\mathrm{T}}=(1,1,1)^{\mathrm{T}}$ 是它的一个解．于是得

$$\boldsymbol{x}_1(t)=\begin{pmatrix}1\\1\\1\end{pmatrix}\mathrm{e}^{2t}$$

对于二重根 $\lambda_2=-1$，考虑

$$(\boldsymbol{A}+\boldsymbol{E})\boldsymbol{v}_0=\boldsymbol{0}$$

记 $\boldsymbol{v}_0=(\alpha_1,\ \alpha_2,\ \alpha_3)^{\mathrm{T}}$，则构成该方程组的 3 个方程为同一方程，即

$$\alpha_1+\alpha_2+\alpha_3=0$$

易知可以求得 2 个线性无关的特征向量．如取

$$\boldsymbol{v}_0^{(1)}=\begin{pmatrix}0\\1\\-1\end{pmatrix},\ \boldsymbol{v}_0^{(2)}=\begin{pmatrix}1\\0\\-1\end{pmatrix}$$

因为 $\lambda_2=-1$ 是二重根，现在已求得两个线性无关的解向量，所以不必再

去求式 $(\boldsymbol{A}-\lambda_0\boldsymbol{E})^2\boldsymbol{v}_1=\boldsymbol{0}$ 那样的方程组了．由 $\boldsymbol{v}_0^{(1)}$ 和 $\boldsymbol{v}_0^{(2)}$，得对应的两个解：

$$\boldsymbol{x}_2(t)=\begin{pmatrix}0\\1\\-1\end{pmatrix}\mathrm{e}^{-t}，\ \boldsymbol{x}_3(t)=\begin{pmatrix}0\\1\\-1\end{pmatrix}\mathrm{e}^{-t}$$

于是由定理 4.4.3 可知，所给微分方程的通解是

$$\boldsymbol{x}(t)=C_1\begin{pmatrix}1\\1\\1\end{pmatrix}\mathrm{e}^{2t}+\left[C_2\begin{pmatrix}0\\1\\-1\end{pmatrix}+C_3\begin{pmatrix}0\\1\\-1\end{pmatrix}\right]\mathrm{e}^{-t}$$

由本例清楚地看出，对于二重特征根不一定要做到式 $(\boldsymbol{A}-\lambda_0\boldsymbol{E})^2\boldsymbol{v}_1=\boldsymbol{0}$．类似的，对于 γ 重特征根，也许只要做到式 $(\boldsymbol{A}-\lambda_0\boldsymbol{E})\boldsymbol{v}_0=\boldsymbol{0}$ 或者做到式 $(\boldsymbol{A}-\lambda_0\boldsymbol{E})^2\boldsymbol{v}_1=\boldsymbol{0}$ 若干次就够了．总之，只要能求得 γ 个线性无关的解向量就可停止．

例 4.4.5　求初值问题

$$\frac{\mathrm{d}\boldsymbol{x}}{\mathrm{d}t}=\boldsymbol{A}\boldsymbol{x}，\ \boldsymbol{x}_0=(1,1,1)^{\mathrm{T}}$$

的解，其中

$$\boldsymbol{A}=\begin{pmatrix}3&1&-1\\-1&2&1\\1&1&1\end{pmatrix}$$

解：特征方程是

$$\det(\boldsymbol{A}-\lambda\boldsymbol{E})=-(\lambda-2)^3=0$$

特征根 $\lambda=2$ 是三重根．由

$$(\boldsymbol{A}-2\boldsymbol{E})\boldsymbol{v}_0=\boldsymbol{0}$$

只能求得一个线性无关的解向量 $\boldsymbol{v}_0=(1,0,1)^{\mathrm{T}}$．于是得到微分方程组的一个解

$$\boldsymbol{x}_1(t)=\boldsymbol{v}_0\mathrm{e}^{2t}$$
$$=\begin{pmatrix}1\\0\\1\end{pmatrix}\mathrm{e}^{2t}$$

再考虑方程组

$$(\boldsymbol{A}-2\boldsymbol{E})^2\boldsymbol{v}_1=\begin{pmatrix}1&1&-1\\-1&0&1\\1&1&-1\end{pmatrix}^2\boldsymbol{v}_1=\begin{pmatrix}-1&0&1\\0&0&0\\-1&0&1\end{pmatrix}\boldsymbol{v}_1=\boldsymbol{0}$$

易知，从它只能求出两个线性无关的解．但$\boldsymbol{v}_0$已是它的一个解，所以由它只能再求得一个与$\boldsymbol{v}_0$合在一起是线性无关的解．如可取$\boldsymbol{v}_1=(1,1,1)^{\mathrm{T}}$，代入方程组（4.4.21）可得

$$\boldsymbol{x}_2(t)=\left[\boldsymbol{v}_1+(\boldsymbol{A}-2\boldsymbol{E})\boldsymbol{v}_1t\right]\mathrm{e}^{2t}$$
$$=\left[\begin{pmatrix}1\\1\\1\end{pmatrix}+\begin{pmatrix}1\\0\\1\end{pmatrix}t\right]\mathrm{e}^{2t}$$

再考虑方程组

$$(\boldsymbol{A}-2\boldsymbol{E})^3\boldsymbol{v}_2=\begin{pmatrix}1&1&-1\\-1&0&1\\1&1&-1\end{pmatrix}^3\boldsymbol{v}_2=\boldsymbol{0}$$

经计算知$(\boldsymbol{A}-2\boldsymbol{E})^3$是一个零矩阵．这表明所要求的$\boldsymbol{v}_2$可以是任意一个三维向量，但是要求它与$\boldsymbol{v}_0$，$\boldsymbol{v}_1$合在一起是线性无关的．如可取$\boldsymbol{v}_2=(1,2,2)^{\mathrm{T}}$，代入方程组（4.4.21）又得到一个解：

$$\boldsymbol{x}_3(t)=\left[\boldsymbol{v}_2+(\boldsymbol{A}-2\boldsymbol{E})\boldsymbol{v}_2t+\frac{1}{2}(\boldsymbol{A}-2\boldsymbol{E})^2\boldsymbol{v}_2t^2\right]\mathrm{e}^{2t}$$
$$=\left[\begin{pmatrix}1\\2\\2\end{pmatrix}+\begin{pmatrix}1\\1\\1\end{pmatrix}t+\frac{1}{2}\begin{pmatrix}1\\0\\1\end{pmatrix}t^2\right]\mathrm{e}^{2t}$$

于是求得微分方程组的通解为

$$\boldsymbol{x}(t)=C_1\boldsymbol{x}_1(t)+C_2\boldsymbol{x}_2(t)+C_3\boldsymbol{x}_3(t)$$
$$=\left[C_1\begin{pmatrix}1\\0\\1\end{pmatrix}+C_2\begin{pmatrix}1+t\\1\\1+t\end{pmatrix}+C_3\begin{pmatrix}1+t+\frac{1}{2}t^2\\2+t\\2+t+\frac{1}{2}t^2\end{pmatrix}\right]\mathrm{e}^{2t}$$

把初值条件 $\boldsymbol{x}_0=(1,1,1)^{\mathrm{T}}$ 代入，解得 $C_1=C_3=0$，$C_2=1$．于是所求的解为

$$\boldsymbol{x}(t)=\begin{pmatrix}1+t\\1\\1+t\end{pmatrix}\mathrm{e}^{2t}$$

由式（4.4.25）知，每一个解必定成

$$\mathrm{e}^{\lambda_i t}\boldsymbol{p}_{ij}(t)$$

的形式．由式（4.4.24）知，这里的 $\boldsymbol{p}_{ij}(t)$ 是 t 的多项式向量函数，其最高次幂不超过 m_i-1，其中 m_i 是特征根 λ_i 的重数．并且对于 $j=1,2,\cdots$，m_i，向量 $\boldsymbol{p}_{ij}(0)$ 线性无关．所以可以采用待定系数法将 $\boldsymbol{p}_{ij}(t)$ 求出来，举例如下．

例 4.4.6　求方程组 $\frac{\mathrm{d}\boldsymbol{x}}{\mathrm{d}t}=\boldsymbol{A}\boldsymbol{x}$ 的通解，其中

$$\boldsymbol{A}=\begin{pmatrix}-2&-1&-1\\0&-1&1\\0&-1&-3\end{pmatrix}$$

解：特征方程为

$$\det(\boldsymbol{A}-\lambda\boldsymbol{E})=-(\lambda+2)^3=0$$

特征根 $\lambda=-2$ 是三重根．设

$$\boldsymbol{x}(t)=\begin{pmatrix}\alpha_1t^2+\beta_1t+\gamma_1\\\alpha_2t^2+\beta_2t+\gamma_2\\\alpha_3t^2+\beta_3t+\gamma_3\end{pmatrix}\mathrm{e}^{-2t}$$

是所给微分方程组的解，其中 α_i，β_i，$\gamma_i(i=1,2,3)$ 都是待定常数．计算 $\frac{\mathrm{d}}{\mathrm{d}t}\boldsymbol{x}(t)$ 和 $\boldsymbol{A}\boldsymbol{x}(t)$，并分别代入原方程组的左、右两边，再约去 e^{-2t}，得到恒等式：

$$\begin{bmatrix} -2\alpha_1 t^2 + 2(\alpha_1 - \beta_1)t + (\beta_1 - 2\gamma_1) \\ -2\alpha_2 t^2 + 2(\alpha_2 - \beta_2)t + (\beta_2 - 2\gamma_2) \\ -2\alpha_3 t^2 + 2(\alpha_3 - \beta_3)t + (\beta_3 - 2\gamma_3) \end{bmatrix}$$

$$= \begin{bmatrix} -(\alpha_1 + \alpha_2 + \alpha_3)t^2 - 2(\beta_1 + \beta_2 + \beta_3)t - (2\gamma_1 + \gamma_2 + \gamma_3) \\ -2(\alpha_2 - \alpha_3)t^2 - (\beta_2 - \beta_3)t - (\gamma_2 - \gamma_3) \\ -(\alpha_2 + 3\alpha_3)t^2 - (\beta_2 + 3\beta_3)t - (\gamma_2 + 3\gamma_3) \end{bmatrix}$$

比较同一分量的 t 的同次幂系数，令它们相等，得到下面的方程：

$$\alpha_1 = \alpha_2 + \alpha_3$$

$$\alpha_3 = 0$$

$$\alpha_2 + \alpha_3 = 0$$

$$\beta_2 + \beta_3 = \alpha_1$$

$$\beta_2 + \beta_3 = 2\alpha_2$$

$$\beta_2 + \beta_3 = -2\alpha_3$$

$$\gamma_2 + \gamma_3 = -\beta_1$$

$$\gamma_2 + \gamma_3 = \beta_2$$

$$\gamma_2 + \gamma_3 = -\beta_3$$

由第 7 至第 9 个方程推得 $-\beta_1 = \beta_2 = -\beta_3$，于是 $\beta_2 + \beta_3 = 0$，从而由第 4 至第 6 个方程推得 $\alpha_1 = \alpha_2 = \alpha_3 = 0$（这说明第 1 至第 3 个方程是多余的）. 由第 7 式得 $\gamma_3 = -\beta_1 - \gamma_2$. 于是方程组的解为

$$\begin{aligned} \boldsymbol{x}(t) &= \begin{pmatrix} \beta_1 t + \gamma_1 \\ -\beta_1 t + \gamma_2 \\ \beta_1 t - \beta_1 - \gamma_2 \end{pmatrix} e^{-2t} \\ &= \left[\beta_1 \begin{pmatrix} t \\ -t \\ t-1 \end{pmatrix} + \gamma_1 \begin{pmatrix} 1 \\ 0 \\ 0 \end{pmatrix} + \gamma_2 \begin{pmatrix} 0 \\ 1 \\ -1 \end{pmatrix} \right] e^{-2t} \end{aligned} \tag{4.4.31}$$

这里的 β_1，γ_1，γ_2 可以任意取定，为了获得三个线性无关的解，分别令

$$\beta_1 = 1，\gamma_1 = 0，\gamma_2 = 0；\beta_1 = 0，\gamma_1 = 1，\gamma_2 = 0；\beta_1 = 0，\gamma_1 = 0，\gamma_2 = 1$$

得到三个解．易知向量 $\boldsymbol{p}_{ij}(0)$ 分别是

$$\begin{pmatrix}0\\0\\1\end{pmatrix},\begin{pmatrix}1\\0\\0\end{pmatrix},\begin{pmatrix}0\\1\\-1\end{pmatrix}$$

它们是线性无关的．于是得到通解

$$\boldsymbol{x}(t)=\left[C_1\begin{pmatrix}t\\-t\\t-1\end{pmatrix}+C_2\begin{pmatrix}1\\0\\0\end{pmatrix}+C_3\begin{pmatrix}0\\1\\-1\end{pmatrix}\right]\mathrm{e}^{-2t} \qquad (4.4.32)$$

其中 C_1，C_2 和 C_3 是任意常数．由此可见，在式（4.4.32）中，如果把 β_1，γ_1 和 γ_2 作为任意常数，那么式（4.4.32）就是所给方程组的通解．

如果特征方程有重的复数特征根，如 $\lambda_1=\alpha+\mathrm{i}\beta$ 是一个 γ 重的复数特征根，则可按上述办法求出 γ 个线性无关的复值解：

$$\left(\boldsymbol{u}^{(j)}+\mathrm{i}\boldsymbol{v}^{(j)}\right)\mathrm{e}^{(\alpha+\mathrm{i}\beta)t},\ j=1,2,\cdots,\ \gamma \qquad (4.4.33)$$

易知

$$\left(\boldsymbol{u}^{(j)}-\mathrm{i}\boldsymbol{v}^{(j)}\right)\mathrm{e}^{(\alpha-\mathrm{i}\beta)t},\ j=1,2,\cdots,\ \gamma \qquad (4.4.34)$$

是 $\overline{\lambda}_1$ 所对应的 γ 个线性无关的解．于是分别取式（4.4.33）的实部和虚部，便得到 2γ 个实值解，可以用它们来代替式（4.4.33）和式（4.4.34）．

例 4.4.7　求方程组 $\dfrac{\mathrm{d}\boldsymbol{x}}{\mathrm{d}t}=\boldsymbol{A}\boldsymbol{x}$ 的通解，其中

$$\boldsymbol{A}=\begin{pmatrix}0&0&1&1\\0&0&-3&1\\1&3&0&0\\-1&1&0&0\end{pmatrix}$$

解：特征方程为

$$\det(\boldsymbol{A}-\lambda\boldsymbol{E})=\begin{vmatrix}-\lambda&0&1&1\\0&-\lambda&-3&1\\1&3&-\lambda&0\\-1&1&0&-\lambda\end{vmatrix}=(\lambda^2+4)^2$$

特征根 $\lambda_{1,2}=\pm2\mathrm{i}$（二重根）．

从方程组

$$(\boldsymbol{A}-2\mathrm{i}\boldsymbol{E})\boldsymbol{v}_0=\begin{vmatrix}-2\mathrm{i} & 0 & 1 & 1\\ 0 & -2\mathrm{i} & -3 & 1\\ 1 & 3 & -2\mathrm{i} & 0\\ -1 & 1 & 0 & -2\mathrm{i}\end{vmatrix}\boldsymbol{v}_0=\boldsymbol{0}$$

解得一个特征向量 $\boldsymbol{v}_0=(-\mathrm{i},\ \mathrm{i},\ 1,\ 1)^{\mathrm{T}}$.

再考虑方程组 $(\boldsymbol{A}-2\mathrm{i}\boldsymbol{E})^2\boldsymbol{v}_1=\boldsymbol{0}$，即

$$\begin{pmatrix}1 & -1 & \mathrm{i} & \mathrm{i}\\ 1 & 3 & -3\mathrm{i} & \mathrm{i}\\ \mathrm{i} & 3\mathrm{i} & 3 & -1\\ -\mathrm{i} & \mathrm{i} & 1 & 1\end{pmatrix}\boldsymbol{v}_1=\boldsymbol{0}$$

可以从中求得与 $\boldsymbol{v}_0$ 线性无关的 $\boldsymbol{v}_1=(0,\ \mathrm{i},1,0)^{\mathrm{T}}$. 于是得到两个线性无关的复值解向量

$$\boldsymbol{x}_1(t)=\begin{pmatrix}-\mathrm{i}\\ \mathrm{i}\\ 1\\ 1\end{pmatrix}\mathrm{e}^{2\mathrm{i}t}$$

$$=\left[\begin{pmatrix}0\\0\\1\\1\end{pmatrix}\cos 2t+\begin{pmatrix}1\\-1\\0\\0\end{pmatrix}\sin 2t\right]+\mathrm{i}\left[\begin{pmatrix}-1\\1\\0\\0\end{pmatrix}\cos 2t+\begin{pmatrix}0\\0\\1\\1\end{pmatrix}\sin 2t\right]$$

和

$$\boldsymbol{x}_2(t)=\left[\boldsymbol{v}_1+\frac{(\boldsymbol{A}-2\mathrm{i}\boldsymbol{E})\boldsymbol{v}_1 t}{1!}\right]\mathrm{e}^{2\mathrm{i}t}$$

$$=\left[\begin{pmatrix}0\\ \mathrm{i}\\ 1\\ 0\end{pmatrix}+\begin{pmatrix}1\\ -1\\ \mathrm{i}\\ \mathrm{i}\end{pmatrix}t\right]\mathrm{e}^{2\mathrm{i}t}$$

$$=\left\{\left[\begin{pmatrix}0\\0\\1\\0\end{pmatrix}+\begin{pmatrix}1\\-1\\0\\0\end{pmatrix}t\right]\cos 2t-\left[\begin{pmatrix}0\\1\\0\\0\end{pmatrix}+\begin{pmatrix}0\\0\\1\\1\end{pmatrix}t\right]\sin 2t\right\}+$$

$$\mathrm{i}\left\{\left[\begin{pmatrix}0\\1\\0\\0\end{pmatrix}+\begin{pmatrix}0\\0\\1\\1\end{pmatrix}t\right]\cos 2t+\left[\begin{pmatrix}0\\0\\1\\0\end{pmatrix}+\begin{pmatrix}1\\-1\\0\\0\end{pmatrix}t\right]\sin 2t\right\}$$

分离出 $\boldsymbol{x}_1(t)$ 和 $\boldsymbol{x}_2(t)$ 的实部和虚部，得到 4 个线性无关的解（仍记成 $\boldsymbol{x}_1(t)$，$\boldsymbol{x}_2(t)$，$\boldsymbol{x}_3(t)$ 和 $\boldsymbol{x}_4(t)$）：

$$\boldsymbol{x}_1(t)=\begin{pmatrix}0\\0\\1\\1\end{pmatrix}\cos 2t+\begin{pmatrix}1\\-1\\0\\0\end{pmatrix}\sin 2t$$

$$\boldsymbol{x}_2(t)=\begin{pmatrix}-1\\1\\0\\0\end{pmatrix}\cos 2t+\begin{pmatrix}0\\0\\1\\1\end{pmatrix}\sin 2t$$

$$\boldsymbol{x}_3(t)=\left[\begin{pmatrix}0\\0\\1\\0\end{pmatrix}+\begin{pmatrix}1\\-1\\0\\0\end{pmatrix}t\right]\cos 2t-\left[\begin{pmatrix}0\\1\\0\\0\end{pmatrix}+\begin{pmatrix}0\\0\\1\\1\end{pmatrix}t\right]\sin 2t$$

$$\boldsymbol{x}_4(t)=\left[\begin{pmatrix}0\\1\\0\\0\end{pmatrix}+\begin{pmatrix}0\\0\\1\\1\end{pmatrix}t\right]\cos 2t+\left[\begin{pmatrix}0\\0\\1\\0\end{pmatrix}+\begin{pmatrix}1\\-1\\0\\0\end{pmatrix}t\right]\sin 2t$$

于是得通解为 $\boldsymbol{x}(t)=\sum_{i=1}^{4}C_i\boldsymbol{x}_i(t)$.

4.4.4　常系数非齐次线性微分方程组的解法

常系数非齐次线性微分方程组的通解可由常数变易法获得．举例如下．

例 4.4.8　求

$$\frac{\mathrm{d}}{\mathrm{d}t}\begin{pmatrix}x_1\\x_2\\x_3\end{pmatrix}=\begin{pmatrix}0&-1&1\\-1&-1&0\\-1&0&-1\end{pmatrix}\begin{pmatrix}x_1\\x_2\\x_3\end{pmatrix}+\begin{pmatrix}-1-t\\t+t^2\\1+2t+t^2\end{pmatrix}$$

的通解．

解：对应齐次线性微分方程组的通解见本节例 4.4.3．由此可知

$$\boldsymbol{\Phi}(t)=\begin{bmatrix}1 & 0 & -\mathrm{e}^{-t}\\ -1 & \mathrm{e}^{-t} & (1+t)\mathrm{e}^{-t}\\ -1 & \mathrm{e}^{-t} & (2+t)\mathrm{e}^{-t}\end{bmatrix}$$

是对应的齐次线性微分方程组的一个基本解矩阵．计算 $\boldsymbol{\Phi}^{-1}(t)$ 得

$$\boldsymbol{\Phi}^{-1}(t)=\begin{bmatrix}1 & -1 & 1\\ \mathrm{e}^{t} & (1+t)\mathrm{e}^{t} & -t\mathrm{e}^{t}\\ 0 & -\mathrm{e}^{t} & \mathrm{e}^{t}\end{bmatrix}$$

代入式（4.3.35），得到所给方程组的通解为

$$\begin{aligned}\boldsymbol{x}(t)&=\boldsymbol{\Phi}(t)\boldsymbol{c}+\boldsymbol{\Phi}(t)\int_0^t\begin{pmatrix}0\\ -1\\ 1\end{pmatrix}\mathrm{e}^{s}(1+s)\mathrm{d}s\\ &=\boldsymbol{\Phi}(t)\boldsymbol{c}+\begin{pmatrix}-t\\ t^2\\ t+t^2\end{pmatrix}\end{aligned}$$

4.5　微分方程组模型及分析

4.5.1　人造卫星的轨道模型

人造卫星在最后一段运载火箭熄灭之后，即进入它的轨道，因卫星发射角度和发射速度不同，轨道形状分别出现椭圆、抛物线或双曲线．下面来讨论这些问题．

地球与人造卫星是相互吸引的，但因二者的质量相差很大，因此，可假设地球是不动的．又因人造卫星的体积与地球相比是很小的，故可把它看成质点．为简单起见，不考虑太阳、月亮和其他星球的作用，并略去空气阻力．

在上面的假设下，可把问题归结为：从地球表面上一点 A，以倾角 α，初速度 v_0 射出一质量为 m 的物体，如图 4-5-1 所示，求此物体运动的轨道方程．

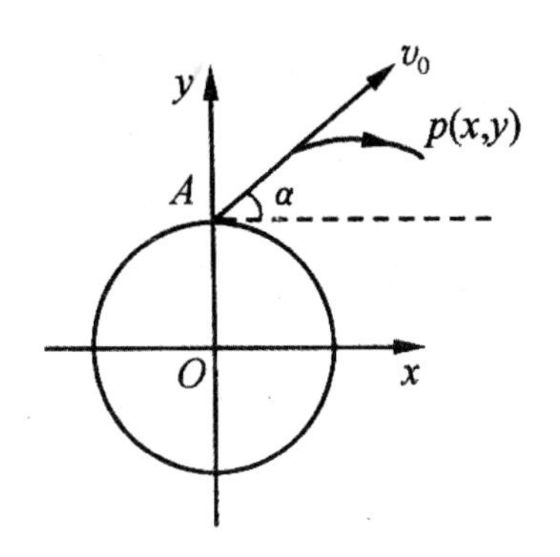

图 4-5-1　发射人造卫星的示意图

过发射点 A 和地心 O 的直线作 y 轴，记 y 轴与发射方向所成的平面为 xOy 平面，平面通过地心，取开始发射时间为 $t=0$，经过时间 t 后，卫星位于点 $p(x,\ y)$，下面建立 x 和 y 所满足的方程.

根据万有引力定律，得地球对卫星的引力大小为

$$F=-f\frac{mM}{x^2+y^2}$$

其方向指向地心，其中，f 是引力系数，$f=6.685\times10^{-20}\ \mathrm{km^3/kg\cdot s^2}$，$M$ 是地球质量，$M=5.98\times10^{24}\ \mathrm{kg}$，$\sqrt{x^2+y^2}$ 是地球与卫星间的距离．如图 4-5-2 所示，这个引力在 x，y 轴方向上的分力分别为

$$F_x=F\cos\theta=-\frac{fmMx}{\left(x^2+y^2\right)^{\frac{3}{2}}}$$

$$F_y=F\sin\theta=-\frac{fmMy}{\left(x^2+y^2\right)^{\frac{3}{2}}}$$

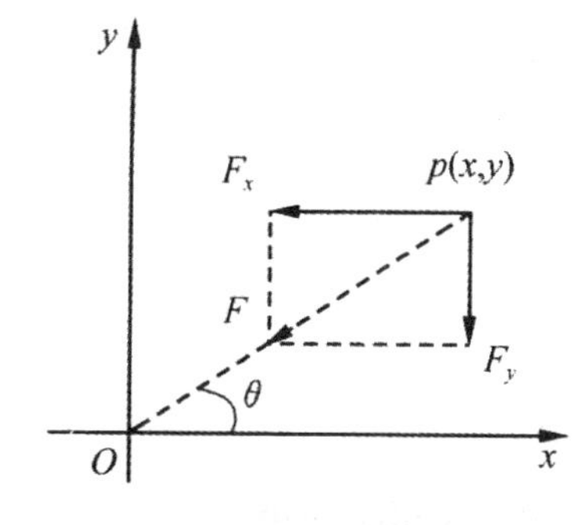

图 4-5-2　卫星的受力分析

卫星在 x，y 轴上获得的分加速度分别为 $\frac{\mathrm{d}^2x}{\mathrm{d}t^2}$ 和 $\frac{\mathrm{d}^2y}{\mathrm{d}t^2}$. 由牛顿第二定律得到卫星的运动方程为

$$\begin{cases} m\frac{\mathrm{d}^2x}{\mathrm{d}t^2}=-\frac{fmMx}{\left(x^2+y^2\right)^{\frac{3}{2}}} \\ m\frac{\mathrm{d}^2y}{\mathrm{d}t^2}=-\frac{fmMy}{\left(x^2+y^2\right)^{\frac{3}{2}}} \end{cases} \tag{4.5.1}$$

当 $t=0$ 时，卫星在地表面以倾角 α，初速度 v_0 射出，所以在 $t=0$ 时，$x(0)=0$，$y(0)=R$（$R=6370\text{ km}$ 为地球半径）. 卫星的初速度在 x，y 轴上的分量分别为

$$\left.\frac{\mathrm{d}x}{\mathrm{d}t}\right|_{t=0}=v_0\cos\alpha$$

$$\left.\frac{\mathrm{d}y}{\mathrm{d}t}\right|_{t=0}=v_0\sin\alpha$$

因此，初始条件为

$$x(0)=0,\ y(0)=R,\left.\frac{\mathrm{d}x}{\mathrm{d}t}\right|_{t=0}=v_0\cos\alpha,\left.\frac{\mathrm{d}y}{\mathrm{d}t}\right|_{t=0}=v_0\sin\alpha \tag{4.5.2}$$

下面利用首次积分法来求方程组（4.5.1）的满足初始条件（4.5.2）的解. 将方程组（4.5.1）两端消去 m 后，用 y 乘第一个方程，用 x 乘第二个方程. 然后相减得

$$y\frac{\mathrm{d}^2x}{\mathrm{d}t^2}-x\frac{\mathrm{d}^2y}{\mathrm{d}t^2}=0$$

因为

$$\frac{\mathrm{d}}{\mathrm{d}t}\left(x\frac{\mathrm{d}y}{\mathrm{d}t}-y\frac{\mathrm{d}x}{\mathrm{d}t}\right)=x\frac{\mathrm{d}^2y}{\mathrm{d}t^2}-y\frac{\mathrm{d}^2x}{\mathrm{d}t^2}$$

所以有

$$\frac{\mathrm{d}}{\mathrm{d}t}\left(x\frac{\mathrm{d}y}{\mathrm{d}t}-y\frac{\mathrm{d}x}{\mathrm{d}t}\right)=0$$

两边积分得首次积分为

$$x\frac{\mathrm{d}y}{\mathrm{d}t}-y\frac{\mathrm{d}x}{\mathrm{d}t}=c_1$$

方程组（4.5.1）两端消去 m 后，再用 $\frac{\mathrm{d}x}{\mathrm{d}t}$ 乘第一个方程，用 $\frac{\mathrm{d}y}{\mathrm{d}t}$ 乘第二个方程，然后两式相加得

$$\frac{\mathrm{d}x}{\mathrm{d}t}\frac{\mathrm{d}^2x}{\mathrm{d}t^2}+\frac{\mathrm{d}y}{\mathrm{d}t}\frac{\mathrm{d}^2y}{\mathrm{d}t^2}=-\frac{fM}{\left(x^2+y^2\right)^{\frac{3}{2}}}\left(x\frac{\mathrm{d}x}{\mathrm{d}t}+y\frac{\mathrm{d}y}{\mathrm{d}t}\right)$$

由于

$$\frac{\mathrm{d}}{\mathrm{d}t}\left[\left(\frac{\mathrm{d}x}{\mathrm{d}t}\right)^2+\left(\frac{\mathrm{d}y}{\mathrm{d}t}\right)^2\right]=2\left(\frac{\mathrm{d}x}{\mathrm{d}t}\frac{\mathrm{d}^2x}{\mathrm{d}t^2}+\frac{\mathrm{d}y}{\mathrm{d}t}\frac{\mathrm{d}^2y}{\mathrm{d}t^2}\right)$$

及

$$\frac{\mathrm{d}}{\mathrm{d}t}\left[\frac{2fM}{\left(x^2+y^2\right)^{\frac{1}{2}}}\right]=-\frac{2fM}{\left(x^2+y^2\right)^{\frac{3}{2}}}\left(x\frac{\mathrm{d}x}{\mathrm{d}t}+y\frac{\mathrm{d}y}{\mathrm{d}t}\right)$$

从而得

$$\frac{\mathrm{d}}{\mathrm{d}t}\left[\left(\frac{\mathrm{d}x}{\mathrm{d}t}\right)^2+\left(\frac{\mathrm{d}y}{\mathrm{d}t}\right)^2\right]=\frac{\mathrm{d}}{\mathrm{d}t}\left[\frac{2fM}{\sqrt{x^2+y^2}}\right]$$

积分得到另一首次积分，即

$$\left(\frac{\mathrm{d}x}{\mathrm{d}t}\right)^2+\left(\frac{\mathrm{d}y}{\mathrm{d}t}\right)^2=\frac{2fM}{\left(x^2+y^2\right)^{\frac{1}{2}}}+c_2$$

于是，方程组（4.5.1）降为较低阶的方程组，即

$$\begin{cases}x\dfrac{\mathrm{d}y}{\mathrm{d}t}-y\dfrac{\mathrm{d}x}{\mathrm{d}t}=c_1\\ \left(\dfrac{\mathrm{d}x}{\mathrm{d}t}\right)^2+\left(\dfrac{\mathrm{d}y}{\mathrm{d}t}\right)^2=\dfrac{2fM}{\left(x^2+y^2\right)^{\frac{1}{2}}}+c_2\end{cases}\tag{4.5.3}$$

作极坐标变换，令 $x=r\cos\theta$，$y=r\sin\theta$，并求导，可得

$$\begin{cases}\dfrac{\mathrm{d}x}{\mathrm{d}t}=\dfrac{\mathrm{d}r}{\mathrm{d}t}\cos\theta-r\sin\theta\dfrac{\mathrm{d}\theta}{\mathrm{d}t}\\ \dfrac{\mathrm{d}y}{\mathrm{d}t}=\dfrac{\mathrm{d}r}{\mathrm{d}t}\sin\theta+r\cos\theta\dfrac{\mathrm{d}\theta}{\mathrm{d}t}\end{cases}\tag{4.5.4}$$

将它们代入式（4.5.3）得

$$\begin{cases} r^2 \dfrac{\mathrm{d}\theta}{\mathrm{d}t} = c_1 \\ \left(\dfrac{\mathrm{d}r}{\mathrm{d}t}\right)^2 + r^2\left(\dfrac{\mathrm{d}\theta}{\mathrm{d}t}\right)^2 = \dfrac{2fM}{r} + c_2 \end{cases} \tag{4.5.5}$$

两式联立消去$\dfrac{\mathrm{d}\theta}{\mathrm{d}t}$得

$$\frac{\mathrm{d}r}{\mathrm{d}t} = \sqrt{c_2 + \frac{2fM}{r} + \frac{c_1^2}{r^2}} \tag{4.5.6}$$

这里得到一个仅含一个未知函数$r = r(t)$的一阶微分方程，如果由此解出$r = r(t)$，代入式（4.5.5）中第一式，便可确定$\theta = \theta(t)$，由此得到

$$\begin{cases} r = r(t) \\ \theta = \theta(t) \end{cases}$$

这就是卫星运动轨道的极坐标参数方程．如果将参数t消去，便得出卫星运动轨道的极坐标方程．

为此，由式（4.5.5）的第一式求得$\mathrm{d}t = \dfrac{r^2}{c_1}\mathrm{d}\theta$，并带入式（4.5.6）得

$$\frac{\mathrm{d}r}{\mathrm{d}\theta} = \frac{r^2}{c_1}\sqrt{c_2 + \frac{2fM}{r} + \frac{c_1^2}{r^2}}$$

利用分离变量法求该方程的解得

$$\frac{\dfrac{1}{r} - \dfrac{fM}{c_1^2}}{\left[\dfrac{c_2}{c_1^2} + \left(\dfrac{fM}{c_1^2}\right)^2\right]^{\frac{1}{2}}} = \cos(\theta - c)$$

整理得

$$\frac{1}{r} = \frac{fM}{c_1^2} + \left[\frac{c_2}{c_1^2} + \left(\frac{fM}{c_1^2}\right)^2\right]^{\frac{1}{2}} \cos(\theta - c)$$

令$p = \dfrac{c_1^2}{fM}$，$e = \sqrt{1 + \dfrac{c_2 c_1^2}{(fM)^2}}$，则上式化为

$$\frac{1}{r} = \frac{1}{p} + \frac{1}{p}e\cos(\theta - c)$$

或

$$r=\frac{p}{1+e\cos(\theta-c)} \tag{4.5.7}$$

这就是所求的卫星运动轨道的极坐标方程，其中，有三个任意常数 p，e，c（或 c_1，c_2，c），它们可由初始条件（4.5.2）确定．注意到当 $t=0$ 时，$x(0)=0$，$y(0)=R$，因此，$r(0)=R$，$y(0)=\frac{\pi}{2}$，并且由条件（4.5.2）及式（4.5.4）知

$$\left.\frac{\mathrm{d}r}{\mathrm{d}t}\right|_{t=0}=v_0\sin\alpha,\left.\frac{\mathrm{d}\theta}{\mathrm{d}t}\right|_{t=0}=-\frac{v_0}{R}\cos\alpha$$

由此可求得

$$\begin{cases} c_1=-Rv_0\cos\alpha \\ c_2=v_0^2-\dfrac{2fM}{R} \\ \sin c=\dfrac{\dfrac{p}{R}-1}{e} \end{cases} \tag{4.5.8}$$

已经知道式（4.5.7）是圆锥曲线的极坐标方程．当 $e=0$ 时，轨道是圆；当 $0<e<1$ 时，轨道是椭圆；当 $e=1$ 时，轨道是抛物线；当 $e>1$ 时，轨道是双曲线．

下面进一步讨论卫星发射的初速度与卫星轨道形状的关系．

因为 $e=\sqrt{1+\frac{c_2c_1^2}{(fM)^2}}$，所以 $e^2=1+\frac{c_2c_1^2}{(fM)^2}$．将式（4.5.8）中的 c_1，c_2 代入此式并整理得

$$e^2=\left(1-\frac{Rv_0^2\cos^2\alpha}{fM}\right)^2+\frac{R^2v_0^4\cos^2\alpha\sin^2\alpha}{(fM)^2} \tag{4.5.9}$$

注意到式（4.5.8）及 $p=\frac{c_1^2}{fM}=\frac{R^2v_0^2\cos^2\alpha}{fM}$，故式（4.5.9）可化为

$$e^2=\left(1-\frac{p}{R}\right)^2+\frac{p^2}{R^2}\tan^2\alpha$$

因此，当 $e=0$ 时得 $\frac{p}{R}=1,\tan\alpha=0$，于是

$$p=\frac{R^2v_0^2\cos^2\alpha}{fM}=\frac{R^2v_0^2}{fM}=R$$

即

$$v_0^2=\frac{fM}{R}$$

把地球半径R，质量M及引力常数f的具体数值代入上式，并计算可得$v_0^2=62.76\,(\mathrm{km/s})^2$，即$v_0=7.9\,\mathrm{km/s}$.

$v_0=7.9\,\mathrm{km/s}$称为第一宇宙速度，此时卫星的轨道是一个圆。

当$e=1$时，由$e^2=1+\frac{c_2c_1^2}{(fM)^2}$及式（4.5.8）得

$$v_0^2-\frac{2fM}{R}=0$$

即

$$v_0=\sqrt{\frac{2fM}{R}}$$

所求速度是第一宇宙速度的$\sqrt{2}$倍，即$v_0=11.2\,\mathrm{km/s}$，称为第二宇宙速度，它的轨道是抛物线.

当$0<e<1$时，因为$e<1$，由$e^2=1+\frac{c_2c_1^2}{(fM)^2}$可知

$$v_0^2-\frac{2fM}{R}<0,\quad v_0<\sqrt{\frac{2fM}{R}}$$

这表明当初速度小于第二宇宙速度时，卫星轨道是一个椭圆.

当$e>1$时，可得

$$v_0>\sqrt{\frac{2fM}{R}}$$

因此，当初速度大于第二宇宙速度时，它的轨道是双曲线（一支）.

4.5.2 两个弹簧和物体的竖直运动模型

如图4-5-3所示的两个弹性系数分别为k_1和k_2的轻弹簧上悬挂着质量为m_1和m_2的重物. 记t时刻m_1和m_2的位置坐标分别为$x_1(t)$和$x_2(t)$，取开始时刻弹力和重力处于平衡状态时m_1和m_2的位置分别为x_1和x_2的坐标原点，坐标轴的

正向朝下．现在分别将 m_1 和 m_2 拉到 x_{10} 和 x_{20} 的位置，放手让其运动，利用微分方程组来描述该系统的运动规律．

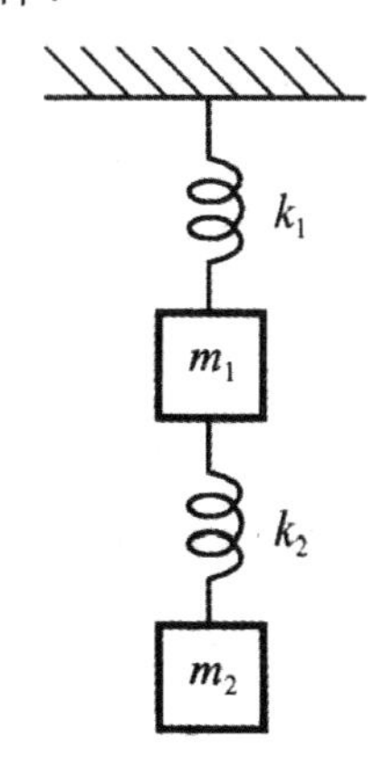

图 4-5-3　两个弹簧上悬挂两个物体的示意图

当 m_1 和 m_2 分别位于 x_1 和 x_2 处时，弹簧 k_1（离开平衡位置）的伸长量为 x_1，弹簧 k_2 的伸长量为 x_2-x_1． m_1 所受的力为 $k_2\left(x_2-x_1\right)-k_1x_1$， m_2 所受的力为 $-k_2\left(x_2-x_1\right)$．由运动定理得 m_1 和 m_2 满足的方程为

$$m_1\frac{\mathrm{d}^2x_1}{\mathrm{d}t^2}=k_2\left(x_2-x_1\right)-k_1x_1$$

$$m_2\frac{\mathrm{d}^2x_2}{\mathrm{d}t^2}=-k_2\left(x_2-x_1\right)$$

$$x_1(0)=x_{10},\ \ x_1'(0)=0$$

$$x_2(0)=x_{20},\ \ x_2'(0)=0$$

在这里，所选取的坐标系使得重力与平衡状态下弹簧的拉力相抵消，故重力没有明显地出现在运动方程中．关于 $x_1(t)$ 和 $x_2(t)$ 的方程组成二阶常系数微分方程组．引入变量

$$x_1=y_1,\ \ x_1'=y_2,\ \ x_2=y_3,\ \ x_2'=y_4$$

将原方程组化为下面的一阶常系数微分方程组的初始值问题：

$$
\begin{cases}
\dfrac{dy_1}{dt} = y_2 \\
\dfrac{dy_2}{dt} = -\dfrac{k_1+k_2}{m_1}y_1 + \dfrac{k_2}{m_1}y_3 \\
\dfrac{dy_3}{dt} = y_4 \\
\dfrac{dy_4}{dt} = \dfrac{k_2}{m_2}y_1 - \dfrac{k_2}{m_2}y_3 \\
y_1(0) = x_{10} \\
y_2(0) = 0 \\
y_3(0) = x_{20} \\
y_4(0) = 0
\end{cases}
$$

这是一个四维的一阶常系数线性微分方程组，可以对其求解．由于不确定性方程组解的表达式十分复杂，故选取 $m_1 = m_2 = k_1 = k_2 = 1$ 和 $x_{10} = x_{20} = 10$ 的情况下求解，所得解为

$$
\begin{cases}
y_1(t) = \left(5+\sqrt{5}\right)\cos\dfrac{\sqrt{5}-1}{2}t + \left(5-\sqrt{5}\right)\cos\dfrac{\sqrt{5}+1}{2}t \\
y_2(t) = -2\sqrt{5}\sin\dfrac{\sqrt{5}-1}{2}t - 2\sqrt{5}\sin\dfrac{\sqrt{5}+1}{2}t \\
y_3(t) = \left(5+3\sqrt{5}\right)\cos\dfrac{\sqrt{5}-1}{2}t + \left(5-3\sqrt{5}\right)\cos\dfrac{\sqrt{5}+1}{2}t \\
y_4(t) = -\left(5+\sqrt{5}\right)\sin\dfrac{\sqrt{5}-1}{2}t + \left(5-\sqrt{5}\right)\sin\dfrac{\sqrt{5}+1}{2}t
\end{cases}
\tag{4.5.10}
$$

由于 $x_1 = y_1$，$x_2 = y_3$，式（4.5.10）中的 $y_1(t)$ 和 $y_2(t)$ 就是 m_1 和 m_2 的运动方程．$x_1 = y_1(t)$ 和 $x_2 = y_2(t)$ 的图形分别如图 4-5-4（a）和图 4-5-4（b）所示.

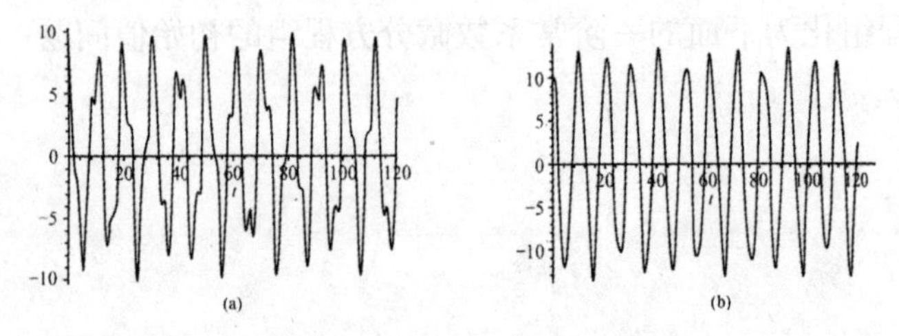

图 4-5-4　两个物体的运动图形

第5章 定性理论与稳定性理论分析

定性理论和稳定性理论是在19世纪80年代由法国数学家庞加莱（J.H.Poincaré）和俄国数学家李雅普诺夫（A.M.Lyapunov）创建的. 这些理论对微分方程本身以及其他科技领域的实际问题，有很重要的理论意义和实际意义. 到目前为止，这些理论还在继续发展，颇有生命力. 本章只简单地介绍一些基本概念和理论，包括平面奇点、极限环、李雅普诺夫稳定性等.

5.1 平面奇点

本节研究二维自治系统

$$\frac{\mathrm{d}x}{\mathrm{d}t}=X(x,\ y),\frac{\mathrm{d}y}{\mathrm{d}t}=Y(x,\ y) \tag{5.1.1}$$

在它的奇点邻域内轨线的性态.

先设原点 $O(0,0)$ 是它的一个奇点，即设

$$X(0,0)=0,\quad Y(0,0)=0$$

并设 $X(x,\ y)$ 和 $Y(x,\ y)$ 在点 O 的某邻域内存在连续的一阶偏导数，则按泰勒公式，可将 $X(x,\ y)$ 和 $Y(x,\ y)$ 在点 O 展开为

$$X(x,\ y)=ax+by+R_1(x,\ y)$$
$$Y(x,\ y)=cx+dy+R_2(x,\ y)$$

其中

$$\begin{pmatrix} a & b \\ c & d \end{pmatrix}=\left.\begin{pmatrix} \frac{\partial X}{\partial x} & \frac{\partial X}{\partial y} \\ \frac{\partial Y}{\partial x} & \frac{\partial Y}{\partial y} \end{pmatrix}\right|_{x=0,y=0}$$

$$\lim_{r\to 0}\frac{R_i(x,\ y)}{r}=0,\quad i=1,2,\quad r=\sqrt{x^2+y^2}$$

将 $X(x, y)$ 和 $Y(x, y)$ 的展开式代入式（5.1.1）的右边，得到

$$\begin{cases} \dfrac{\mathrm{d}x}{\mathrm{d}t} = ax + by + R_1(x, y) \\ \dfrac{\mathrm{d}y}{\mathrm{d}t} = cx + dy + R_2(x, y) \end{cases} \tag{5.1.2}$$

换言之，在所设条件下，系统（5.1.1）在奇点 O 的邻域内可以写成式（5.1.2）.

取式（5.1.2）右端的线性部分对应的系统

$$\begin{cases} \dfrac{\mathrm{d}x}{\mathrm{d}t} = ax + by \\ \dfrac{\mathrm{d}y}{\mathrm{d}t} = cx + dy \end{cases} \tag{5.1.3}$$

称它为式（5.1.2）的一次近似系统.

以下先研究式（5.1.3），然后研究式（5.1.1）. 最后再推广到一般奇点 (x_0, y_0) 的情形.

5.1.1 二维线性系统的轨线分布

系统（5.1.3）是一个二阶常系数齐次线性微分方程组，在第 4 章中已详细介绍了它的解法. 现在按照该章的方法，求出方程组（5.1.3）的通解，然后画出它的相图，并将奇点分类.

系统（5.1.3）的系数矩阵用 $\boldsymbol{A}$ 表示，即

$$\boldsymbol{A} = \begin{pmatrix} a & b \\ c & d \end{pmatrix}$$

从而系统（5.1.3）可以写成

$$\frac{\mathrm{d}}{\mathrm{d}t}\begin{pmatrix} x \\ y \end{pmatrix} = \boldsymbol{A}\begin{pmatrix} x \\ y \end{pmatrix}$$

$\boldsymbol{A}$ 的特征方程是

$$\det(\boldsymbol{A} - \lambda \boldsymbol{E}) = \begin{vmatrix} a-\lambda & b \\ c & d-\lambda \end{vmatrix} = 0$$

记 $p = -(a+d)$，$q = ad - bc$，则特征方程可写成

$$\lambda^2 + p\lambda + q = 0 \tag{5.1.4}$$

以下总设 $q \neq 0$，即设式（5.1.4）无零根. 这样所对应的奇点 $O(0,0)$ 称为初等奇点. 由特征根 λ_1，λ_2 的不同情况，分三大类进行讨论.

1. λ_1 与 λ_2 是一对不等实根

此时矩阵 $\boldsymbol{A}$ 的约当法式为

$$\boldsymbol{J}_1=\begin{pmatrix}\lambda_1 & 0\\ 0 & \lambda_2\end{pmatrix}$$

设 $\boldsymbol{v}_1$，$\boldsymbol{v}_2$ 为 $\boldsymbol{A}$ 的分别属于 λ_1，λ_2 的特征向量，由线性代数理论知识，令 $\boldsymbol{T}_1=(\boldsymbol{v}_1,\ \boldsymbol{v}_2)$，则有

$$\boldsymbol{T}_1^{-1}\boldsymbol{A}\boldsymbol{T}_1=\boldsymbol{J}_1$$

作线性交换

$$\begin{pmatrix}x\\ y\end{pmatrix}=\boldsymbol{T}_1\begin{pmatrix}\xi\\ \eta\end{pmatrix}=(\boldsymbol{v}_1,\boldsymbol{v}_2)\begin{pmatrix}\xi\\ \eta\end{pmatrix} \tag{5.1.5}$$

可将系统（5.1.3）化为 $\boldsymbol{T}_1\dfrac{\mathrm{d}}{\mathrm{d}t}\begin{pmatrix}\xi\\ \eta\end{pmatrix}=\boldsymbol{AT}\begin{pmatrix}\xi\\ \eta\end{pmatrix}$，即

$$\frac{\mathrm{d}}{\mathrm{d}t}\begin{pmatrix}\xi\\ \eta\end{pmatrix}=\boldsymbol{T}_1^{-1}\boldsymbol{A}\boldsymbol{T}_1\begin{pmatrix}\xi\\ \eta\end{pmatrix}=\boldsymbol{J}_1\begin{pmatrix}\xi\\ \eta\end{pmatrix} \tag{5.1.6}$$

易知式（5.1.6）的通解为

$$\begin{pmatrix}\xi\\ \eta\end{pmatrix}=\begin{pmatrix}C_1\mathrm{e}^{\lambda_1 t}\\ C_2\mathrm{e}^{\lambda_2 t}\end{pmatrix} \tag{5.1.7}$$

现在在（ξ，η）平面上讨论式（5.1.7），又分三种子类.

（1）设 $\lambda_1\lambda_2<0$．不妨设 $\lambda_1<0$，$\lambda_2>0$（不然，交换 ξ 与 η 即可）.

显然，当且仅当 $C_1=C_2=0$ 时轨线式（5.1.7）为一点 $O(0,0)$，即奇点．

以下讨论的轨线上都不再含有点 O．

如果 $C_1\neq 0=C_2$，则轨线与 ξ 轴重合．并且当 $t\to+\infty$ 时，$\xi\to 0$．

如果 $C_1=0\neq C_2$，则轨线与 η 轴重合．并且当 $t\to-\infty$ 时，$\eta\to 0$．

如果 $C_1C_2\neq 0$，则由式（5.1.7）消去 t 得

$$\left(\frac{\xi}{C_1}\right)^{\lambda_2}=\left(\frac{\eta}{C_2}\right)^{\lambda_1}$$

即

$$\left(\frac{\xi}{C_1}\right)^{\lambda_2}\left(\frac{\eta}{C_2}\right)^{-\lambda_1}=1$$

它的图形像一族“双曲线”．从式（5.1.7）看出，当 $t\to+\infty$ 时，$\xi\to 0$，

$\eta \to \infty$，由此可以画出轨线的正向．图 5-1-1 中画的是（ξ，η）平面上式（5.1.7）的图形．这种奇点 O 称为鞍点．鞍点的特征是：它存在一个邻域，在邻域内恰好有两条轨线当 $t \to +\infty$ 时沿着一对相反的方向趋于此奇点；另外恰好又有两条轨线当 $t \to -\infty$ 时沿着一对相反的方向趋于此奇点．邻域内除此奇点和上述轨线外，其他一切轨线当 t 增加和减少时都将离开此邻域．

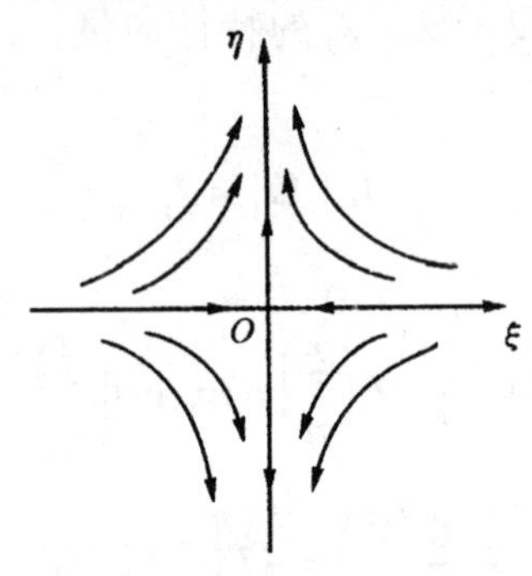

图 5-1-1　（ξ，η）平面上式（5.1.7）的图形

为了在直角坐标（x，y）平面上画出轨线，可以按照《解析几何》中已介绍过的方法，将（ξ，η）平面上的图像经线性变换（仿射变换）[式（5.1.5）] 变换到直角坐标（x，y）平面上即可．在线性变换下变换的要点如下．

①在式（5.1.5）中分别令（ξ，η）$^{\mathrm{T}} = (1,0)^{\mathrm{T}}$ 和 $(\xi, \eta)^{\mathrm{T}} = (0,1)^{\mathrm{T}}$，得到向量 $\boldsymbol{v}_1$ 和 $\boldsymbol{v}_2$ 所指的方向，就是直角坐标（x，y）平面上的 ξ 轴和 η 轴的正向．在线性变换下，坐标原点不变．

②直线变直线．

③如果曲线 $\xi = \xi(t)$，$\eta = \eta(t)$ 当 $t \to +\infty$（或 $t \to -\infty$）时趋于原点，则变换后的曲线 $x = x(t)$，$y = y(t)$ 当 $t \to +\infty$（或 $t \to -\infty$）时也趋于原点．如果前者趋于原点时有确定的方向，则变换后趋于原点也有确定的方向．如果前者是绕原点做无限次旋转而趋于原点，则变换后也是绕原点做无限次旋转而趋于原点，但是旋转的顺时针方向或逆时针方向可能要改变．

④闭曲线经变换后仍变为闭曲线．

⑤当 $t \to +\infty$（或 $t \to -\infty$）时离开原点邻域的轨线，经变换后，当 $t \to +\infty$（或 $t \to -\infty$）时也离开原点的邻域．

根据这些要点，可以在直角坐标（x，y）平面上画出相应的轨线的图形，如图 5-1-2 所示．易知，线性变换前后，鞍点的特征不变．

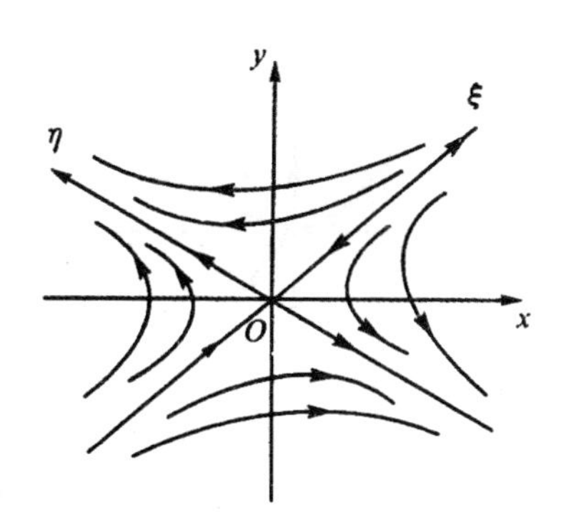

图 5-1-2　（1）情况下式（5.1.7）的轨线图形

（2）设 $\lambda_1<0$，$\lambda_2<0$．不妨认为 $\lambda_2<\lambda_1<0$（不然，交换 ξ 与 η 即可）．

$C_1C_2=0$ 时的情形可仿（1）的讨论，从略．

$C_1C_2\neq 0$ 时，由式（5.1.7）消去 t 得

$$\frac{\eta}{C_2}=\left(\frac{\xi}{C_1}\right)^{\frac{\lambda_2}{\lambda_1}}$$

此时 $\frac{\lambda_2}{\lambda_1}>1$．轨线的图形像一族"抛物线"，不过由式（5.1.7）知，应从其中挖去点 O．当 $t\to+\infty$ 时，一切轨线上对应的点都趋于 $O(0,0)$，并且与 ξ 轴在点 O 相切．图 5-1-3 中画的是在直角坐标（ξ，η）平面上的式（5.1.7）的图形．这种奇点 O 称为稳定结点．

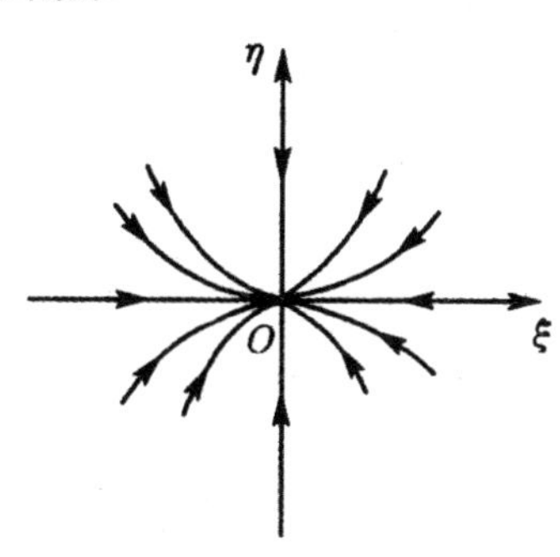

图 5-1-3　（2）情况下式（5.1.7）的轨线图形

（3）设 $\lambda_1>0$，$\lambda_2>0$．不妨认为 $\lambda_2>\lambda_1>0$（不然，交换 ξ 与 η 即可）．

这种情形相当于（2）中用 $-t$ 替换 t．奇点 O 称为不稳定结点，如图 5-1-4 所示．

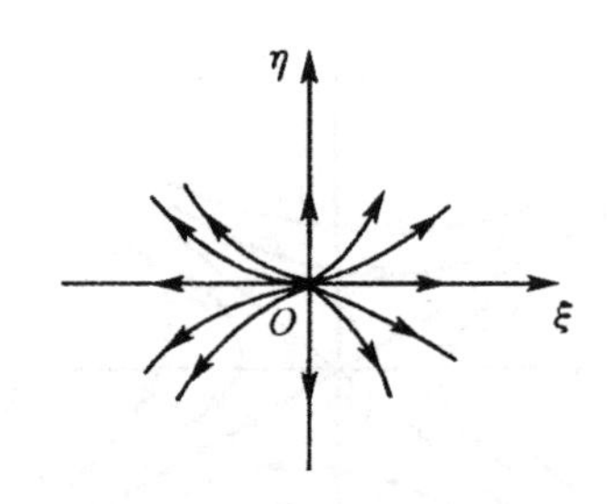

图 5-1-4 （3）情况下式（5.1.7）的轨线图形

稳定（不稳定）结点的特征是：存在一个邻域，在该邻域内，除该奇点外的一切轨线都在 $t \to +\infty$（都在 $t \to -\infty$）时趋于这个奇点，并且其中有两条轨线沿着一对相反的方向趋于此奇点，而其他的沿着另一对相反的方向趋于此奇点.

从讨论中，读者将会发现，所讨论的奇点的特征，在线性变换前后是不变的. 所以今后只在直角坐标（ξ，η）平面上画出其轨线的图形，就足以表示奇点邻域内相同的特征了.

例 5.1.1　确定系统

$$\begin{cases} \dfrac{dx}{dt} = 4x + y \\ \dfrac{dy}{dt} = 2x + 5y \end{cases}$$

的奇点类型 .

解：系数矩阵

$$\boldsymbol{A} = \begin{pmatrix} 4 & 1 \\ 1 & 5 \end{pmatrix}$$

的特征方程是

$$\begin{vmatrix} 4-\lambda & 1 \\ 2 & 5-\lambda \end{vmatrix} = \lambda^2 - 9\lambda + 18 = 0$$

特征根 $\lambda_1 = 3$，$\lambda_2 = 6$ 是一对不等实根，并且都大于零，所以奇点 O 是不稳定结点 .

2. λ_1 与 λ_2 是一对共轭复根

这里 $\lambda_1 = \alpha + i\beta$，$\lambda_2 = \alpha - i\beta$，$\beta > 0$. 此时，矩阵 $\boldsymbol{A}$ 的约当法式的实的形式为

$$J_2=\begin{pmatrix}\alpha & \beta \\ -\beta & \alpha\end{pmatrix},\ \beta>0$$

由线性代数知识知，可经某非奇异线性变换 T_2，得 A 的约当法式为

$$T_2^{-1}AT_2=J_2$$

同时，令 $\begin{pmatrix}x\\y\end{pmatrix}=T_2\begin{pmatrix}\xi\\\eta\end{pmatrix}$，则式（5.1.3）化为

$$\frac{\mathrm{d}}{\mathrm{d}t}\begin{pmatrix}\xi\\\eta\end{pmatrix}=J_2\begin{pmatrix}\xi\\\eta\end{pmatrix}$$

可解它的通解为

$$\begin{cases}\xi=C\mathrm{e}^{\alpha t}\cos(\varphi-\beta t)\\ \eta=C\mathrm{e}^{\alpha t}\sin(\varphi-\beta t)\end{cases}$$

其中 C 与 φ 为任意常数.

在（ξ，η）平面上引入极坐标（γ，θ）：

$$\xi=\gamma\cos\theta,\quad \eta=\gamma\sin\theta \tag{5.1.8}$$

于是式（5.1.8）化为

$$\gamma=C\mathrm{e}^{\alpha t},\quad \theta=-\beta t+\varphi \tag{5.1.9}$$

常数 $C=0$ 对应的轨线为奇点 $O(0,0)$，$C\neq 0$ 对应的轨线可分三种子类讨论.

（1）设 $\alpha=0$，即 $\lambda_{1,2}=\pm \mathrm{i}\beta$.

此时，式（5.1.9）成为 $\gamma=C$，$\theta=-\beta t+\varphi$. 所以在（ξ，η）平面上的轨线是一族同心圆周．当 $t\to+\infty$ 时，$\theta\to-\infty$，即在（ξ，η）平面上轨线按顺时针方向旋转．（ξ，η）平面上的轨线如图 5-1-5 所示．这种奇点称为中心．中心的特征是：它存在一个邻域，经过该邻域内的除该奇点外的一切轨线都是环绕该奇点的封闭曲线.

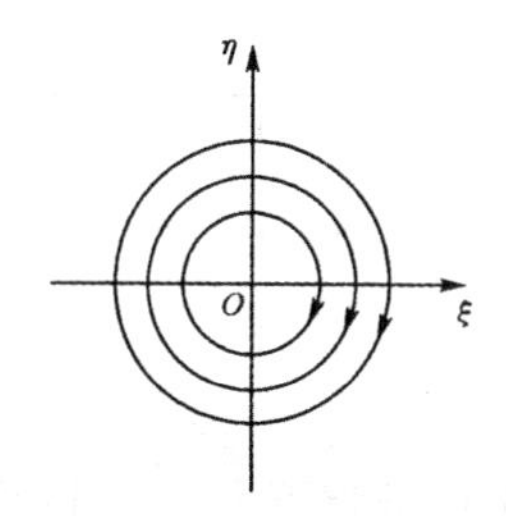

图 5-1-5　（1）情况下（ξ，η）平面上的轨线

（2）设$\alpha<0$.

此时由式（5.1.9）消去t得

$$\gamma=Ce^{-\frac{\alpha}{\beta}(\theta-\varphi)}$$

可知在（ξ，η）平面的轨线是一族环绕原点的螺线.当$t\to+\infty$时，$\theta\to-\infty$，$\gamma\to0$，即当$t\to+\infty$时，轨线按顺时针方向旋转而趋于点O.（ξ，η）平面上的轨线如图5-1-6所示.这种奇点O称为稳定焦点.

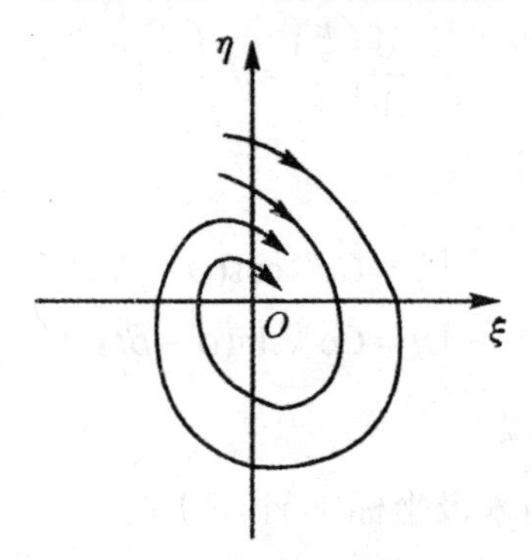

图5-1-6（2）情况下（ξ，η）平面上的轨线

（3）设$\alpha>0$.

这种情形相当于（2）中用$-t$替换t，所以此时（ξ，η）平面上的轨线仍是一族环绕原点的螺线，当$t\to-\infty$时，轨线按逆时针方向旋转而趋于点O.在（ξ，η）平面上的轨线如图5-1-7所示.这种奇点O称为不稳定焦点.

稳定（不稳定）焦点的特征是：它存在一个邻域，经过该邻域内的除该奇点外的一切轨线都是环绕该奇点做无限次旋转并且都在$t\to+\infty$（或都在$t\to-\infty$）时趋于该奇点.

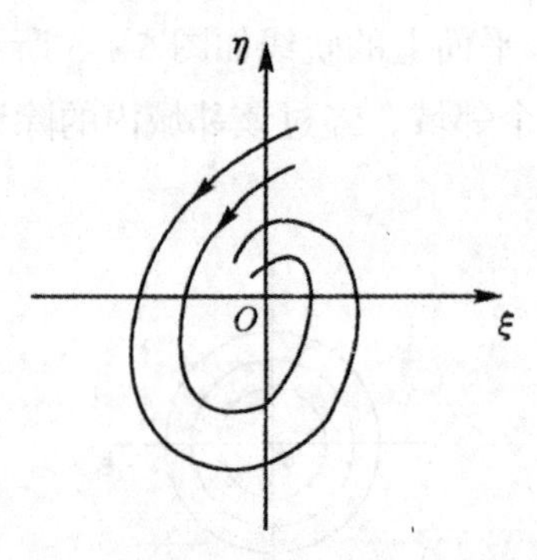

图5-1-7（3）情况下（ξ，η）平面上的轨线

例 5.1.2　确定系统

$$\begin{cases}\dfrac{\mathrm{d}x}{\mathrm{d}t}=-3x-2y\\ \dfrac{\mathrm{d}y}{\mathrm{d}t}=5x-y\end{cases}$$

的奇点类型.

解：特征方程是

$$\begin{vmatrix}-3-\lambda & -2\\ 5 & -1-\lambda\end{vmatrix}=\lambda^2+4\lambda+13=0$$

特征根 $\lambda_{1,2}=-2\pm 3\mathrm{i}$ 是一对共轭复根，它的实部 $-2<0$．所以奇点 O 是稳定焦点.

3. $\lambda_1=\lambda_2$ 是二重实根

此时 $\boldsymbol{A}$ 的约当法式有两种，分别记为 $\boldsymbol{J}_3$ 与 $\boldsymbol{J}_4$.

（1）$\boldsymbol{J}_3=\begin{pmatrix}\lambda_1 & 0\\ 0 & \lambda_1\end{pmatrix}$.

当 $\boldsymbol{A}$ 中的 $b=c=0$，$a=d$ 时，$\boldsymbol{A}$ 就是约当法式 $\boldsymbol{J}_3$，并且此时 $\lambda_1=a$．反之，当 $\boldsymbol{A}$ 的约当法式为 $\boldsymbol{J}_3$ 时，则存在二阶非奇异矩阵 $\boldsymbol{T}_3$，使

$$\boldsymbol{T}_3^{-1}\boldsymbol{A}\boldsymbol{T}_3=\boldsymbol{J}_3$$

从而知

$$\begin{aligned}\boldsymbol{A}&=\boldsymbol{T}_3\boldsymbol{J}_3\boldsymbol{T}_3^{-1}\\ &=\lambda_1\boldsymbol{T}_3\boldsymbol{E}\boldsymbol{T}_3^{-1}=\lambda_1\boldsymbol{T}_3\boldsymbol{T}_3^{-1}=\lambda_1\boldsymbol{E}\\ &=\boldsymbol{J}_3\end{aligned}$$

即有

$$b=c=0,\quad a=d=\lambda_1$$

总之，对于这种情形，方程组（5.1.3）为

$$\frac{\mathrm{d}}{\mathrm{d}t}\begin{pmatrix}x\\ y\end{pmatrix}=\begin{pmatrix}\lambda_1 & 0\\ 0 & \lambda_1\end{pmatrix}\begin{pmatrix}x\\ y\end{pmatrix}$$

通解是

$$x=C_1\mathrm{e}^{\lambda_1 t},\quad y=C_2\mathrm{e}^{\lambda_1 t} \tag{5.1.10}$$

其中，C_1 和 C_2 是任意常数.

当$C_1=C_2=0$时，轨线是一点O（0，O），即奇点.

当$C_1^2+C_2^2\neq 0$时，式（5.1.10）是以点O为端点的一族射线，但不包含点O. 如果$\lambda_1<0$，则当$t\to+\infty$时，一切轨线都趋于点O，这种奇点O称为稳定临界结点. 如果$\lambda_1>0$，则当$t\to-\infty$时，一切轨线都趋于点O，这种奇点O称为不稳定临界结点。图 5-1-8 和图 5-1-9 分别画的是这两种情形在（x，y）平面上的轨线的图形.

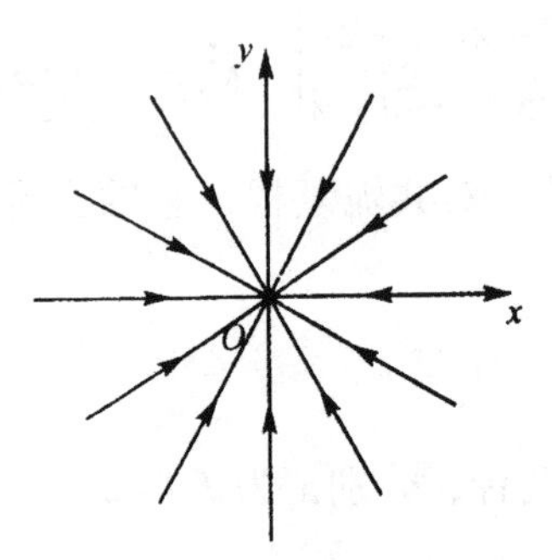

图 5-1-8　当$C_1=C_2=0$时，式（5.1.10）在（x，y）平面上的轨线

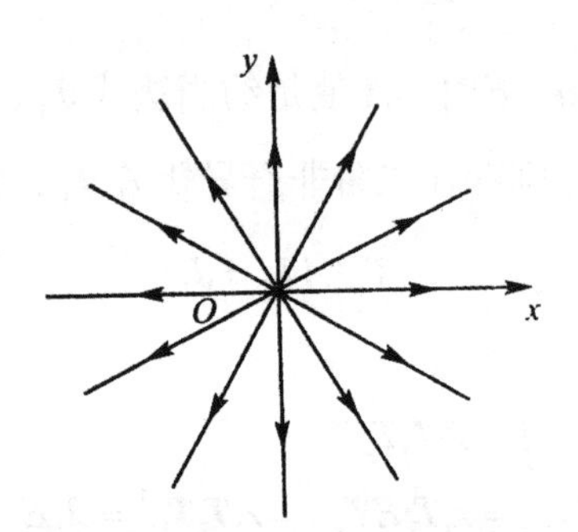

图 5-1-9　当$C_1^2+C_2^2\neq 0$时，式（5.1.10）在（x，y）平面上的轨线

稳定（不稳定）临界结点的特征是：它存在一个邻域，邻域内除该奇点外的一切轨线都在$t\to+\infty$（或都在$t\to-\infty$）时趋于奇点，每一轨线趋于奇点时，分别沿着一定的方向，并且每一方向仅有一条轨线沿着它趋于奇点.

（2）$\boldsymbol{J}_4=\begin{pmatrix}\lambda_1 & 1\\ 0 & \lambda_1\end{pmatrix}$.

由线性代数知识知，可经某非奇异线性变换$\boldsymbol{T}_4$，得$\boldsymbol{A}$的约当法式为

$$\boldsymbol{T}_4^{-1}\boldsymbol{A}\boldsymbol{T}_4=\boldsymbol{J}_4$$

同时，令$\begin{pmatrix}x\\ y\end{pmatrix}=\boldsymbol{T}_4\begin{pmatrix}\xi\\ \eta\end{pmatrix}$，则式（5.1.3）化为

$$\frac{\mathrm{d}}{\mathrm{d}t}\begin{pmatrix}\xi\\ \eta\end{pmatrix}=\boldsymbol{J}_4\begin{pmatrix}\xi\\ \eta\end{pmatrix}$$

可得它的通解

$$\xi=(C_1+C_2t)\mathrm{e}^{\lambda_1 t},\quad \eta=C_2\mathrm{e}^{\lambda_1 t}$$

即

$$\begin{pmatrix}\xi\\ \eta\end{pmatrix}=\left(C_1\begin{pmatrix}1\\ 0\end{pmatrix}+C_2\begin{pmatrix}t\\ 1\end{pmatrix}\right)\mathrm{e}^{\lambda_1 t} \tag{5.1.11}$$

当 $C_1=C_2=0$ 时，轨线是一点 O，即奇点.

当 $C_1\neq 0=C_2$，轨线与 ξ 轴重合，但除去点 O.

当 $C_2\neq 0$ 时，由式（5.1.11）消去 t 得

$$\xi=\left(\frac{C_1}{C_2}+\frac{1}{\lambda_1}\ln\frac{\eta}{C_2}\right)\eta$$

于是知轨线与 ξ 轴在点 O 相切．如果 $\lambda_1<0$，则当 $t\to+\infty$ 时，轨线趋于点 O．这种奇点 O 称为稳定退化结点．如果 $\lambda_1>0$，则当 $t\to-\infty$ 时，轨线上的点趋于点 O．这种奇点 O 称为不稳定退化结点.

稳定（不稳定）退化结点的特征是：它存在一个邻域，邻域内除该奇点外的一切轨线都在 $t\to+\infty$（或都在 $t\to-\infty$）时趋于奇点，并且分别沿着唯一的一对相反的方向.

例 5.1.3　确定系统

$$\begin{cases}\dfrac{\mathrm{d}x}{\mathrm{d}t}=-3x-y\\[2mm] \dfrac{\mathrm{d}y}{\mathrm{d}t}=4x+y\end{cases}$$

的奇点的类型.

解：特征方程是

$$\begin{vmatrix}-3-\lambda & -1\\ 4 & 1-\lambda\end{vmatrix}=\lambda^2+2\lambda+1=0$$

特征根 $\lambda_1=-1$ 是二重根，但系数 b 和 c 不全是零，所以奇点 O 是稳定退化结点.

由以上分析，再结合用特征方程（5.1.4）的系数判别特征根的不同情况，可归纳以下定理.

定理 5.1.1　对于二维线性系统（5.1.3），设它的特征方程（5.1.4）中 $q \neq 0$，即特征根 λ_1 和 λ_2 都不为零，则关于它的奇点 O 有下述结论．

（1）如果 $q<0$，即 $\lambda_1 \neq \lambda_2$ 都是实数，并且 $\lambda_1\lambda_2<0$，则 O 是鞍点．

（2）如果 $q>0$，$p^2-4q>0$，即 $\lambda_1 \neq \lambda_2$ 都是实数，并且 $\lambda_1\lambda_2>0$，则当 $p>0$，即 $\lambda_1<0, \lambda_2<0$ 时，O 是稳定结点；当 $p<0$，即 $\lambda_1>0$，$\lambda_2>0$ 时，O 是不稳定结点．

（3）如果 $q>0$，$p^2-4q<0$，即 λ_1 和 λ_2 是一对共轭复数 $\lambda_{1,2}=\alpha \pm \mathrm{i}\beta$，则当 $p=0$，即 $\alpha=0$ 时，O 是中心；当 $p>0$，即 $\alpha<0$ 时，O 是稳定焦点；当 $q<0$，即 $\alpha>0$ 时，O 是不稳定焦点．

（4）如果 $q>0$，$p^2-4q=0$，即 $\lambda_1=\lambda_2$，如果 $p>0$，即 $\lambda_1=\lambda_2<0$，则当式（5.1.3）中 $b=c=0$ 时，O 是稳定临界结点；当式（5.1.3）中 $b^2+c^2 \neq 0$ 时，O 是稳定退化结点．如果 $p<0$，即 $\lambda_1=\lambda_2>0$，则当式（5.1.3）中 $b=c=0$ 时，O 是不稳定临界结点；当式（5.1.3）中 $b^2+c^2 \neq 0$ 时，O 是不稳定退化结点．

由参数 p 和 q 来判别奇点的类型是比较方便的．参数（p,q）平面上的不同区域对应于奇点的不同类型的示意图如图 5-1-10 所示．

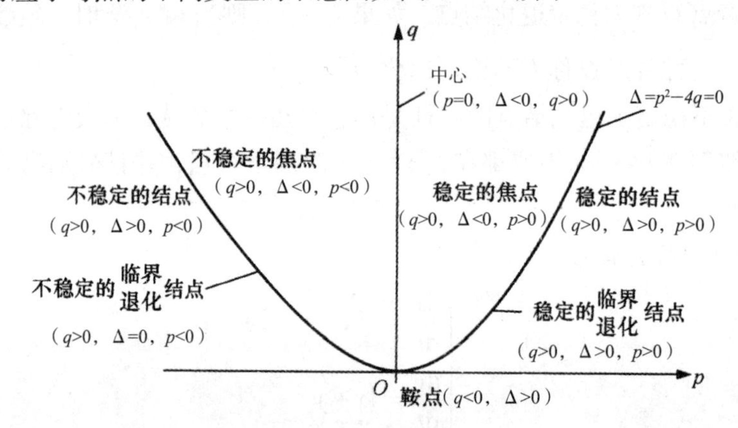

图 5-1-10　参数（p,q）平面上的不同区域对应于奇点的不同类型的示意图

定义 5.1.1　当 $t \to +\infty$（或 $t \to -\infty$）时，有的轨线能沿某一确定的直线 $y=kx$（或 $x=ky$）趋向于奇点 $O(0,0)$，则这条直线的走向称为一个特殊方向．

显然，鞍点、结点有两个特殊方向，中心和焦点没有特殊方向，临界结点有无数个特殊方向，而退化结点只有一个特殊方向．当 $y=kx$（或 $x=ky$）是系统（5.1.3）的一个特殊方向时，此直线被奇点分割的两条射线均是系统的轨线，并且满足

$$\left.\frac{\mathrm{d}y}{\mathrm{d}x}\right|_{y=kx}=k$$

例 5.1.4　判断下列系统的奇点类型并画出其相图 .

（1）$\begin{cases}\dfrac{\mathrm{d}x}{\mathrm{d}t}=2x+3y\\ \dfrac{\mathrm{d}y}{\mathrm{d}t}=2x-3y\end{cases}$.

（2）$\begin{cases}\dfrac{\mathrm{d}x}{\mathrm{d}t}=-x-y\\ \dfrac{\mathrm{d}y}{\mathrm{d}t}=x-3y\end{cases}$.

（3）$\begin{cases}\dfrac{\mathrm{d}x}{\mathrm{d}t}=3x\\ \dfrac{\mathrm{d}y}{\mathrm{d}t}=2x+y\end{cases}$.

解：（1）因为

$$q=\begin{vmatrix}2 & 3\\ 2 & -3\end{vmatrix}=-12<0$$

所以 $O(0,0)$ 是鞍点 .

设特殊方向为直线 $y=kx$ 所指的方向，其中 k 待定，则

$$k=\left.\frac{\mathrm{d}y}{\mathrm{d}x}\right|_{y=kx}=\frac{2x-3y}{2x+3y}=\frac{2-3k}{2+3k}$$

即

$$3k^2+5k-2=0$$

解得

$$k_1=\frac{1}{3},\ k_2=-2$$

即两个特殊方向分别为直线 $y=\dfrac{1}{3}x$，$y=-2x$ 所指方向 . 又因为由方程定义的向量场在（1，1）处的向量为（5，−1），所以其相图如图 5-1-11 所示 .

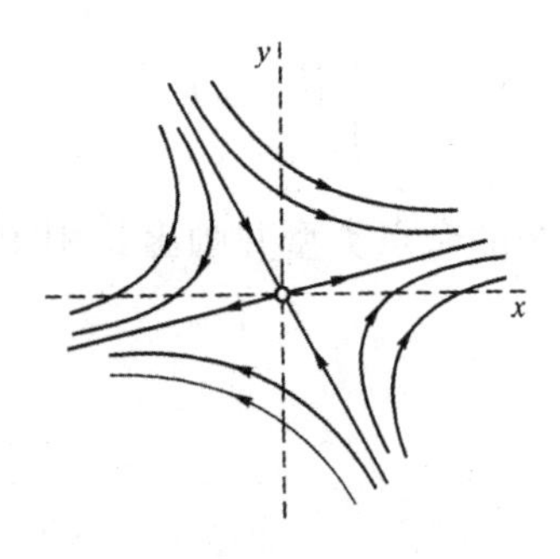

图 5-1-11　（1）的相图

（2）因为

$$q=\begin{vmatrix}-1 & -1\\ 1 & -3\end{vmatrix}=4>0,\ p=4>0,\ \Delta=p^2-4q=0$$

所以 $O(0,0)$ 是稳定的临界结点或退化结点 .

设特殊方向为直线 $y=kx$ 所指的方向，其中 k 待定，则

$$k=\left.\frac{\mathrm{d}y}{\mathrm{d}x}\right|_{y=kx}=\left.\frac{x-3y}{-x-y}\right|_{y=kx}=\frac{1-3k}{-1-k}$$

即 $k^2-2k+1=0$，解得方程的一个二重根 $k=1$.

所以 $O(0,0)$ 是稳定的退化结点 .

又因为由方程定义的向量场在（1，0）处的向量为（-1，1），所以其相图如图 5-1-12 所示 .

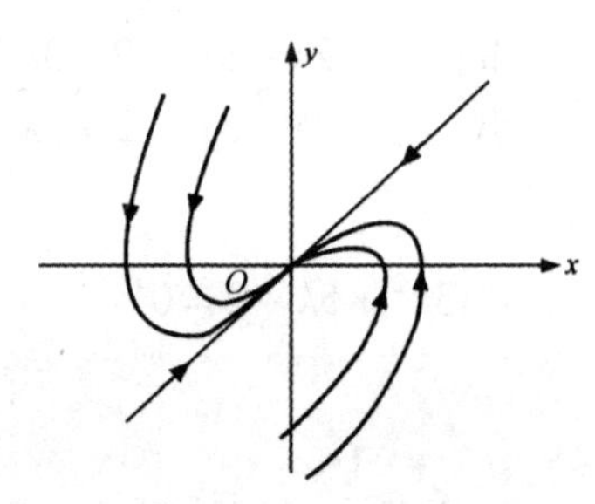

图 5-1-12　（2）的相图

（3）因为

$$q=3>0,\ p=-4<0,\ \Delta=p^2-4q>0$$

所以 $O(0,0)$ 是不稳定的两向结点 .

显然，$x=0$ 是一特殊方向 . 设另一特殊方向为直线 $y=kx$ 所指的方向，其中 k 待定，则

$$k=\frac{2+k}{3}$$

即

$$k=1$$

又因为由方程定义的向量场在（1，0）处的向量为（3，2），所以其相图如图 5-1-13 所示 .

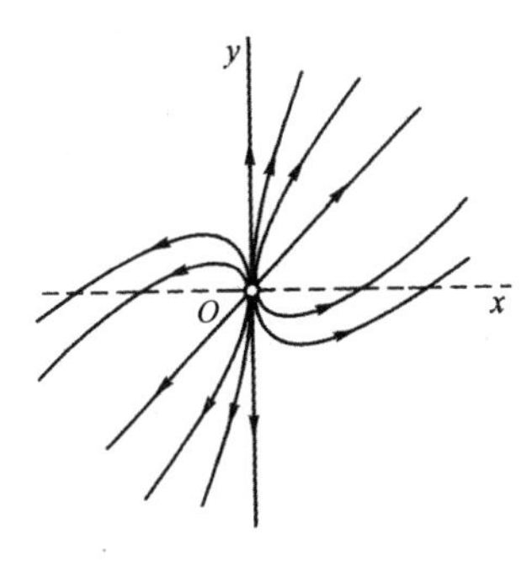

图 5-1-13　（3）的相图

5.1.2　二维非线性系统在奇点邻域内轨线的分布

现在研究非线性系统（5.1.2）在奇点 O 邻域内轨线的分布，有下述以裴戎（Perron）命名的定理.

定理 5.1.2　设非线性系统（5.1.2）的一次近似系统（5.1.3）的特征方程（5.1.4）的根的实部不为零，并设系统（5.1.2）中的 $R_1(x,\ y)$ 和 $R_2(x,\ y)$ 在点 O 的某邻域内存在连续的一阶偏导数，且存在 $\delta>0$，使

$$\lim_{r\to 0}\frac{R_i(x,\ y)}{r^{1+\delta}}=0,\ i=1,2,\ r=\sqrt{x^2+y^2}$$

则式（5.1.2）与式（5.1.3）的奇点 O 在其邻域内有相同的特征，即它们的奇点 O 的类型是一样的，并且同为稳定或同为不稳定.

本定理的证明要用到较多的定性理论知识，故在此从略.

现在考虑奇点不是原点的情形. 设点（$x_0,\ y_0$）是系统（5.1.1）的奇点，即设

$$X(x_0,\ y_0)=0,\ Y(x_0,\ y_0)=0$$

则将 $X(x,\ y)$ 与 $Y(x,\ y)$ 在点（$x_0,\ y_0$）按一阶泰勒公式展开，有

$$X(x,\ y)=X(x_0,\ y_0)+\left.\frac{\partial X}{\partial x}\right|_{(x_0,\ y_0)}(x-x_0)+\left.\frac{\partial X}{\partial y}\right|_{(x_0,\ y_0)}(y-y_0)+\tilde{R}_1(x,\ y)$$

$$Y(x, y)=Y(x_0, y_0)+\left.\frac{\partial Y}{\partial x}\right|_{(x_0, y_0)}(x-x_0)+\left.\frac{\partial Y}{\partial y}\right|_{(x_0, y_0)}(y-y_0)+\tilde{R}_2(x, y)$$

记

$$\begin{pmatrix} a & b \\ c & d \end{pmatrix}=\begin{pmatrix} \frac{\partial X}{\partial x} & \frac{\partial X}{\partial y} \\ \frac{\partial Y}{\partial x} & \frac{\partial Y}{\partial y} \end{pmatrix}$$

再作坐标平移 $x_1=x-x_0$，$y_1=y-y_0$，并令

$$\begin{cases} R_1(x_1, y_1)=\tilde{R}_1(x_1+x_0, y_1+y_0) \\ R_2(x_1, y_1)=\tilde{R}_2(x_1+x_0, y_1+y_0) \end{cases}$$

于是系统（5.1.1）成为

$$\begin{cases} \dfrac{\mathrm{d}x_1}{\mathrm{d}t}=ax_1+by_1+R_1(x_1, y_1) \\ \dfrac{\mathrm{d}y_1}{\mathrm{d}t}=cx_1+dy_1+R_2(x_1, y_1) \end{cases}$$

其中，

$$\lim_{r_1\to 0}\frac{R_i(x_1, y_1)}{r_1}=\lim_{(x-x_0)^2+(y-y_0)^2\to 0}\frac{\tilde{R}_i(x_1, y_1)}{\sqrt{(x-x_0)^2+(y-y_0)^2}}$$
$$=0(i=1,2)$$

对系统（5.1.1）再套用定理 5.1.2 关于奇点 $(x, y)=(0,0)$ 的结论，不赘述.

例 5.1.5　求系统

$$\begin{cases} \dfrac{\mathrm{d}x}{\mathrm{d}t}=2+y-x^2 \\ \dfrac{\mathrm{d}y}{\mathrm{d}t}=2x(x-y) \end{cases}$$

的奇点并确定它们的类型.

解：由方程组

$$2+y-x^2=0,2x(x-y)=0$$

容易求得奇点 $M_1(0,-2)$，$M_2(2,2)$，$M_3(-1,-1)$.

因为矩阵

$$\begin{pmatrix} \dfrac{\partial X}{\partial x} & \dfrac{\partial X}{\partial y} \\ \dfrac{\partial Y}{\partial x} & \dfrac{\partial Y}{\partial y} \end{pmatrix} = \begin{pmatrix} -2x & 1 \\ 4x-2y & -2x \end{pmatrix}$$

所以以 $\boldsymbol{A}_1$，$\boldsymbol{A}_2$ 和 $\boldsymbol{A}_3$ 分别表示 M_1，M_2 和 M_3 处所对应的矩阵，于是

$$\boldsymbol{A}_1 = \begin{pmatrix} 0 & 1 \\ 4 & 0 \end{pmatrix}$$

特征方程为 $\lambda^2 - 4 = 0$，所以 M_1 是鞍点．

矩阵

$$\boldsymbol{A}_2 = \begin{pmatrix} -4 & 1 \\ 4 & -4 \end{pmatrix}$$

的特征方程为 $(\lambda+2)(\lambda+6)=0$，所以 M_2 是稳定结点．

矩阵

$$\boldsymbol{A}_3 = \begin{pmatrix} 2 & 1 \\ -2 & 2 \end{pmatrix}$$

的特征方程为 $\lambda^2 - 4\lambda + 6 = 0$，所以 M_3 是不稳定焦点.

例 5.1.6　求系统

$$\begin{cases} \dfrac{\mathrm{d}x}{\mathrm{d}t} = x(1-x-y) \\ \dfrac{\mathrm{d}y}{\mathrm{d}t} = \dfrac{1}{4}y(2-3x-y) \end{cases}$$

的奇点并确定它们的类型.

解：由方程组

$$\begin{cases} x(1-x-y) = 0 \\ \dfrac{1}{4}y(2-3x-y) = 0 \end{cases}$$

容易求得奇点 $M_1(0,0)$，$M_2(0,2)$，$M_3(1,0)$，$M_4\left(\dfrac{1}{2},\dfrac{1}{2}\right)$.

因为矩阵

$$\begin{pmatrix} \dfrac{\partial X}{\partial x} & \dfrac{\partial X}{\partial y} \\ \dfrac{\partial Y}{\partial x} & \dfrac{\partial Y}{\partial y} \end{pmatrix} = \begin{pmatrix} 1-2x-y & -x \\ -\dfrac{3}{4}y & \dfrac{1}{2}-\dfrac{3}{4}x-\dfrac{1}{2}y \end{pmatrix}$$

所以以 $\boldsymbol{A}_1$，$\boldsymbol{A}_2$，$\boldsymbol{A}_3$，$\boldsymbol{A}_4$ 分别表示 M_1，M_2，M_3，M_4 处所对应的矩阵，于是

$$\boldsymbol{A}_1=\begin{pmatrix}1 & 0\\ 0 & \dfrac{1}{2}\end{pmatrix}$$

$$\boldsymbol{A}_2=\begin{pmatrix}-1 & 0\\ -\dfrac{3}{2} & -\dfrac{1}{2}\end{pmatrix}$$

$$\boldsymbol{A}_3=\begin{pmatrix}-1 & -1\\ 0 & -\dfrac{1}{4}\end{pmatrix}$$

$$\boldsymbol{A}_4=\begin{pmatrix}-\dfrac{1}{2} & -\dfrac{1}{2}\\ -\dfrac{3}{8} & -\dfrac{1}{8}\end{pmatrix}$$

记 $\det(\lambda\boldsymbol{E}-\boldsymbol{A}_i)=\lambda^2+p_i\lambda+q_i$，$\Delta_i=p_i^2-4q_i$，$i=1,2,3,4$.

因为

$$q_1=\frac{1}{2}>0，p_1=-\frac{3}{2}，\Delta_1=p_1^2-4q_1=\frac{1}{4}>0$$

所以奇点 $M_1(0,0)$ 是不稳定的结点.

因为

$$q_2=\frac{1}{2}>0，p_2=\frac{3}{2}>0，\Delta_2=p_2^2-4q_2=\frac{1}{4}>0,$$

所以奇点 $M_2(0,2)$ 是稳定的结点.

因为

$$q_3=\frac{1}{4}>0，p_3=\frac{5}{4}>0，\Delta_3=p_3^2-4q_3=\frac{9}{16}>0$$

所以奇点 $M_3(1,0)$ 是稳定的结点.

因为

$$q_4=-\frac{1}{8}<0$$

所以奇点 $M_4\left(\dfrac{1}{2},\dfrac{1}{2}\right)$ 是鞍点.

例 5.1.7　求系统

$$\begin{cases}\dfrac{dx}{dt}=x+2y+\sin x\\ \dfrac{dy}{dx}=1-y-e^y\end{cases}$$

的奇点并确定它们的类型.

解：由

$$1-y-e^y=0$$

得

$$y=0$$

代入

$$x+2y+\sin x=0$$

有

$$x+\sin x=0$$

故求得唯一的奇点 $x=0$，$y=0$.

将 $\sin x$ 与 e^y 在 $x=0$，$y=0$ 按泰勒公式展开得

$$\begin{cases}\dfrac{dx}{dt}=x+2y+x+\cdots=2x+2y+\cdots\\ \dfrac{dy}{dx}=1-y-(1-y+\cdots)=-2y+\cdots\end{cases}$$

其中“…”为至少从二次项开始的项.

上述系统的一次近似系统为

$$\begin{cases}\dfrac{dx}{dt}=2x+2y\\ \dfrac{dy}{dx}=-2y\end{cases}$$

它的特征方程、特征根和特征向量分别是

$$\lambda^2-4=0$$

$$\lambda_1=-2，\lambda_2=2$$

$$\begin{pmatrix}\alpha_1\\ \beta_1\end{pmatrix}=\begin{pmatrix}1\\ -2\end{pmatrix}，\begin{pmatrix}\alpha_2\\ \beta_2\end{pmatrix}=\begin{pmatrix}1\\ 0\end{pmatrix}$$

奇点 O 是鞍点. 由定理 5.1.2 知，原系统的奇点 O 也是鞍点.

例 5.1.8　可以列出有阻尼的单摆运动的微分方程如下：

$$\frac{d^2\theta}{dt^2}+b\frac{d\theta}{dt}+\frac{g}{l}\sin\theta=0 \tag{5.1.12}$$

其中 l 为不能伸缩的细杆的长，在时刻 t 时细杆与铅垂线的夹角为 θ，$b>0$ 是阻尼系数.

解：引入 ω，令 $\frac{\mathrm{d}\theta}{\mathrm{d}t}=\omega$，于是式（5.1.12）可写成方程组

$$\begin{cases}\frac{\mathrm{d}\theta}{\mathrm{d}t}=\omega \\ \frac{\mathrm{d}\omega}{\mathrm{d}t}=-\frac{g}{l}\sin\theta-b\omega\end{cases} \tag{5.1.13}$$

$\theta=0$，$\omega=0$ 是它的一个奇点，这个奇点是由初值条件

$$\theta\big|_{t=0}=0,\ \omega\big|_{t=0}=0$$

决定的，它对应于摆锤位于铅直位置时的静止状态. 设初值条件为

$$\theta\big|_{t=0}=\theta_0,\ \omega\big|_{t=0}=\omega_0$$

其中 $|\theta_0|$ 和 $|\omega_0|$ 充分小，但 $\theta_0^2+\omega_0^2\neq 0$. 由这种初值条件直接求解系统（5.1.13）是不可能的. 现在借助相平面的轨线，来看一看系统（5.1.13）在它的奇点（0，0）附近（因为设 $|\theta_0|$ 和 $|\omega_0|$ 充分小）的轨线.

容易算得系统（5.1.13）在奇点（0，0）的一次近似系统的系数矩阵为

$$\begin{pmatrix}0 & 1 \\ -\frac{g}{l}\cos\theta & -b\end{pmatrix}_{\theta=0,\ \omega=0}=\begin{pmatrix}0 & 1 \\ -\frac{g}{l} & -b\end{pmatrix}$$

特征方程为

$$\begin{pmatrix}0-\lambda & 1 \\ -\frac{g}{l} & -b-\lambda\end{pmatrix}=\lambda^2+b\lambda+\frac{g}{l}=0 \tag{5.1.14}$$

现设阻尼较小，设

$$b^2<\frac{4g}{l}$$

于是推知奇点（0，0）是稳定焦点. 由稳定焦点的相图可知，单摆在静止点（ $\theta=0$，$\omega=0$ ）的附近来回摆动，随着时间的无限延长而趋于静止状态.

如果系统无阻尼，即 $b=0$，则特征方程（5.1.14）有一对纯虚根. 不符合定理5.1.2的条件，不能用一次近似系统来研究原系统的奇点类型. 系统（5.1.13）的解虽然不能用初等函数表示，但它的轨线却是可以求得的. 事实上，由系统（5.1.13）消去 t，得

$$\frac{g}{l}\sin\theta\mathrm{d}\theta+\omega\mathrm{d}\omega=0$$

积分便得

$$\omega^2-\frac{2g}{l}\cos\theta=C \tag{5.1.15}$$

其中，C可以由初值条件决定，为

$$C=\omega_0^2-\frac{2g}{l}\cos\theta_0 \tag{5.1.16}$$

因为式（5.1.15）的左边对 θ是 2π 周期函数，所以只要在带域 $-\pi\leqslant\theta\leqslant\pi$ 内考虑式（5.1.15）即可．初值（θ_0，ω_0）也取在这个区域内．

将式（5.1.16）的C代入式（5.1.15）得

$$\begin{aligned}\omega^2&=\omega_0^2-\frac{2g}{l}\cos\theta_0+\frac{2g}{l}\cos\theta\\&=\omega_0^2+\frac{4g}{l}\left(\sin^2\frac{\theta_0}{2}-\sin^2\frac{\theta}{2}\right)\\&=\frac{4g}{l}\left(\frac{l}{4g}\omega_0^2+\sin^2\frac{\theta_0}{2}-\sin^2\frac{\theta}{2}\right)\end{aligned} \tag{5.1.17}$$

显见轨线对称于 θ轴和 ω轴．考虑 $\theta\geqslant0$，$\omega\geqslant0$．当 θ从 $\theta=0$ 增大时，ω从$\sqrt{\omega_0^2+\frac{4g}{l}\sin^2\frac{\theta_0}{2}}$单调减少．如果

$$0<\frac{l}{4g}\omega_0^2+\sin^2\frac{\theta_0}{2}<1$$

则存在 θ使式（5.1.17）右边为零，即得 $\omega=0$．由对称性可知式（5.1.17）是环绕奇点（$\theta=0$，$\omega=0$）的闭轨．这表明 θ和 ω做周期性变化，即单摆总是在铅直位置附近做来回的周期摆动，永不停止，如图 5-1-14 所示．

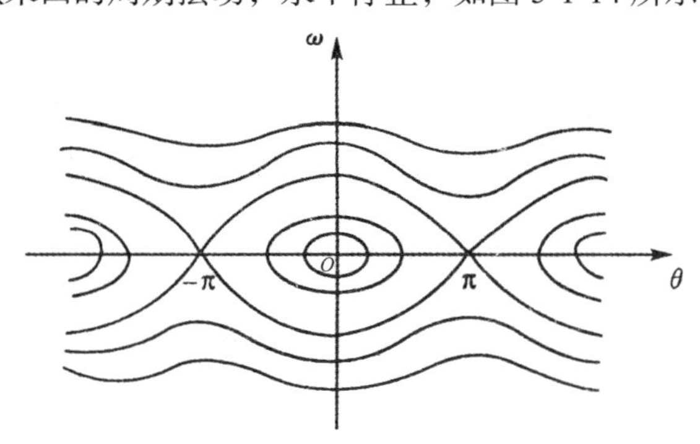

图 5-1-14　例 5.1.8 中单摆在铅直位置附近做来回的周期摆动的示意图

这个例子说明，虽然微分方程的解未曾求出，但是从它的轨线分布，可以知道解的性态．这就是定性理论的一个应用．

5.2 极限环

在上一节中讨论了二维自治系统在奇点邻域内的性态，本节讨论封闭轨线．如果轨线是一条封闭曲线，则称这种轨线为封闭轨线，简称闭轨．闭轨是一种十分重要的轨线，它对应于系统的周期解．事实上，有下述定理．

定理 5.2.1　自治系统

$$\frac{\mathrm{d}\boldsymbol{x}}{\mathrm{d}t}=\boldsymbol{f}(\boldsymbol{x}) \tag{5.2.1}$$

的轨线为闭轨的充分必要条件是该轨线所对应的解为非常数的周期解．

证明：先证充分性．设 $\boldsymbol{x}=\boldsymbol{x}(t)$ 是式（5.2.1）的任意一个非常数的周期解，则存在常数 $T>0$，对任意 t，有

$$\boldsymbol{x}(t+T)=\boldsymbol{x}(t)$$

即在相空间中对任何时刻 t 对应的 $\boldsymbol{x}$，经过时间 T 之后，又回到原来的位置，从而知 $\boldsymbol{x}=\boldsymbol{x}(t)$ 所对应的轨线是闭轨．

再证必要性．设 L 是式（5.2.1）的闭轨．在 L 上任取一点 A_0，坐标为 $\boldsymbol{x}_0$，设它对应于 $t=0$．这样所对应的解记为 $\boldsymbol{x}=\boldsymbol{x}(t,0,\ \boldsymbol{x}_0)$．让点沿 L 按 t 的增加方向连续运动，至第二次到达 A_0 时，设对应的时刻 $t=T$，于是 $\boldsymbol{x}_0=\boldsymbol{x}(T,0,\ \boldsymbol{x}_0)$．由解的唯一性知，$t=0$ 时经过 $\boldsymbol{x}_0$ 的解 $\boldsymbol{x}(t,0,\ \boldsymbol{x}_0)$ 与 $t=T$ 时经过 $\boldsymbol{x}_0$ 的解一致，只是时间相差 T，即有

$$\begin{aligned}\boldsymbol{x}(t+T,0,\ \boldsymbol{x}_0)&=\boldsymbol{x}\left[t,0,\ \boldsymbol{x}(T,0,\ \boldsymbol{x}_0)\right]\\&=\boldsymbol{x}(t,0,\ \boldsymbol{x}_0)\end{aligned}$$

这说明解 $\boldsymbol{x}=\boldsymbol{x}(t,0,\ \boldsymbol{x}_0)$ 以 T 为周期．证毕．

现在举几个周期解的例子．

例 5.2.1　求系统

$$\begin{cases}\dfrac{\mathrm{d}x}{\mathrm{d}t}=-y\\[2mm]\dfrac{\mathrm{d}y}{\mathrm{d}t}=x\end{cases}$$

的解并在相平面上画出轨线．

解：系统

$$\begin{cases}\dfrac{\mathrm{d}x}{\mathrm{d}t}=-y\\[2mm]\dfrac{\mathrm{d}y}{\mathrm{d}t}=x\end{cases}$$

的解是

$$\begin{cases}x = x_0 \cos t - y_0 \sin t \\ y = x_0 \sin t + y_0 \cos t\end{cases}$$

或写成

$$\begin{cases}x = r_0 \cos(t + \varphi_0) \\ y = r_0 \sin(t + \varphi_0)\end{cases}$$

其中，$r_0 = \sqrt{x_0^2 + y_0^2}$，$r_0 \cos\varphi_0 = x_0$，$r_0 \sin\varphi_0 = y_0$．对任何 $r_0 \neq 0$ 和 φ_0，解是周期解．对应的轨线是闭轨 $x^2 + y^2 = r_0^2$．图 5-2-1 和图 5-2-2 分别是此系统的积分曲线和相平面上的轨线．

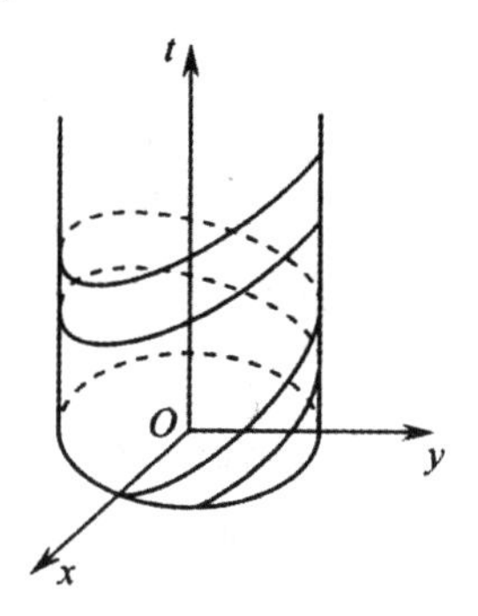

图 5-2-1　系统的积分曲线

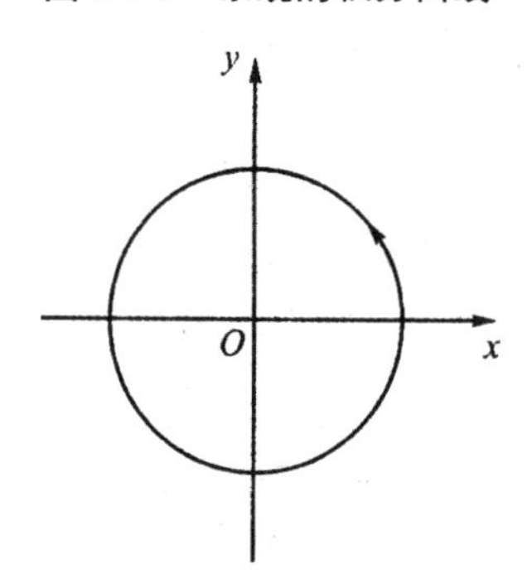

图 5-2-2　相平面上的轨线

例 5.2.2　研究系统

$$\begin{cases}\dfrac{dx}{dt} = -y + x(1 - x^2 - y^2) \\ \dfrac{dy}{dt} = x + y(1 - x^2 - y^2)\end{cases}$$

的闭轨．

解：系统

$$\begin{cases}\dfrac{\mathrm{d}x}{\mathrm{d}t}=-y+x(1-x^2-y^2)\\ \dfrac{\mathrm{d}y}{\mathrm{d}t}=x+y(1-x^2-y^2)\end{cases}$$

化成极坐标后成为

$$\begin{cases}\dfrac{\mathrm{d}\theta}{\mathrm{d}t}=1\\ \dfrac{\mathrm{d}r}{\mathrm{d}t}=r(1-r^2)\end{cases}$$

解得

$$\begin{cases}\theta=t+\theta_0\\ r=r_0\left[(1-r_0^2)\mathrm{e}^{-2t}+r_0^2\right]^{-\frac{1}{2}}，\ r_0\neq 1\end{cases}\tag{5.2.2}$$

其中 $r_0=r(0)$，$\theta_0=\theta(0)$. 当初值 $r_0=1$ 时，得到的解是 $r=r_0=1$. 它是闭轨，此闭轨对应于周期解

$$\begin{cases}x=\cos(t+\theta_0)\\ y=\sin(t+\theta_0)\end{cases}$$

当 $r_0\neq 1$ 时，无论 $r_0>1$ 还是 $0<r_0<1$ ，对应的解（5.2.2）不是闭轨，而是环绕 $r=1$ 盘旋的螺线，当 t 增加时，它按逆时针方向旋转，当 $t\to+\infty$ 时，$r\to 1$ ，如图 5-2-3 所示.

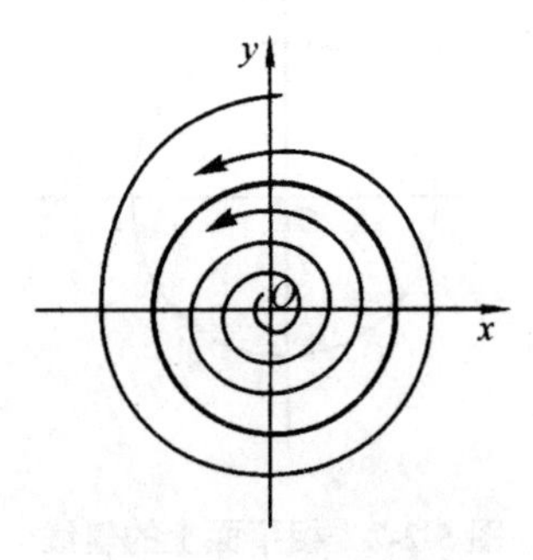

图 5-2-3　盘旋的螺线

以上两个闭轨有不同的性质 . 如例 5.2.1 那样的闭轨，存在一个邻域，在此邻域内每一点，都有闭轨经过. 而如例 5.2.2 那样，对于闭轨 $r=1$ ，存在一个邻域，在此邻域内每一点（除 $r=1$ 外），只有非闭轨通过 . 这些非闭轨形如螺线，绕闭轨 $r=1$ 而盘旋. 除 $r=1$ 外，该邻域内没有其他闭轨 . 例 5.2.2 这种孤立闭轨，无论在理论上还是在应用上，都有重大意义 .

以下只限于讨论二维自治系统

$$\frac{\mathrm{d}x}{\mathrm{d}t}=X(x,\ y),\frac{\mathrm{d}y}{\mathrm{d}t}=Y(x,\ y) \tag{5.2.3}$$

定义 5.2.1（极限环）　对于系统（5.2.3）的闭轨 L，如果存在 L 的某一外侧（内侧）邻域，该邻域内每一点都只有非闭轨通过，这些非闭轨形如螺线，当 $t\to+\infty$ 时，环绕闭轨 L 盘旋而接近 L，则称 L 为外侧（内侧）稳定极限环.

如将上述 $t\to+\infty$ 改为 $t\to-\infty$，则该闭轨称为外侧（内侧）不稳定极限环.

外侧稳定（不稳定）极限环，内侧稳定（不稳定）极限环，都称为极限环. 双侧都稳定（都不稳定）的极限环，称为稳定（不稳定）极限环. 一侧稳定，另一侧不稳定的极限环，称为半稳定极限环. 图 5-2-4、图 5-2-5 和图 5-2-6 分别是稳定极限环、不稳定极限环和半稳定极限环.

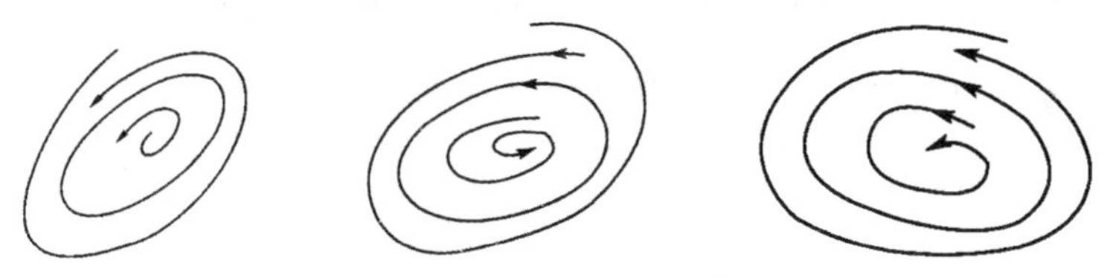

图 5-2-4　稳定极限环　　**图 5-2-5　不稳定极限环**　　**图 5-2-6　半稳定极限环**

稳定极限环在实际上有重要的意义. 系统（5.2.3）存在极限环 L，相当于系统（5.2.3）存在周期解. 如果这个极限环是稳的，则当初值取在 L 的内、外侧的某一个环形域内时，式（5.2.3）的解 $x=x(t),\ y=y(t)$，当 t 充分大时，它们对应的轨线逼近于 L，即当 t 充分大时，$x=x(t),\ y=y(t)$ 实际上表现为（L 所对应的）周期振荡. 如果极限环 L 是不稳定的，那么此极限环所对应的周期振荡，在实际上是不会产生的. 因为只要初值略为偏离极限环 L（在实际上这总是可能的），那么相应的轨线就永远远离此极限环，从而对应的解不表现为周期振荡.

给定一个系统（5.2.3），如何来判定它是否存在极限环？首先，我们给出判定不存在闭轨（当然也就不存在极限环）的一个定理.

定理 5.2.2　设系统（5.2.3）中的函数 $X(x,\ y)$ 和 $Y(x,\ y)$ 在单连通区域 G 内一阶连续可微，且存在一阶连续可微函数 $B(x,\ y)$，使在区域 G 内恒有

$$\frac{\partial}{\partial x}(BX)+\frac{\partial}{\partial y}(BY)\geqslant 0(\text{或}\leqslant 0) \tag{5.2.4}$$

但在 G 的任一子区域内，$\frac{\partial}{\partial x}(BX)+\frac{\partial}{\partial y}(BY)\neq 0$，则系统（5.2.3）不存在

整个位于区域 G 内的闭轨.

证明：用反证法. 设系统（5.2.3）存在整个位于区域 G 内的闭轨 L. 设当 t 增加时，L 按逆时针方向旋转，L 所围的区域是 G'. 由于 G 是单连通区域，故 $G' \subset G$. 在 G' 上使用格林公式，有

$$\oint_L BX\mathrm{d}y - BY\mathrm{d}x = \iint_{G'} \left[\frac{\partial}{\partial x}(BX) + \frac{\partial}{\partial y}(BY) \right] \mathrm{d}\sigma \qquad (5.2.5)$$

由条件（5.2.4）及条件 $\frac{\partial}{\partial x}(BX) + \frac{\partial}{\partial y}(BY) \neq 0$（在 G' 上），知式（5.2.5）的右边大于零（或小于零）. 而式（5.2.5）的左边

$$\oint_L BX\mathrm{d}y - BY\mathrm{d}x = \oint_L (BXY - BYX)\mathrm{d}t = 0$$

这是一个矛盾. 故知系统（5.2.3）不存在整个位于区域 G 内的正向闭轨. 同样可证系统（5.2.3）也不存在整个位于区域 G 内的负向闭轨.

推论 5.2.1　设系统（5.2.3）右端函数 $X(x，y)$ 和 $Y(x，y)$ 在单连通区域 G 内一阶连续可微，且在区域 G 内有

$$\frac{\partial X}{\partial x} + \frac{\partial Y}{\partial y} \geqslant 0(\text{或} \leqslant 0)$$

但在区域 G 内的任一子区域内，$\frac{\partial X}{\partial x} + \frac{\partial Y}{\partial y} \neq 0$，则系统（5.2.3）不存在整个位于区域 G 内的闭轨.

例 5.2.3　设有系统

$$\begin{cases} \dfrac{\mathrm{d}x}{\mathrm{d}t} = x + 2xy + x^3 \\ \dfrac{\mathrm{d}y}{\mathrm{d}t} = -y^2 + x^2 y \end{cases}$$

将方程组右端函数分别记为 $X(x，y)$ 和 $Y(x，y)$，则有

$$\frac{\partial X}{\partial x} + \frac{\partial Y}{\partial y} = 1 + 4x^2 > 0$$

故在全平面不存在闭轨.

下面不加证明地介绍存在极限环的一个充分条件定理 5.2.3，这是一个十分重要的基本定理.

定理 5.2.3　设 G 为两条封闭曲线所围成的环形区域，在其中不含系统（5.2.3）的奇点. 如果系统（5.2.3）的凡是与区域 G 的边界相遇的轨线，当 t 增大时都从 G 外进入 G 内（或都从 G 内走出 G 外），则 G 内至少有系统（5.2.3）

的一条外侧稳定极限环和一条内侧稳定极限环（或一条外侧不稳定极限环和一条内侧不稳定极限环），且区域 G 的内边界整个位于这两条极限环的内部．这两条单侧稳定（不稳定）极限环也可能重合成一条稳定（不稳定）极限环．

满足定理 5.2.3 条件的情形的示意图如图 5-2-7 所示．环形区域 G 简称环域．

图 5-2-7　满足定理 5.2.3 条件的情形的示意图

例 5.2.4　试证明系统

$$\begin{cases} \dfrac{\mathrm{d}x}{\mathrm{d}t} = -2y + 4x - x(x^2 + 4y^2) \\ \dfrac{\mathrm{d}y}{\mathrm{d}t} = 2x + 4y - y(x^2 + 4y^2) \end{cases}$$

存在极限环．

证明：考虑环域

$$G:\ \frac{1}{4} < x^2 + y^2 < 4$$

取函数 $V(x,\ y) = x^2 + y^2$．于是区域 G 的内、外边界分别为 $V(x,\ y) = \dfrac{1}{4}$ 和 $V(x,\ y) = 4$．沿着所给系统的轨线 $x = x(t)$，$y = y(t)$，$V = V(x(t),\ y(t))$ 是 t 的函数．现在求函数 V 对 t 的导数，可得

$$\begin{aligned} \frac{\mathrm{d}V(x(t),\ y(t))}{\mathrm{d}t} &= \frac{\partial V}{\partial x}\frac{\mathrm{d}x}{\mathrm{d}t} + \frac{\partial V}{\partial y}\frac{\mathrm{d}y}{\mathrm{d}t} \\ &= 2x\left[-2y + 4x - x(x^2 + 4y^2)\right] + 2y\left[2x + 4y - y(x^2 + 4y^2)\right] \\ &= (x^2 + y^2)(8 - 2x^2 - 8y^2) \end{aligned}$$

在区域 G 的外边界 $x^2 + y^2 = 4$ 上，有

$$\begin{aligned} \frac{\mathrm{d}V}{\mathrm{d}t} &= 4\left[8 - 2(4 - y^2) - 8y^2\right] \\ &= -24y^2 \\ &\leqslant 0 \end{aligned}$$

这说明在区域G的外边界$V(x,\ y)=4$上，当t增加时，轨线指向V减少的方向，即指向区域G内.

在区域G的内边界$V(x,\ y)=\frac{1}{4}$上，有

$$\frac{\mathrm{d}V}{\mathrm{d}t}=\frac{1}{4}\left[8-2\left(\frac{1}{4}-y^2\right)-8y^2\right]=\frac{1}{4}\left(\frac{15}{2}-6y^2\right)$$
$$\geqslant\frac{1}{4}\left(\frac{15}{2}-\frac{6}{4}\right)=\frac{3}{2}>0$$

这说明在区域G的内边界$V(x,\ y)=\frac{1}{4}$上，当t增加时，轨线指向V增加的方向，即也指向区域G内．于是由定理5.2.3知，该系统在区域G内至少存在一个极限环．故知该系统至少存在一个极限环.

需要指出，具体使用定理5.2.3，即找出满足定理5.2.3条件的环域G，是十分困难的事，需要具有高度技巧.

5.3　李雅普诺夫稳定性

稳定性理论是在19世纪80年代由俄国数学家李雅普诺夫创建的．稳定性理论在生态生物、生化反应、自动控制、航天技术等自然科学和工程技术等方面有着广泛的应用．其概念和理论发展十分迅速．现分两小节介绍李雅普诺夫稳定性理论的初步.

5.3.1　稳定性概念

考虑系统

$$\frac{\mathrm{d}\boldsymbol{y}}{\mathrm{d}t}=\boldsymbol{\psi}(t,\ \boldsymbol{y}) \tag{5.3.1}$$

其中，$\boldsymbol{y}$和$\boldsymbol{\psi}$是n维向量函数，$(t,\ \boldsymbol{y})\in D\subset\boldsymbol{R}^{n+1}$．设$\boldsymbol{\psi}(t,\ \boldsymbol{y})$在开区域$D$内连续，并且在$D$内对$\boldsymbol{y}$满足局部利普希茨条件．又设$\boldsymbol{y}=\boldsymbol{\varphi}(t)$是式（5.3.1）的解，它在$T_0\leqslant t\leqslant T$上存在．当$t\in[t_0,\ T]$时，$(t,\ \boldsymbol{\varphi}(t))\in D$．由方程组的解对初值的连续依赖性定理，容易推知下述事实.

对于任意给定的$\varepsilon>0$和$t_0\in[T_0,\ T]$，存在$\delta=\delta(\varepsilon,\ t_0)>0$，只要$y_0$满足

$$\|\boldsymbol{y}_0-\boldsymbol{\varphi}(t_0)\|<\delta$$

则式（5.3.1）的满足初值条件$\boldsymbol{y}(t_0)=\boldsymbol{y}_0$的解$\boldsymbol{y}=\boldsymbol{y}(t,\ t_0,\ \boldsymbol{y}_0)$在区间$[T_0,\ T]$

上也存在，并且对于一切 $t_0 \in [T_0,\ T]$，成立

$$\|\boldsymbol{y}(t,\ t_0,\ \boldsymbol{y}_0) - \boldsymbol{\varphi}(t)\| < \varepsilon$$

即在有限区间 $[T_0,\ T]$ 上，只要初值变化足够小，解的变化可以小于事先指定的值. 用极限记号表示，就是对于 $t \in [T_0,\ T]$，一致地有

$$\lim_{\boldsymbol{y}_0 \to \boldsymbol{\varphi}(t_0)} \boldsymbol{y}(t,\ t_0,\ \boldsymbol{y}_0) = \boldsymbol{\varphi}(t)$$

成立 .

现在把问题推广到无限区间 $T_0 \leqslant t < +\infty$ 上，将会发生什么情况呢？先看例子.

例 5.3.1　在区间 $0 \leqslant t < +\infty$ 上，考虑初值问题

$$\begin{cases} \dfrac{\mathrm{d}x}{\mathrm{d}t} = \dfrac{\lambda x}{t+1} - \dfrac{1}{(t+1)^2}, & \lambda \neq -1 \\ x(t_0) = x_0, & t_0 \in [0, +\infty] \end{cases}$$

解：容易求得它的解是

$$x = \left(\frac{t+1}{t_0+1}\right)^{\lambda} x_0 + \frac{1}{\lambda+1}\left[\frac{1}{t+1} - \frac{(t+1)^{\lambda}}{(t_0+1)^{\lambda+1}}\right] \tag{5.3.2}$$

当 $x_0 = 0$ 时，解为

$$x = \frac{1}{\lambda+1}\left[\frac{1}{t+1} - \frac{(t+1)^{\lambda}}{(t_0+1)^{\lambda+1}}\right] \tag{5.3.3}$$

将它记为 $x = \varphi(t)$. 考察当 $x_0 \neq 0$ 时的解（5.3.2）与 $x_0 = 0$ 时的解（5.3.3）的差 $\Delta(t,\ t_0,\ x_0)$ 的绝对值，有

$$|\Delta(t,\ t_0,\ x_0)| = |x(t) - \varphi(t)| = \left(\frac{t+1}{t_0+1}\right)^{\lambda} |x_0| \tag{5.3.4}$$

下面分两种情况讨论 .

（1）$\lambda \leqslant 0$.

由式（5.3.4）可见，对一切 $t \in [t_0, +\infty)$ 有

$$|\Delta(t,\ t_0,\ x_0)| < \frac{|x_0|}{(t_0+1)^{\lambda}}$$

于是对于任意给定的 $\varepsilon > 0$，取

$$\delta = \varepsilon (t_0+1)^{\lambda}$$

当 $|x_0| < \delta$ 时，有

$$|\Delta(t,\ t_0,\ x_0)| < \varepsilon,\ t \in [t_0, +\infty)$$

即对于 $t \in [t_0, +\infty)$，一致地有

$$\lim_{x_0 \to 0}[x(t) - \varphi(t)] = 0$$

（2）$\lambda > 0$.

这时，存在 $\varepsilon_0 > 0$，无论取 $\delta > 0$ 多么小，取定 δ 并且取定 x_0 满足 $0 < |x_0| < \delta$之后，由式（5.3.4）易知，当

$$t \geqslant (t_0 + 1)\left(\frac{\varepsilon}{|x_0|}\right)^{\frac{1}{\lambda}} - 1 \underline{\underline{\text{记为}}} T_1$$

时，有 $|\Delta(t,\ t_0,\ x_0)| \geqslant \varepsilon_0$.

这就是说，在这种情形下，在无限区间 $[t_0, +\infty)$ 上，两个解的差的绝对值，并不因为它们对应的初值的差的绝对值变小而一致地变小（图 5-3-1）.

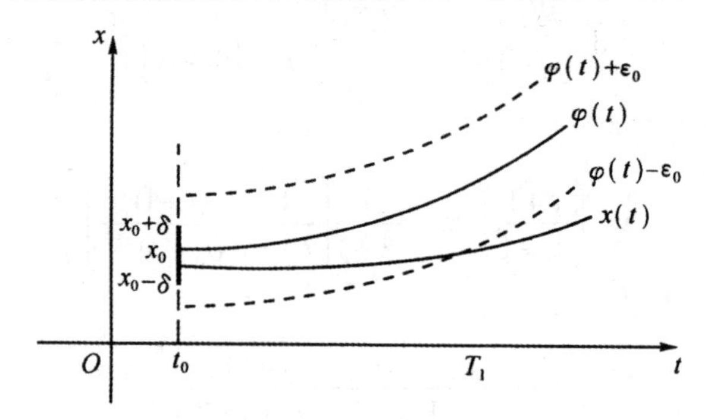

图 5-3-1　在无限区间 $[t_0, +\infty)$ 上，两个解的差的绝对值

还要指出，在 $\lambda \leqslant 0$ 的情形，又可分 $\lambda < 0$ 与 $\lambda = 0$ 两种情形. 当 $\lambda < 0$ 时，由式（5.3.4）可知，可以取 $\delta_1 = (t_0 + 1)^{\lambda} > 0$，当 $0 < |x_0| < \delta_1$ 时（图 5-3-2），有

$$|x(t) - \varphi(t)| = \left(\frac{t+1}{t_0+1}\right)^{\lambda} |x_0| < (t+1)^{\lambda}$$

于是

$$\lim_{t \to +\infty}[x(t) - \varphi(t)] = 0$$

而当 $\lambda = 0$ 时，由式（5.3.4）仅能得出 $|x(t) - \varphi(t)| = |x_0|$，于是

$$\lim_{t \to +\infty}[x(t) - \varphi(t)] \neq 0$$

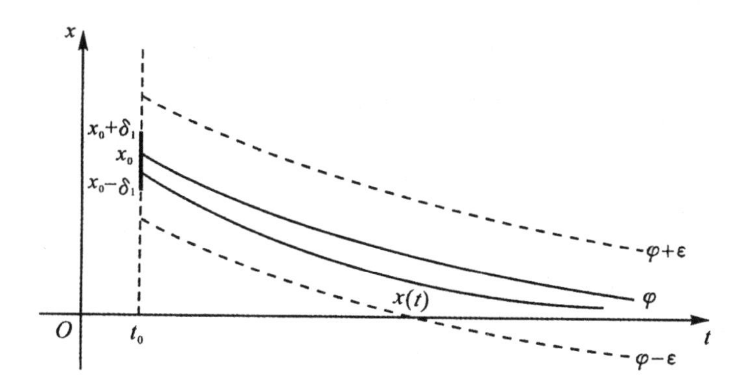

图 5-3-2　$\lambda<0$，$0<|x_0|<\delta_1$ 时，两个解的差的绝对值

由此可见，例 5.3.1 当 $\lambda=0$，$\lambda<0$，$\lambda>0$ 时所对应的解在无限区间 $[T_0,+\infty)$ 上所表现出来的性质很不相同.

考虑系统（5.3.1）的解 $\boldsymbol{y}=\boldsymbol{\varphi}(t)$，并设它在区间 $0\leqslant t<+\infty$ 上存在. 现引入如下定义.

定义 5.3.1　设对于任意给定的 $\varepsilon>0$ 和 $t_0\geqslant 0$，存在 $\delta=\delta(\varepsilon,\ t_0)>0$，只要 $\boldsymbol{y}_0$ 满足

$$\|\boldsymbol{y}_0-\boldsymbol{\varphi}(t_0)\|<\delta$$

系统（5.3.1）的满足初值条件 $\boldsymbol{y}(t_0)=\boldsymbol{y}_0$ 的解 $\boldsymbol{y}=\boldsymbol{y}(t,\ t_0,\ \boldsymbol{y}_0)$ 在区间 $[t_0,+\infty)$ 上总存在，并且对于一切 $t\in[t_0,+\infty)$ 有

$$\|\boldsymbol{y}(t,\ t_0,\ \boldsymbol{y}_0)-\boldsymbol{\varphi}(t)\|<\varepsilon$$

即对于 $t_0\leqslant t<+\infty$，一致地成立

$$\lim_{\boldsymbol{y}_0\to\boldsymbol{\varphi}(t_0)}[\boldsymbol{y}(t,\ t_0,\ \boldsymbol{y}_0)-\boldsymbol{\varphi}(t)]=\boldsymbol{0}$$

则称系统（5.3.1）的解 $\boldsymbol{y}=\boldsymbol{\varphi}(t)$ 是稳定的.

如果解 $\boldsymbol{y}=\boldsymbol{\varphi}(t)$ 不仅稳定，而且对于任意给定的 $t_0\geqslant 0$，存在 $\delta_1=\delta_1(t_0)>0$，只要 $\boldsymbol{y}_0$ 满足

$$\|\boldsymbol{y}_0-\boldsymbol{\varphi}(t_0)\|<\delta_1$$

则系统（5.3.1）的满足初值条件 $\boldsymbol{y}(t_0)=\boldsymbol{y}_0$ 的解 $\boldsymbol{y}=\boldsymbol{y}(t,\ t_0,\ \boldsymbol{y}_0)$ 有

$$\lim_{t\to+\infty}[\boldsymbol{y}(t,\ t_0,\ \boldsymbol{y}_0)-\boldsymbol{\varphi}(t)]=\boldsymbol{0}$$

则称系统（5.3.1）的解 $\boldsymbol{y}=\boldsymbol{\varphi}(t)$ 是渐近稳定的.

如果存在 $\varepsilon>0$ 和 $t_0\geqslant 0$，无论 $\delta>0$ 多么小，总存在 $\boldsymbol{y}_0$，虽然 $\|\boldsymbol{y}_0-\boldsymbol{\varphi}(t_0)\|<\delta$，但是式（5.3.1）有以 $\boldsymbol{y}(t_0)=\boldsymbol{y}_0$ 为初值的解 $\boldsymbol{y}(t,\ t_0,\ \boldsymbol{y}_0)$ 在 t 等于

某 $t_1(\geqslant t_0)$ 时有

$$\left\| \boldsymbol{y}(t_1, t_0, \boldsymbol{y}_0) - \boldsymbol{\varphi}(t_1) \right\| \geqslant \varepsilon_0$$

则称系统（5.3.1）的解 $\boldsymbol{y} = \boldsymbol{\varphi}(t)$ 是不稳定的.

按此定义,例5.3.1中,当 $\lambda = 0$ 时,解(5.3.3)是稳定的;当 $\lambda < 0$ 时,解(5.3.3)是渐近稳定的；当 $\lambda > 0$ 时，解（5.3.3）是不稳定的.

以下介绍李雅普诺夫稳定性理论．为此，先将系统（5.3.1）关于解 $\boldsymbol{y} = \boldsymbol{\varphi}(t)$ 的研究化为某系统关于它的零解的研究，使得在叙述上和论证上比较规范.

对系统（5.3.1）作变量变换，令

$$\boldsymbol{x} = \boldsymbol{y} - \boldsymbol{\varphi}(t) \tag{5.3.5}$$

这里 $\boldsymbol{x} \in \boldsymbol{R}^n$ 是新的向量函数以替代 $\boldsymbol{y}$，$\boldsymbol{\varphi}(t)$ 的意义见前述．在变换（5.3.5）下，系统（5.3.1）化为

$$\frac{\mathrm{d}\boldsymbol{x}}{\mathrm{d}t} = \frac{\mathrm{d}\boldsymbol{y}}{\mathrm{d}t} - \frac{\mathrm{d}\boldsymbol{\varphi}(t)}{\mathrm{d}t} = \boldsymbol{\psi}\left[t, \boldsymbol{x} + \boldsymbol{\varphi}(t)\right] - \boldsymbol{\psi}\left[t, \boldsymbol{\varphi}(t)\right]$$

将该式右边记为 $\boldsymbol{f}(t, \boldsymbol{x})$，于是系统（5.3.1）化为

$$\frac{\mathrm{d}\boldsymbol{x}}{\mathrm{d}t} = \boldsymbol{f}(t, \boldsymbol{x}) \tag{5.3.6}$$

其中

$$\boldsymbol{f}(t, \boldsymbol{0}) = \boldsymbol{0}$$

系统（5.3.1）的解 $\boldsymbol{y} = \boldsymbol{\varphi}(t)$ 化为系统（5.3.6）的零解 $\boldsymbol{x} = \boldsymbol{0}$，系统（5.3.1）的关于解 $\boldsymbol{y} = \boldsymbol{\varphi}(t)$ 的稳定性问题就转化为系统（5.3.6）的关于它的零解 $\boldsymbol{x} = \boldsymbol{0}$ 的稳定性问题，由定义5.3.1，容易写出系统（5.3.6）关于它的零解 $\boldsymbol{x} = \boldsymbol{0}$ 的稳定性定义，这里留给读者完成.

如果系统（5.3.6）右边的 $\boldsymbol{f}$ 中不明显含有 t，则称该系统为自治系统，否则称为非自治系统．本书只研究满足条件

$$\boldsymbol{f}(\boldsymbol{0}) = \boldsymbol{0} \tag{5.3.7}$$

的自治系统

$$\frac{\mathrm{d}\boldsymbol{x}}{\mathrm{d}t} = \boldsymbol{f}(\boldsymbol{x}) \tag{5.3.8}$$

关于它的零解 $\boldsymbol{x} = \boldsymbol{0}$ 的稳定性问题．其中，式（5.3.8）除了满足条件（5.3.7）外，设它在区域

$$G = \left\{ \boldsymbol{x} \middle| \left\| \boldsymbol{x} \right\| < H \right\}$$

上具有一阶的连续偏导数，这里 H 是某正数.

5.3.2　一次近似理论

在 5.3.1 节末的假定下，当初值$\boldsymbol{x}(t_0)=\boldsymbol{x}_0\in G$时，式（5.3.8）的解存在且唯一，并且$\boldsymbol{f}(\boldsymbol{x})$在区域$G$上可以按泰勒公式展开成

$$\boldsymbol{f}(\boldsymbol{x})=\boldsymbol{A}\boldsymbol{x}+\boldsymbol{R}(\boldsymbol{x}) \tag{5.3.9}$$

其中

$$\boldsymbol{A}=\begin{pmatrix} \dfrac{\partial f_1}{\partial x_1} & \dfrac{\partial f_1}{\partial x_2} & \cdots & \dfrac{\partial f_1}{\partial x_n} \\ \dfrac{\partial f_2}{\partial x_1} & \dfrac{\partial f_2}{\partial x_2} & \cdots & \dfrac{\partial f_2}{\partial x_n} \\ \vdots & \vdots & & \vdots \\ \dfrac{\partial f_n}{\partial x_1} & \dfrac{\partial f_n}{\partial x_2} & \cdots & \dfrac{\partial f_n}{\partial x_n} \end{pmatrix}_{\boldsymbol{x}=0}$$

是一个n阶常数矩阵，$\boldsymbol{f}=(f_1, f_2,\cdots, f_n)^{\mathrm{T}}$，$\boldsymbol{x}=(x_1, x_2,\cdots, x_n)^{\mathrm{T}}$，$\boldsymbol{R}(\boldsymbol{x})$是一个向量函数，且满足

$$\lim_{\|\boldsymbol{x}\|\to 0}\frac{\|\boldsymbol{R}(\boldsymbol{x})\|}{\|\boldsymbol{x}\|}=0$$

将式（5.3.9）代入式（5.3.8）得到

$$\frac{\mathrm{d}\boldsymbol{x}}{\mathrm{d}t}=\boldsymbol{A}\boldsymbol{x}+\boldsymbol{R}(\boldsymbol{x}) \tag{5.3.10}$$

类似于 5.2 节中所说，系统

$$\frac{\mathrm{d}\boldsymbol{x}}{\mathrm{d}t}=\boldsymbol{A}\boldsymbol{x} \tag{5.3.11}$$

称为式（5.3.8）（即式（5.3.10））的一次近似系统，它是一个常系数线性齐次微分方程组.

人们自然想到，从式（5.3.8）的一次近似系统（5.3.11）的零解$\boldsymbol{x}=\boldsymbol{0}$的稳定性，能否得到式（5.3.8）的零解$\boldsymbol{x}=\boldsymbol{0}$的稳定性的信息？为此，先研究系统（5.3.11），关于它的稳定性，有下述定理.

定理 5.3.1　（1）设$\boldsymbol{A}$的一切特征根的实部都是负的，则系统（5.3.11）的零解是渐近稳定的.

（2）设$\boldsymbol{A}$的特征根中至少有一个根的实部是正的，则系统（5.3.11）的零解是不稳定的.

（3）设$\boldsymbol{A}$的特征根的实部都不为正，但有零实部，则系统（5.3.11）的零解可能是不稳定的，也可能是稳定的，但总不会是渐近稳定的.

证明：现在的系统（5.3.11）的通解可以写成

$$x(t)=\sum_{i=1}^{r}\sum_{j=1}^{m_i}C_{ij}e^{\lambda_i t}\boldsymbol{p}_{ij}(t) \tag{5.3.12}$$

这里λ_1，$\lambda_2,\cdots$，λ_r是$\boldsymbol{A}$的r个各不相同的特征根，它们的重数分别为m_1，$m_2,\cdots$，m_r，　$m_1+m_2+\cdots+m_r=n$；C_{ij}是任意常数，$\boldsymbol{p}_{ij}(t)$是向量函数（$j=1,2,\cdots$，m_i；$i=1,2,\cdots$，r），其分量是t的多项式.

如果将以常数$C_{ij}(j=1,2,\cdots$，m_i；$i=1,2,\cdots$，$r)$为元素构成的向量$(C_{11}$，$C_{12},\cdots$，C_{1m_1}，C_{21}，$C_{22},\cdots$，$C_{2m_2},\cdots$，C_{r1}，$C_{r2},\cdots$，$C_{rm_r})^{\mathrm{T}}$记为$\boldsymbol{c}$，通解（5.3.12）中相应的解矩阵记为$\boldsymbol{\Phi}(t)$，则式（5.3.12）可以写成

$$\boldsymbol{x}(t)=\boldsymbol{\Phi}(t)\boldsymbol{c} \tag{5.3.13}$$

设$t_0\in[0,+\infty)$，$x_0\in\boldsymbol{R}^n$，则把初值条件$\boldsymbol{x}(t_0)=\boldsymbol{x}_0$代入式（5.3.13）得

$$\boldsymbol{c}=\boldsymbol{\Phi}^{-1}(t_0)\boldsymbol{x}_0 \tag{5.3.14}$$

以下分三种情形进行讨论.

（1）设$\boldsymbol{A}$的一切特征根的实部都是负的，则存在正数σ，使

$$\mathrm{Re}\,\lambda_i<-\sigma,\ i=1,2,\cdots,\ r$$

于是存在正数M，使当$t\in[t_0,+\infty)$时，有

$$\left\|\boldsymbol{p}_{ij}(t)e^{\lambda_i t}\right\|<Me^{-\frac{\sigma}{2}t}$$

再由式（5.3.12）有

$$\|\boldsymbol{x}(t)\|\leqslant\sum_{i=1}^{r}\sum_{j=1}^{m_i}\left|C_{ij}\right|Me^{-\frac{\sigma}{2}t}=\|\boldsymbol{c}\|Me^{-\frac{\sigma}{2}t} \tag{5.3.15}$$

由式（5.3.14）及式$\|\boldsymbol{Ax}\|\leqslant\|\boldsymbol{A}\|\cdot\|\boldsymbol{x}\|$有

$$\|\boldsymbol{c}\|\leqslant\left\|\boldsymbol{\Phi}^{-1}(t_0)\right\|\|\boldsymbol{x}_0\|$$

将它代入式（5.3.15），推得

$$\|\boldsymbol{x}(t)\|\leqslant\left\|\boldsymbol{\Phi}^{-1}(t_0)\right\|\|\boldsymbol{x}_0\|Me^{-\frac{\sigma}{2}t} \tag{5.3.16}$$

任意给定$\varepsilon>0$，取

$$\delta=\delta(\varepsilon,\ t_0)=\frac{\varepsilon}{\left\|\boldsymbol{\Phi}^{-1}(t_0)\right\|M}e^{\frac{\sigma}{2}t_0} \tag{5.3.17}$$

则当$\|\boldsymbol{x}_0\|<\delta$时，由式（5.3.16）推得

$$\|\boldsymbol{x}(t)\|<\varepsilon e^{-\frac{\sigma}{2}(t-t_0)}$$

于是当$\|\boldsymbol{x}_0\|<\delta$时，对一切$t\in[t_0,+\infty)$，成立不等式

$$\|\boldsymbol{x}(t)\|<\varepsilon$$

即证明了零解$\boldsymbol{x}=\boldsymbol{0}$是稳定的.

再由式（5.3.17）知，可取

$$\delta=\frac{1}{\|\boldsymbol{\Phi}^{-1}(t_0)\|M}\mathrm{e}^{\frac{\sigma}{2}t_0}$$

当$\|\boldsymbol{x}_0\|<\delta$时，有$\|\boldsymbol{x}(t)\|<\mathrm{e}^{-\frac{\sigma}{2}(t-t_0)}$. 于是推知

$$\lim_{t\to+\infty}\|\boldsymbol{x}(t)\|=0$$

即证明了零解$\boldsymbol{x}=\boldsymbol{0}$是渐近稳定的.

（2）设$\boldsymbol{A}$的特征根中至少有一个根的实部是正的. 不妨设$\lambda_1=\alpha+\mathrm{i}\beta,\alpha>0,\beta\geqslant 0$. 先考虑$\beta>0$的情形. 设$\boldsymbol{u}=\boldsymbol{u}_1+\mathrm{i}\boldsymbol{u}_2$是$\lambda_1$所对应的特征向量，$\boldsymbol{u}_1$和$\boldsymbol{u}_2$是实向量. 可知

$$\boldsymbol{x}(t)=\mathrm{e}^{\alpha t}\left[C_1\left(\boldsymbol{u}_1\cos\beta t-\boldsymbol{u}_2\sin\beta t\right)+C_2\left(\boldsymbol{u}_1\sin\beta t+\boldsymbol{u}_2\cos\beta t\right)\right] \tag{5.3.18}$$

是对应于λ_1的一部分解族.

因为$\boldsymbol{u}_1$和$\boldsymbol{u}_2$线性无关，所以$\boldsymbol{u}_1\cos\beta t-\boldsymbol{u}_2\sin\beta t$与$\boldsymbol{u}_1\sin\beta t+\boldsymbol{u}_2\cos\beta t$也线性无关. 因此，当且仅当$C_1=C_2=0$时，式（5.3.18）的$\boldsymbol{x}(t)=\boldsymbol{0}$.

取初值条件$\boldsymbol{x}(t_0)=\boldsymbol{x}_0$位于由$\boldsymbol{u}_1$和$\boldsymbol{u}_2$决定的超平面上，即设

$$\boldsymbol{x}_0=a\boldsymbol{u}_1+b\boldsymbol{u}_2 \tag{5.3.19}$$

其中，a和b是某两实数. 把初值条件（5.3.19）代入式（5.3.18）得

$$\mathrm{e}^{\alpha t_0}\left[C_1\left(\boldsymbol{u}_1\cos\beta t_0-\boldsymbol{u}_2\sin\beta t_0\right)+C_2\left(\boldsymbol{u}_1\sin\beta t_0+\boldsymbol{u}_2\cos\beta t_0\right)\right]=\boldsymbol{x}_0$$

于是推知当且仅当$C_1=C_2=0$时$\boldsymbol{x}_0=\boldsymbol{0}$. 由此得出结论：无论$\delta>0$多么小，虽然初值$\boldsymbol{x}_0$满足$0<\|\boldsymbol{x}_0\|<\delta$，但当$t\to+\infty$时，相应的解（5.3.18）的模无界，从而推知零解$\boldsymbol{x}=\boldsymbol{0}$是不稳定的.

如果$\lambda_1=\alpha+\mathrm{i}\beta$中的$\beta=0$，则$\boldsymbol{u}_2=0$，从而式（5.3.18）成为

$$\boldsymbol{x}(t)=C_1\boldsymbol{u}_1\mathrm{e}^{\alpha t} \tag{5.3.20}$$

取初值$\boldsymbol{x}(t_0)=\boldsymbol{x}_0=a\boldsymbol{u}_1$，则与上面推理类似，可证当$\boldsymbol{x}_0\neq\boldsymbol{0}$时相应的解的模$\|\boldsymbol{x}(t)\|$无界.

（3）设$\boldsymbol{A}$的特征根的实部都不为正，但有零实部. 设实部为零的各特征根所对应的线性无关的特征向量的个数都分别等于该特征根的重数，于是式（5.3.12）中这些特征根所对应的向量函数$\boldsymbol{p}_{ij}(t)$都仅是常数向量，从而对于这

些特征根所对应的解有估计式：

$$\left\|\boldsymbol{p}_{ij}(t)\mathrm{e}^{\lambda_i t}\right\|<M,\ t\in\left[t_0,+\infty\right)$$

这里M是某常数，于是相当于式（5.3.15）的估计式成为

$$\|\boldsymbol{x}(t)\|\leqslant\|\boldsymbol{c}\|M$$

与（1）类似就可证得这时的零解是稳定的.

为证此时的零解$\boldsymbol{x}=\boldsymbol{0}$不是渐近稳定的，只需将（2）中的$\alpha>0$改为$\alpha=0$，由相应的解（5.3.18）（或解（5.3.20））可知，无论$\delta>0$多么小，虽然$0<\|\boldsymbol{x}_0\|<\delta$，但当$t\to+\infty$时解（5.3.18）（或解（5.3.20））的模$\|\boldsymbol{x}(t)\|$不趋于零，从而知零解不是渐近稳定的.

如果实部为零的特征根中至少有一个特征根（如$\lambda_1=\mathrm{i}\beta$，$\beta\geqslant0$）所对应的线性无关的特征向量的个数小于该特征根的重数，则该特征根所对应的向量函数$\boldsymbol{p}_{ij}(t)$中至少有一个真正是t的多项式向量函数. 于是与（2）类似有解（5.3.18）（或解（5.3.20）），其中$\alpha=0$，$\boldsymbol{u}_1$和$\boldsymbol{u}_2$中至少有一个是t的多项式向量函数（如果$\beta=0$，则$\boldsymbol{u}_2=0$，$\boldsymbol{u}_1$是t的多项式向量函数）. 与（2）类似可以推知，无论$\delta>0$多么小，虽然$0<\|\boldsymbol{x}_0\|<\delta$，但当$t\to+\infty$时相应的解（5.3.18）（或解（5.3.20））的模$\|\boldsymbol{x}(t)\|$无界，从而知零解$\boldsymbol{x}=\boldsymbol{0}$是不稳定的.

这里需要注意以下两点.

①根据定理5.3.1可知，式（5.3.12）的零解$\boldsymbol{x}=\boldsymbol{0}$是渐近稳定的充分必要条件为：$\boldsymbol{A}$的一切特征根的实部都是负的.

②设$\boldsymbol{A}$的特征根的实部不为正，但有零实部，则由定理5.3.1的（3）的证明可知，如果实部为零的每一特征根所对应的线性无关的特征向量个数都分别等于该特征根的重数，则零解$\boldsymbol{x}=\boldsymbol{0}$为稳定而不渐近稳定；如果实部为零的特征根中至少有一个特征根所对应的线性无关的特征向量的个数小于该特征根的重数，则零解$\boldsymbol{x}=\boldsymbol{0}$是不稳定的.

线性系统的零解已讨论清楚，现在讨论非线性系统（5.3.10）的零解的稳定性，有下述定理.

定理5.3.2　设系统（5.3.10）中的$\boldsymbol{R}(\boldsymbol{x})$满足条件$\lim\limits_{\|\boldsymbol{x}\|\to0}\dfrac{\|\boldsymbol{R}(\boldsymbol{x})\|}{\|\boldsymbol{x}\|}=0$.

（1）如果$\boldsymbol{A}$的一切特征根的实部都是负的，则系统（5.3.10）的零解是渐近稳定的.

（2）如果$\boldsymbol{A}$的特征根中至少有一个根的实部是正的，则系统（5.3.10）的零解是不稳定的.

证略.

这里需要注意以下两点 .

①由定理 5.3.2 可知，当系统（5.3.10）中的 $\boldsymbol{R}(\boldsymbol{x})$ 满足条件 $\lim\limits_{\|x\|\to 0}\dfrac{\|\boldsymbol{R}(\boldsymbol{x})\|}{\|\boldsymbol{x}\|}=0$ 时，如果 $\boldsymbol{A}$ 的一切特征根的实部都是负的，或者 $\boldsymbol{A}$ 的特征根中至少有一个根的实部是正的，则系统（5.3.10）与它的一次近似系统（5.3.11）的零解或同为渐近稳定，或同为不稳定.

②定理 5.3.2 中没有说到“$\boldsymbol{A}$ 的特征根的实部都不为正，但有零实部”的情形. 在这种情形下，非线性系统（5.3.10）的零解可能稳定，可能不稳定，也可能渐近稳定.

例 5.3.2　研究系统

$$\begin{cases}\dfrac{\mathrm{d}x}{\mathrm{d}t}=-9x+2y+4z\\ \dfrac{\mathrm{d}y}{\mathrm{d}t}=32x-8y-15z\\ \dfrac{\mathrm{d}z}{\mathrm{d}t}=-36x+8y+16z\end{cases}$$

的零解的稳定性.

解：特征方程是

$$-\lambda^2(\lambda+1)=0$$

特征根 $\lambda_1=-1$，$\lambda_2=0$（二重），考察矩阵

$$\begin{pmatrix}-9-0 & 2 & 4\\ 32 & -8-0 & -15\\ -36 & 8 & 16-0\end{pmatrix}\qquad(5.3.21)$$

的秩，经行变换易知可将第 3 行化为零，即

$$\begin{pmatrix}-9 & 2 & 4\\ 32 & -8 & -15\\ 0 & 0 & 0\end{pmatrix}$$

于是知式（5.3.21）的秩等于 2. 故对于特征根 $\lambda_2=0$ 可以求得 3-2=1 个线性无关的特征向量（个数小于重数），从而由定理 5.3.1 后的注②推知零解是不稳定的.

例 5.3.3　研究系统

$$\begin{cases}\dfrac{dx_1}{dt}=-10x_1+5x_2+x_3+2x_4\\\dfrac{dx_2}{dt}=12x_1+6x_2-2x_3-4x_4\\\dfrac{dx_3}{dt}=-16x_1-8x_2-4x_3-8x_4\\\dfrac{dx_4}{dt}=6x_1+3x_2+x_3+2x_4\end{cases}$$

的零解的稳定性．

解：此系统的特征方程是

$$\lambda^2(\lambda+2)(\lambda+4)=0$$

$\lambda=0$ 是二重根，其他两个根的实部都是负的．由定理 5.3.1 后的注①知，零解不是渐近稳定的．为研究零解是稳定还是不稳定，只需考察特征根 $\lambda=0$ 对应的线性无关的特征向量的个数．为此考察矩阵

$$\begin{pmatrix}-10-0 & 5 & 1 & 2\\12 & 6-0 & -2 & -4\\-16 & -8 & -4-0 & -8\\6 & 3 & 1 & 2-0\end{pmatrix}\tag{5.3.22}$$

的秩．经列变换易知可将该矩阵的第 1 列和第 4 列两列化为零，得到矩阵

$$\begin{pmatrix}0 & 5 & 1 & 0\\0 & 6 & -2 & 0\\0 & -8 & -4 & 0\\0 & 3 & 1 & 0\end{pmatrix}$$

于是知式（5.3.22）的秩等于 2，故对于特征根 $\lambda=0$ 可以求得 4-2=2 个线性无关的特征向量．此线性无关的特征向量的个数与特征根 $\lambda=0$ 的重数相等，由定理 5.3.1 后面的注②知，系统的零解是稳定但不是渐近稳定的．

例 5.3.4　判定系统

$$\begin{cases}\dfrac{dx}{dt}=e^{x+y}+z-1\\\dfrac{dy}{dt}=2x+y-\sin z\\\dfrac{dz}{dt}=-8x-5y-3z+xy^2\end{cases}$$

的零解的稳定性.

解：原系统的一次近似系统是

$$\begin{cases}\dfrac{\mathrm{d}x}{\mathrm{d}t}=x+y+z\\ \dfrac{\mathrm{d}y}{\mathrm{d}t}=2x+y-z\\ \dfrac{\mathrm{d}z}{\mathrm{d}t}=-8x-5y-3z\end{cases}$$

它的特征方程是

$$\lambda^3+\lambda^2-4\lambda-4=0$$

容易求得它的根是 −1，−2，2. 有正实根 2，故知原系统的零解是不稳定的.

例 5.3.5　研究系统

$$\begin{cases}\dfrac{\mathrm{d}x}{\mathrm{d}t}=y-z-2\sin x\\ \dfrac{\mathrm{d}y}{\mathrm{d}t}=x-2y+(\sin y+z^2)\mathrm{e}^x\\ \dfrac{\mathrm{d}z}{\mathrm{d}t}=x+y-\dfrac{z}{1-z}-\sin y\end{cases}$$

的零解 $x=y=z=0$ 的稳定性.

解：将 $\sin x,\sin y$，$\mathrm{e}^x,\dfrac{z}{1-z}$ 在 $x=y=z=0$ 的邻域按泰勒公式展开，并略去高次项，得到原系统的一次近似系统：

$$\begin{cases}\dfrac{\mathrm{d}x}{\mathrm{d}t}=y-z-2x=-2x+y-z\\ \dfrac{\mathrm{d}y}{\mathrm{d}t}=x-2y+y=x-y\\ \dfrac{\mathrm{d}z}{\mathrm{d}t}=x+y-z-y=x-z\end{cases}$$

用 $\boldsymbol{A}$ 表示它的系数矩阵，易知它的特征方程是

$$\det(\boldsymbol{A}-\lambda\boldsymbol{E})=-(\lambda+2)(\lambda+1)^2=0$$

特征根的实部都小于零，故知原系统的零解是渐近稳定的.

例 5.3.6　讨论有阻尼（ $b>0$ ）的单摆运动方程组

$$\begin{cases} \dfrac{\mathrm{d}\theta}{\mathrm{d}t} = \omega \\ \dfrac{\mathrm{d}\omega}{\mathrm{d}t} = -\dfrac{g}{l}\sin\theta - b\omega \end{cases}$$

的零解 $\theta = 0$，$\omega = 0$ 的稳定性.

解：将 $\sin\theta$ 展开得

$$\begin{cases} \dfrac{\mathrm{d}\theta}{\mathrm{d}t} = \omega \\ \dfrac{\mathrm{d}\omega}{\mathrm{d}t} = -\dfrac{g}{l}\left(\theta - \dfrac{\theta^3}{3!} + \cdots\right) - b\omega \end{cases}$$

它的一次近似方程组为

$$\begin{cases} \dfrac{\mathrm{d}\theta}{\mathrm{d}t} = \omega \\ \dfrac{\mathrm{d}\omega}{\mathrm{d}t} = -\dfrac{g}{l}\theta - b\omega \end{cases}$$

特征方程是

$$\begin{vmatrix} 0-\lambda & 1 \\ -\dfrac{g}{l} & -b-\lambda \end{vmatrix} = \lambda^2 + b\lambda + \frac{g}{l} = 0$$

特征根为

$$\lambda_{1,2} = \frac{1}{2}\left(-b \pm \sqrt{b^2 - \frac{4g}{l}}\right)$$

因为 $b > 0, \dfrac{4g}{l} > 0$，所以两特征根的实部都是负数，根据定理 5.3.2（1）知，原系统的零解 $\theta = 0$，$\omega = 0$ 是渐近稳定的，即当单摆经小扰动偏离平衡态 $\theta = 0$，$\omega = 0$ 之后，当 $t \to +\infty$ 时摆趋于平衡态.

例 5.1.7　设 α 是常数，试研究系统

$$\frac{\mathrm{d}x}{\mathrm{d}t} = \alpha x^3 \tag{5.3.23}$$

的零解 $x = 0$ 的稳定性.

解：直接通过积分，容易求得方程（5.3.23）的满足条件 $x(0) = x_0$ 的解是

$$x(t) = \frac{x_0}{\sqrt{1 - 2\alpha x_0^2 t}} \tag{5.3.24}$$

如果 $\alpha < 0$，则方程（5.3.24）在区间 $t \in [0, +\infty]$ 上有定义．对于任意给定

的 $\varepsilon > 0$，取 $\delta = \varepsilon$，则当 $0 < |x_0| < \delta$时，对一切 $t \in [0, +\infty)$，有

$$|x(t)| \leqslant |x_0| < \delta = \varepsilon$$

并且可取 $\delta_1 = 1$，当 $0 < |x_0| < \delta$时，$\lim\limits_{t \to +\infty} x(t) = 0$．这说明方程（5.3.23）的零解是渐近稳定的.

如果 $\alpha > 0$，则对于给定的 ε_0，无论 $\delta > 0$ 取得多么小（$\delta < \varepsilon_0$），取定 x_0 满足 $0 < |x_0| < \delta$之后，当

$$\frac{\varepsilon_0^2 - x_0^2}{2\alpha\varepsilon_0^2 x_0^2} \leqslant t < \frac{1}{2\alpha x_0^2}$$

时，有

$$|x(t)| = \frac{|x_0|}{\sqrt{1 - 2\alpha x_0^2 t}} \geqslant \varepsilon_0$$

这说明不可能在区间 $0 \leqslant t < +\infty$ 上总有 $|x(t)| < \varepsilon_0$，即式（5.3.23）的零解是不稳定的.

方程（5.3.23）的一次近似系统是 $\dfrac{\mathrm{d}x}{\mathrm{d}t} = 0$，特征根等于零. 由上面的分析看出，方程（5.3.23）不能用它的一次近似系统的零解的稳定性来判定方程（5.3.23）本身的零解的稳定性.

第6章　差分方程的边值问题

本章以差分方程的边值问题为研究核心，首先对边值问题的基本概念进行了简单介绍，然后对本征值和本征函数进行了深入分析，并在其中对差分方程的 S-L 边值问题进行了详细讨论，最后对差分方程边值问题正解的存在性进行了分析 .

6.1　边值问题的基本概念

考虑二阶线性微分方程

$$\frac{d^2 y}{dx^2}+p(x)\frac{dy}{dx}+q(x)y=f(x) \tag{6.1.1}$$

其中，$p(x)$，$q(x)$，$f(x)$ 在区间 $[a，b]$ 上连续 . 方程（6.1.1）存在唯一的解 $y=y(x)$ 满足初值条件

$$y(x_0)=y_0，y'(x_0)=y'_0 \tag{6.1.2}$$

但是在很多实际问题中要考虑的不是初值条件，而是所谓的边值条件 . 例如，讨论在两端点 $x=a$ 与 $x=b$ 处满足条件

$$y(a)=\xi，y(b)=\eta$$

的解是否一定存在；若有解存在，解是否唯一等问题 .

下面，我们先来分析两个具体例题 .

例 6.1.1　试求方程

$$\frac{d^2 y}{dx^2}-y=0 \tag{6.1.3}$$

满足条件

$$y(0)=\xi，y(1)=\eta \tag{6.1.4}$$

的解.

解：式（6.1.3）的通解为

$$y=c_1\mathrm{e}^x+c_2\mathrm{e}^{-x}$$

由式（6.1.4）可得

$$\begin{cases}c_1+c_2=\xi\\c_1\mathrm{e}+c_2\mathrm{e}^{-1}=\eta\end{cases}\tag{6.1.5}$$

由于以 c_1，c_2 为未知数的系数行列式

$$\begin{vmatrix}1 & 1\\ \mathrm{e} & \mathrm{e}^{-1}\end{vmatrix}=\mathrm{e}^{-1}-\mathrm{e}\neq 0$$

所以由式（6.1.5）可唯一解得 c_1 与 c_2，从而得到唯一解

$$y=\frac{\xi\mathrm{e}^{-1}-\eta}{\mathrm{e}^{-1}-\mathrm{e}}\mathrm{e}^x+\frac{\eta-\xi\mathrm{e}}{\mathrm{e}^{-1}-\mathrm{e}}\mathrm{e}^{-x}$$

满足式（6.1.3）和式（6.1.4）.

例 6.1.2　试求方程

$$\frac{\mathrm{d}^2y}{\mathrm{d}x^2}+y=0\tag{6.1.6}$$

满足

$$y(0)=\xi,\ y(\pi)=\eta\tag{6.1.7}$$

的解.

解：式（6.1.6）的通解（全部解）是

$$y=c_1\cos x+c_2\sin x\tag{6.1.8}$$

将式（6.1.7）代入式（6.1.8），得

$$\begin{cases}c_1=\xi\\-c_1=\eta\end{cases}$$

可见，若 $\xi\neq-\eta$，则式（6.1.6）没有满足式（6.1.7）的解；若 $\xi=-\eta$，则 $c_1=\xi$，而 c_2 可以任意，式（6.1.6）满足式（6.1.7）的解为

$$y=\xi\cos x+c_2\sin x$$

有无穷多个解.

由以上两个例子可以看出，边值问题有没有解，要比初值问题复杂. 下面介绍几类边值条件.

定义 6.1.1　形如

$$\begin{cases}\alpha_1 y'(a)+\alpha_2 y(a)=\xi \\ \beta_1 y'(b)+\beta_2 y(b)=\eta\end{cases},\quad \alpha_1^2+\alpha_2^2\neq 0,\ \beta_1^2+\beta_2^2\neq 0 \qquad (6.1.9)$$

的边值条件称线性边值条件，其中 α_i，$\beta_i\,(i=1,2)$，ξ，η 都是已知数 . 如果其中的

$$\alpha_1=\beta_1=0$$

则称

$$y(a)=\frac{\xi}{\alpha_2},\ y(b)=\frac{\eta}{\beta_2} \qquad (6.1.10)$$

为第一类边值条件 . 如果其中的

$$\alpha_2=\beta_2=0$$

则称

$$y'(a)=\frac{\xi}{\alpha_1},\ y'(b)=\frac{\eta}{\beta_1} \qquad (6.1.11)$$

为第二类边值条件 .

定理 6.1.1　设 $p(x)$，$q(x)$，$f(x)$ 在 $[a,\ b]$ 上连续，$y_1(x)$，$y_2(x)$ 是式（6.1.1）对应的齐次微分方程的一个基本解组，$y^*(x)$ 是式（6.1.1）的一个解，则

（1）边值问题

$$\begin{cases}\dfrac{d^2y}{dx^2}+p(x)\dfrac{dy}{dx}+q(x)y=f(x) \\ y(a)=\xi,\ y(b)=\eta\end{cases} \qquad (6.1.12)$$

存在唯一解的充要条件是矩阵

$$\begin{bmatrix} y_1(a) & y_2(a) & \xi-y^*(a) \\ y_1(b) & y_2(b) & \eta-y^*(b)\end{bmatrix} \qquad (6.1.13)$$

与矩阵

$$\begin{bmatrix} y_1(a) & y_2(a) \\ y_1(b) & y_2(b)\end{bmatrix} \qquad (6.1.14)$$

有相同的秩，且秩为 2，亦即式（6.1.14）为满秩 .

（2）边值问题（6.1.12）存在无穷多解的充要条件是式（6.1.13）与式（6.1.14）有相同的秩，且秩小于 2.

（3）边值问题（6.1.12）无解的充要条件是式（6.1.13）与式（6.1.14）的秩不相等.

证明：式（6.1.1）的通解（全部解）是

$$y = c_1 y_1(x) + c_2 y_2(x) + y^*(x)$$

条件

$$y(a) = \xi, \; y(b) = \eta \tag{6.1.15}$$

即为

$$\begin{cases} c_1 y_1(a) + c_2 y_2(a) = \xi - y^*(a) \\ c_1 y_1(b) + c_2 y_2(b) = \eta - y^*(b) \end{cases}$$

由线性代数理论知，上述关于 c_1，c_2 的线性代数方程组存在唯一解、存在无穷多解、不存在解的充要条件分别就是定理 6.1.1 中的（1）（2）（3）. 故知结论成立.

定理 6.1.2　设同定理 6.1.1，并且将式（6.1.13）和式（6.1.14）中的矩阵分别改为

$$\begin{bmatrix} y_1'(a) & y_2'(a) & \xi - \left(y^*(a)\right)' \\ y_1'(b) & y_2'(b) & \eta - \left(y^*(b)\right)' \end{bmatrix} \tag{6.1.16}$$

与

$$\begin{bmatrix} y_1'(a) & y_2'(a) \\ y_1'(b) & y_2'(b) \end{bmatrix} \tag{6.1.17}$$

则关于边值问题

$$\begin{cases} \dfrac{\mathrm{d}^2 y}{\mathrm{d}x^2} + p(x)\dfrac{\mathrm{d}y}{\mathrm{d}x} + q(x)y = f(x) \\ y'(a) = \xi, \; y'(b) = \eta \end{cases} \tag{6.1.18}$$

存在唯一解，存在无穷多解.

证明略.

关于边值问题（6.1.12）的具体求解，有下述定理.

定理 6.1.3　设 $p(x)$，$q(x)$，$f(x)$ 在 $[a, b]$ 上连续，并设 $y_1(x)$，$y_2(x)$ 是方程（6.1.1）对应的齐次微分方程的两个线性无关的解，且行列式

$$\Delta=\begin{vmatrix}y_1(a) & y_2(a)\\ y_1(b) & y_2(b)\end{vmatrix}\neq 0$$

则微分方程（6.1.1）在第一类齐次边值条件

$$y(a)=0,\ y(b)=0 \tag{6.1.19}$$

下的边值问题的解是

$$y(x)=\int_a^b G(x,\ \tau)f(\tau)\mathrm{d}\tau \tag{6.1.20}$$

其中

$$G(x,\ \tau)=\begin{cases}\dfrac{1}{\Delta\cdot W(\tau)}\left[y_1(x)y_2(b)-y_2(x)y_1(b)\right]\cdot\\ \left[y_2(a)y_1(\tau)-y_1(a)y_2(\tau)\right],\ a\leqslant\tau\leqslant x\\ \dfrac{1}{\Delta\cdot W(\tau)}\left[y_1(x)y_2(a)-y_2(x)y_1(a)\right]\cdot\\ \left[y_2(b)y_1(\tau)-y_1(b)y_2(\tau)\right],\ x\leqslant\tau\leqslant b\end{cases} \tag{6.1.21}$$

$$W(x)=\begin{vmatrix}y_1(x) & y_2(x)\\ y_1'(x) & y_2'(x)\end{vmatrix}$$

为 $y_1(x)$，$y_2(x)$ 的朗斯基行列式 .

证明：由 $\Delta\neq 0$ 及定理 6.1.1 知，边值问题（6.1.12）存在唯一解 . 由常数变易法公式，得方程（6.1.1）的通解为

$$y(x)=c_1y_1(x)+c_2y_2(x)+\int_a^x\frac{y_2(x)y_1(\tau)-y_1(x)y_2(\tau)}{W(\tau)}f(\tau)\mathrm{d}\tau \tag{6.1.22}$$

再由方程（6.1.19）知，c_1 与 c_2 应满足线性代数方程组

$$\begin{cases}c_1y_1(a)+c_2y_2(a)=0\\ c_1y_1(b)+c_2y_2(b)=-\displaystyle\int_a^b\frac{y_2(b)y_1(\tau)-y_1(b)y_2(\tau)}{W(\tau)}f(\tau)\mathrm{d}\tau\end{cases}$$

从中解出 c_1 与 c_2，将它们代入方程(6.1.22)，经过一番繁杂但是初等的运算，得到边值问题（6.1.12）的解

$$y(x)=\frac{1}{\Delta}\left\{\int_a^x \frac{f(\tau)}{W(\tau)}\left[y_1(x)y_2(b)-y_2(x)y_1(b)\right]\left[y_2(a)y_1(\tau)-y_1(a)y_2(\tau)\right]\mathrm{d}\tau\right.$$

$$\left.+\int_x^b \frac{f(\tau)}{W(\tau)}\left[y_1(x)y_2(a)-y_2(x)y_1(a)\right]\left[y_2(b)y_1(\tau)-y_1(b)y_2(\tau)\right]\mathrm{d}\tau\right\} \tag{6.1.23}$$

引入函数 $G(x,\ \tau)$，则解方程（6.1.23）就可写成式（6.1.20）.

6.2　本征值和本征函数

使含参数 λ 的齐次边值问题有非零解的参数 $\lambda=\lambda_0$ 的值，称为此边值问题的本征值，相应的非零解称为此边值问题相应于 λ_0 的本征函数.

现在讨论一般的二阶线性齐次微分方程

$$\frac{\mathrm{d}^2 y}{\mathrm{d}x^2}+g(x)\frac{\mathrm{d}y}{\mathrm{d}x}+\left[h(x)+\lambda k(x)\right]y=0$$

这里，$g(x)$，$h(x)$，$k(x)$ 在区间 $[0,\ l]$ 上连续，$k(x)>0$.

若令 $p(x)=\exp\left(\int_0^x g(t)\mathrm{d}t\right)$，并将它乘上式的两边，则得

$$p(x)\frac{\mathrm{d}^2 y}{\mathrm{d}x^2}+g(x)p(x)\frac{\mathrm{d}y}{\mathrm{d}x}+\left[h(x)p(x)+\lambda k(x)p(x)\right]y=0$$

注意到 $p'(x)=p(x)g(x)$，从而上式成为

$$\frac{\mathrm{d}\left[p(x)\dfrac{\mathrm{d}y}{\mathrm{d}x}\right]}{\mathrm{d}x}+\left[q(x)+\lambda r(x)\right]y=0$$

这里，$q(x)=h(x)p(x)$，$r(x)=k(x)p(x)>0$. 换言之，讨论一般的方程（6.1.1）的齐次边值问题，只要讨论

$$\begin{cases}\left[p(x)y'\right]'+\left[q(x)+\lambda r(x)\right]y=0\\ \alpha_1 y(0)+\alpha_2 y'(0)=0,\ \ \alpha_1^2+\alpha_2^2\neq 0\\ \beta_1 y(l)+\beta_2 y'(l)=0,\ \ \beta_1^2+\beta_2^2\neq 0\end{cases}$$

就可以了，其中 $q(x)$ 和 $r(x)$ 在区间 $[0,\ l]$ 上连续，$p(x)$ 在 $[0,\ l]$ 上可微，且 $p(x)>0$，$r(x)>0$. 上面的边值问题称施图姆－刘维尔边值问题，简称 S-L 边

值问题; 求 λ 的值, 使 S-L 问题存在非零解的问题称施图姆–刘维尔本征值问题, 简称 S-L 本征值问题.

6.2.1 施图姆比较定理

施图姆（Sturm，1803—1855 年）是在微分方程研究中最早使用定性方法的先驱者之一. 如我们在第 5 章所看到的，这种定性方法的主要特点是不仰赖于对微分方程的求解，而只凭方程本身的一些特征来确定解的有关性质，如解的变号和周期性等. 我们讨论二阶线性微分方程

$$y''+p(x)y'+q(x)y=0 \tag{6.2.1}$$

其中系数函数 $p(x)$ 和 $q(x)$ 在区间 J 上是连续的.

引理 6.2.1 齐次线性微分方程（6.2.1）的任何非零解在区间 J 内的零点都是孤立的.

证明：任给方程（6.2.1）的一个非零解

$$y=\varphi(x), \quad x\in J$$

假设它有一个非孤立的零点 $x_0\in J$. 因此，在 J 内 $y=\varphi(x)$ 有一串零点 $x_n(n=1,2,\cdots)$，$x_n\neq x_0$，使得当 $n\to+\infty$ 时，$x_n\to x_0$. 注意，$\varphi(x_0)=0$ 和 $\varphi(x_n)=0$，$n=1,2,\cdots$ 因此，我们可以推出

$$\varphi'(x_0)=\lim_{n\to+\infty}\frac{\varphi(x_n)-\varphi(x_0)}{x_n-x_0}=0$$

这就是说，非零解 $y=\varphi(x)$ 满足初值条件

$$y(x_0)=0, \quad y'(x_0)=0 \tag{6.2.2}$$

然而, 我们已知初值问题(6.2.1)+(6.2.2)有零解. 因此, 根据解的唯一性, $y=\varphi(x)$ 就是零解，这是一个矛盾. 所以非零解 $y=\varphi(x)$ 在区间 J 内的零点必是孤立的. 引理得证.

现在，设 $y=\varphi(x)$ 是齐次线性微分方程（6.2.1）的一个非零解，而且设 $x_1\in J$ 是它的一个零点. 根据上面的引理得知，x_1 是一个孤立的零点. 这样，我们可以考虑 $y=\varphi(x)$ 在 x_1 的左（或右）边距 x_1 最近的那个零点 $x_2<x_1$（或 $x_2>x_1$）（如果有的话）. 注意，在 x_1 和 x_2 之间 $y=\varphi(x)$ 没有别的零点，我们称 x_1 和 x_2 为两个相邻的零点.

下面的一些定理最早是由施图姆采用定性方法证明的. 这种简单的思想后来发展成为微分方程的近代定性理论.

定理 6.2.1　设 $y=\varphi_1(x)$ 和 $y=\varphi_2(x)$ 是齐次线性微分方程（6.2.1）的两个非零解，则下述结论成立．

（1）它们是线性相关的，当且仅当它们有相同的零点．

（2）它们是线性无关的，当且仅当它们的零点是互相交错的．

证明：（1）设 $\varphi_1(x)$ 和 $\varphi_2(x)$ 是线性相关的，则有

$$\varphi_2(x)=c\varphi_1(x),\quad x\in J$$

其中常数 $c\neq 0$．由此可见，它们有相同的零点．

反之，设 $\varphi_1(x)$ 和 $\varphi_2(x)$ 有一个相同的零点 $x_0\in J$，则它们的朗斯基行列式

$$W(x)=\begin{vmatrix}\varphi_1(x) & \varphi_2(x)\\ \varphi_1'(x) & \varphi_2'(x)\end{vmatrix}$$

在 $x=x_0$ 的值 $W(x_0)=0$，从而可由刘维尔公式推出 $W(x)\equiv 0(x\in J)$，所以 $\varphi_1(x)$ 和 $\varphi_2(x)$ 是线性相关的．

（2）设 $\varphi_1(x)$ 和 $\varphi_2(x)$ 线性无关，则它们没有相同的零点．设 x_1 和 x_2 是 $\varphi_1(x)$ 的两个相邻的零点，不妨设

$$\varphi_1(x)>0,\quad x_1<x<x_2$$

（否则，只要以 $-\varphi_1(x)$ 替换 $\varphi_1(x)$）．由此不难推出

$$\varphi_1'(x_1)\geqslant 0,\quad \varphi_1'(x_2)\leqslant 0$$

因为 $y=\varphi_1(x)$ 是非零解，所以我们推得

$$\varphi_1'(x_1)>0,\quad \varphi_1'(x_2)<0 \tag{6.2.3}$$

因为 $\varphi_2(x)$ 与 $\varphi_1(x)$ 没有相同的零点，所以 x_1 和 x_2 都不是 $\varphi_2(x)$ 的零点，即

$$\varphi_2(x_1)\varphi_2(x_2)\neq 0$$

现在假设 $\varphi_2(x_1)$ 与 $\varphi_2(x_2)$ 是同号的，即

$$\varphi_2(x_1)\varphi_2(x_2)>0 \tag{6.2.4}$$

另外，由于 $\varphi_1(x)$ 和 $\varphi_2(x)$ 的朗斯基行列式 $W(x)$ 在区间 J 上不等于零，所以有

$$W(x_1)W(x_2)>0 \tag{6.2.5}$$

易知

$$W(x_1)=-\varphi_2(x_1)\varphi_1'(x_1),\quad W(x_2)=-\varphi_2(x_2)\varphi_1'(x_2)$$

因此，不等式（6.2.5）蕴含

$$\varphi_2(x_1)\varphi_2(x_2)\varphi_1'(x_1)\varphi_1'(x_2) > 0$$

再利用式（6.2.4），就推出

$$\varphi_1'(x_1)\varphi_1'(x_2) > 0$$

但是，这与式（6.2.3）是矛盾的.

因此，$\varphi_2(x_1)$ 与 $\varphi_2(x_2)$ 是异号的. 由此推出 $\varphi_2(x)$ 在 x_1 和 x_2 之间至少有一个零点 $\tilde{x}_1(x_1 < \tilde{x}_1 < x_2)$. 如果 $\varphi_2(x)$ 在 x_1 和 x_2 之间有两个零点 $\tilde{x}_1$ 和 $\tilde{x}_2$，那么用以上相同的论证可以推出，$\varphi_1(x)$ 将在 $\tilde{x}_1$ 和 $\tilde{x}_2$ 之间（从而在 x_1 和 x_2 之间）还至少有一个零点. 这与 x_1 和 x_2 是 $\varphi_1(x)$ 的两个相邻的零点是矛盾的. 所以 $\varphi_2(x)$ 在 x_1 和 x_2 之间有且只有一个零点.

同样可证，$\varphi_1(x)$ 在 $\varphi_2(x)$ 的任何两个相邻零点之间有且只有一个零点. 这就证明了 $\varphi_1(x)$ 和 $\varphi_2(x)$ 的零点是互相交错的.

反之，设 $\varphi_1(x)$ 和 $\varphi_2(x)$ 的零点是互相交错的. 因此，它们没有相同的零点，从而是线性无关的.

总结上面的论证，定理 6.2.1 得证.

以下就是有名的施图姆比较定理.

定理 6.2.2　设有两个齐次线性微分方程

$$y'' + p(x)y' + Q(x)y = 0 \tag{6.2.6}$$

和

$$y'' + p(x)y' + R(x)y = 0 \tag{6.2.7}$$

这里系数函数 $p(x)$，$Q(x)$ 和 $R(x)$ 在区间 J 上是连续的，且假设不等式

$$R(x) \geqslant Q(x),\ x \in J \tag{6.2.8}$$

成立. 又设 $y = \varphi(x)$ 是方程（6.2.6）的一个非零解，而且 x_1 和 x_2 是它的两个相邻的零点，则方程（6.2.7）的任何非零解 $y = \psi(x)$ 在 x_1 和 x_2 之间至少有一个零点 x_0（这里所说的 x_0 在 x_1 和 x_2 之间的含义为 $x_0 \in [x_1,\ x_2]$）.

证明：由题意得，$\varphi(x_1)=0$ 和 $\varphi(x_2)=0$，不妨设 $\varphi(x) > 0(x_1 < x < x_2)$. 由此可推出

$$\varphi'(x_1) > 0,\ \varphi'(x_2) < 0 \tag{6.2.9}$$

要证：$y = \psi(x)$ 在区间 $x_1 \leqslant x \leqslant x_2$ 上至少有一个零点.

假设这个结论不真，不妨设

$$\psi(x) > 0,\ x_1 \leqslant x \leqslant x_2 \qquad (6.2.10)$$

当$x \in J$时，有

$$\varphi''(x) + p(x)\varphi'(x) + Q(x)\varphi(x) = 0$$

和

$$\psi''(x) + p(x)\psi'(x) + R(x)\psi(x) = 0$$

然后，用 $\psi(x)$ 乘第一式，再减去用 $\varphi(x)$ 乘第二式，并且令

$$v(x) = \psi(x)\varphi'(x) - \varphi(x)\psi'(x)$$

就得到

$$v'(x) + p(x)v(x) = \left[R(x) - Q(x)\right]\varphi(x)\psi(x)$$

再利用条件（6.2.8）以及上述有关 $\varphi(x)$ 和 $\psi(x)$ 的性质，推得

$$\left[R(x) - Q(x)\right]\varphi(x)\psi(x) \geqslant 0,\ x_1 < x < x_2$$

所以有不等式

$$v'(x) + p(x)v(x) \geqslant 0,\ x_1 < x < x_2$$

它等价于不等式

$$\mathrm{e}^{\int_{x_1}^{x_2} p(x)\mathrm{d}x}\left[v'(x) + p(x)v(x)\right] \geqslant 0,\ x_1 < x < x_2$$

亦即

$$\frac{\mathrm{d}}{\mathrm{d}x}\left[\mathrm{e}^{\int_{x_1}^{x_2} p(x)\mathrm{d}x} v(x)\right] \geqslant 0,\ x_1 < x < x_2$$

因此，可以利用函数的单调性推出

$$\mathrm{e}^{\int_{x_1}^{x_2} p(x)\mathrm{d}x} v(x_2) \geqslant v(x_1) \qquad (6.2.11)$$

由 $v(x)$ 的表达式可以看到

$$v(x_1) = \psi(x_1)\varphi'(x_1),\ v(x_2) = \psi(x_2)\varphi'(x_2)$$

所以利用式（6.2.9）和式（6.2.10）及 $\psi(x_1) = 0$、$\psi(x_2) = 0$ 可知

$$v(x_1) > 0,\ v(x_2) < 0$$

但是，这与不等式（6.2.11）是矛盾的．这样，我们就证明了 $y = \psi(x)$ 在 $x_1 \leqslant x \leqslant x_2$ 上至少有一个零点．定理 6.2.2 证毕．

现在，设 $y = \varphi(x)$ 是齐次线性微分方程（6.2.1）的一个非零解．如果 $y = \varphi(x)$ 在区间 J 上最多只有一个零点，则称它在 J 上是非振动的；否则，称它

在J上是振动的．如果$y=\varphi(x)$在区间J上有无限个零点，则称它在J上是无限振动的．

利用上述比较定理，可以得到下面的有关解是否振动的简单判别法．

判别法 6.2.1　设齐次线性微分方程（6.2.1）中的系数函数

$$q(x)\leqslant 0,\ x\in J$$

则它的一切非零解都是非振动的．

事实上，我们可以对方程（6.2.1）和方程

$$y''+p(x)y'=0 \tag{6.2.12}$$

进行比较．显然，方程（6.2.12）有非零解

$$y=\psi(x)\equiv 1,\ x\in J$$

如果方程（6.2.1）的非零解$y=\varphi(x)$在J上至少有两个不同的零点x_1和x_2，那么根据上面的比较定理就会推出方程（6.2.12）的非零解$y=1$在x_1和x_2之间至少有一个零点．这是荒谬的．因此，$y=\varphi(x)$在J上最多只有一个零点．

判别法 6.2.2　设微分方程

$$y''+Q(x)y=0 \tag{6.2.13}$$

其中$Q(x)$在区间$a\leqslant x<+\infty$上是连续的，而且满足不等式

$$Q(x)\geqslant m>0,\ m\text{是常数}$$

则微分方程(6.2.13)的任何非零解$y=\varphi(x)$在区间$[a,+\infty)$上是无限振动的;而且它的任何两个相邻零点的间距不大于常数$\dfrac{\pi}{\sqrt{m}}$．

事实上，我们只要证明任何长度为$\dfrac{\pi}{\sqrt{m}}$的区间必有$y=\varphi(x)$的零点即可．为此取任一实数a，考虑区间$I=\left[a,\ a+\dfrac{\pi}{\sqrt{m}}\right]$．对方程（6.2.13）和方程

$$y''+my=0$$

进行比较．易知后一方程有非零解

$$y=\sin\left[\sqrt{m}(x-a)\right]$$

而且它以区间I的两个端点为零点．因此，根据定理6.2.2推出方程（6.2.13）的非零解$y=\varphi(x)$在区间I上至少有一个零点，从而得到所需的结论．

注意，如果只假定

$$Q(x)>0,\quad a\leqslant x<+\infty$$

那么判别法 6.2.2 的结论可以不成立．例如，微分方程

$$y'' + \frac{1}{4x^2} y = 0, 1 \leqslant x < +\infty$$

的非零解

$$y = \sqrt{x}(C_1 + C_2 \ln x)$$

在区间 $1 \leqslant x < +\infty$ 上最多有一个零点，其中 C_1 和 C_2 是任意常数．

6.2.2　S–L 边值问题的特征值

在进入一般性的讨论之前，我们先举一个具体的例子．

例 6.2.1　杆的弯曲问题：设有一根杆，以铰链固定于一端 $x = l$，而另一端 $x = 0$ 则以支承固定，如图 6-2-1 所示．设杆受到一轴向载荷 P 的作用．试讨论此杆可能出现的弯曲状态．

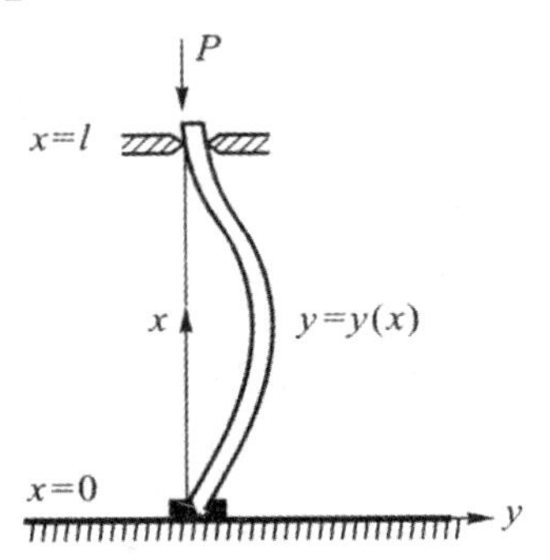

图 6-2-1　杆的弯曲示意图

设杆的中心轴线为 $y = y(x)$，则由力学实验可知，杆在 x 点的弯曲度 $y''(x)$ 与力矩 $P \bullet y(x)$ 成正比，即

$$-IEy''(x) = P \bullet y(x)$$

其中 $E = E(x)$ 是杨氏模量，而 $I = I(x)$ 为惯性矩．令

$$\lambda = P,\ \ Q(x) = \frac{1}{IE}$$

则上述力学定理可以写成如下的微分方程：

$$y'' + \lambda Q(x) y = 0, \tag{6.2.14}$$

其中 λ 代表压力参数，而函数 $Q(x)$ 在区间 $0 \leqslant x \leqslant l$ 上是连续的．另外，$y = y(x)$ 显然满足边值条件

$$y(0) = y,\ \ y(l) = 0 \tag{6.2.15}$$

所以研究杆的弯曲问题转化为求解边值问题（6.2.14）+（6.2.15）.

显然，该边值问题有零解

$$y(x)=0, 0\leqslant x\leqslant l$$

它对应于杆的不弯曲状态．而杆的弯曲状态对应于该边值问题的非零解．利用力学直观可知，当压力参数λ不大时，杆不会弯曲，即边值问题（6.2.14）+（6.2.15）没有非零解；而当λ适当加大时，杆就会弯曲，即上述边值问题有非零解．这些结论在力学上似乎是显然的，但在数学上并不明显．本节的目的就是用数学方法更确切地揭示有关边值问题所反映的一些力学现象.

我们考虑比较一般的二阶齐次线性微分方程

$$\left[p(x)y'\right]'+\left[q(x)+\lambda r(x)\right]y=0 \tag{6.2.16}$$

其中λ是一个参数，系数函数$p(x)$，$q(x)$和$r(x)$在区间$a\leqslant x\leqslant b$上是连续的，$p(x)$是可微的，而且$p(x)>0$，$r(x)>0$．另外，设边值条件

$$Ky(a)+Ly'(a)=0，My(b)+Ny'(b)=0 \tag{6.2.17}$$

其中常数K，L，M和N满足条件

$$K^2+L^2>0，M^2+N^2>0$$

上述形式的边值问题（6.2.16）+（6.2.17）通常称为S-L边值问题．注意，在例6.2.1中所说的杆的弯曲问题（6.2.14）+（6.2.15）就是S-L边值问题的一个实例.

设当$\lambda=\lambda_0$时，边值问题（6.2.16）+（6.2.17）有非零解$y=\varphi_0(x)$，则称λ_0为该边值问题的特征值，而称$y=\varphi_0(x)$为相应的特征函数．注意，如果$y=\varphi_0(x)$是相应于特征值λ_0的特征函数，则对于任何常数$C\neq 0$，$y=C\varphi_0(x)$仍是相应的特征函数.

例6.2.2　试求边值问题

$$\begin{cases} y''+\lambda y=0 \\ y(0)=0，y(l)=0 \end{cases} \tag{6.2.18}$$

的特征值和相应的特征函数（这里设常数$l>0$）.

解：当$\lambda\leqslant 0$时，由判别法6.2.1可知式（6.2.18）中方程的任何非零解都不是振动的，从而它不可能满足式（6.2.18）的边值条件．所以一切负的或等于零的常数λ都不是该边值问题的特征值.

当$\lambda>0$时，式（6.2.18）中微分方程的通解为

$$y = C_1 \cos\sqrt{\lambda}x + C_2 \sin\sqrt{\lambda}x$$

设它是一个非零解，则常数 C_1 和 C_2 不可能全等于零．利用式（6.2.18）中的边值条件，得到

$$\begin{cases} y(0) = C_1 = 0 \\ y(l) = C_1 \cos\sqrt{\lambda}l + C_2 \sin\sqrt{\lambda}l = 0 \end{cases}$$

由此推出

$$\sin\sqrt{\lambda}l = 0$$

因此，有 $\sqrt{\lambda}l = n\pi$，亦即

$$\lambda = \lambda_n = \left(\frac{n\pi}{l}\right)^2, \quad n = 1,2,\cdots$$

为所求的特征值，而相应的特征函数为

$$y = \varphi_n(x) = \sin\frac{n\pi}{l}x, \quad n = 1,2,\cdots \tag{6.2.19}$$

注意，上述特征值 $\lambda_n \to +\infty$（当 $n \to +\infty$ 时），而且由傅里叶级数（以下简称傅氏级数）理论知，特征函数系式（6.2.19）在区间 [0，l] 上组成一个完全的正交函数系．因此，我们可以在区间 [0，l] 上把一般满足狄利克雷条件（以下简称狄氏条件）的函数 $f(x)$ 展开成傅氏级数，即

$$f(x) = \sum_{n=1}^{\infty} b_n \sin\frac{n\pi}{l}x$$

其中傅氏系数

$$b_n = \frac{2}{l}\int_0^l f(x)\sin\frac{n\pi}{l}x\mathrm{d}x, \quad n = 1,2,\cdots$$

以下我们的目的是要把例 6.2.2 的这些结论推广到一般的 S-L 边值问题（6.2.16）+（6.2.17），从而也推广了一般傅氏级数的理论及其应用的范围．

为了形式上的简洁，作适当的变换，可以把方程（6.2.16）化成如下形式：

$$y'' + [\lambda + q(x)]y = 0 \tag{6.2.20}$$

其中函数 $q(x)$ 在区间 [0，1] 上连续，而且可以把边值条件（6.2.17）化成

$$y(0)\cos\alpha - y'(0)\sin\alpha = 0, \quad y(1)\cos\beta - y'(1)\sin\beta = 0 \tag{6.2.21}$$

这里规定常数 α 和 β 满足不等式：$0 \leqslant \alpha < \pi, 0 < \beta \leqslant \pi$.

现在，设 $y = \varphi(x，\lambda)$ 是微分方程（6.2.20）的解，而且它满足初值条件

$$\varphi(0，\lambda) = \sin\alpha, \quad \varphi'(0，\lambda) = \cos\alpha \tag{6.2.22}$$

可知这样的解 $y=\varphi(x, \lambda)$ 是存在和唯一的，而且易知它是一个非零解．显然，$y=\varphi(x, \lambda)$ 满足边值条件（6.2.21）的第一式．一般说来，它不一定再满足第二式．问题是如何确定 λ，使得 $y=\varphi(x, \lambda)$ 也满足边值条件（6.2.21）中的第二式．这样，相应的 λ 就是特征值，而 $y=\varphi(x, \lambda)$ 为相应的特征函数．

下面采用极坐标．令

$$\varphi(x, \lambda)=\rho(x, \lambda)\sin\theta(x, \lambda),\ \varphi'(x, \lambda)=\rho(x, \lambda)\cos\theta(x, \lambda)$$

其中

$$\begin{cases}\rho(x, \lambda)=\sqrt{[\varphi(x, \lambda)]^2+[\varphi'(x, \lambda)]^2},\ x>0\\ \theta(x, \lambda)=\arctan\dfrac{\varphi(x, \lambda)}{\varphi'(x, \lambda)},0\leqslant x\leqslant 1\end{cases}$$

由于 $y=\varphi(x, \lambda)$ 满足初值条件（6.2.22），从而满足边值条件（6.2.21）中第一式，则有

$$\theta(0, \lambda)=\arctan\frac{\sin\alpha}{\cos\alpha}=\alpha+j\pi \tag{6.2.23}$$

这里 j 是某个整数．欲使 $y=\varphi(x, \lambda)$ 也满足边值条件（6.2.21）中的第二式，只要使 $\theta=\theta(x, \lambda)$ 满足条件

$$\theta(1, \lambda)=\beta+k\pi \tag{6.2.24}$$

这里 k 是某个整数．这就是说，满足关系式（6.2.24）的 $\lambda=\lambda_k$ 就是所求的特征值，而 $y=\varphi(x, \lambda_k)$ 为相应的特征函数．

因此，我们只需讨论方程（6.2.24）的求根问题．

首先，可以直接推导 $\theta=\theta(x, \lambda)$ 满足微分方程

$$\theta'=\cos^2\theta+[\lambda+q(x)]\sin^2\theta \tag{6.2.25}$$

在式（6.2.23）中不妨取 $j=0$，亦即 $\theta=\theta(x, \lambda)$ 满足初值条件

$$\theta(0, \lambda)=\alpha \tag{6.2.26}$$

这样，函数 $\theta=\theta(x, \lambda)$ 是初值问题（6.2.25）+（6.2.26）的唯一解．易知，$\theta=\theta(x, \lambda)$ 在 $0\leqslant x\leqslant 1$ 上存在，而且对参数 λ 是连续可微的．

引理 6.2.2　令 $\omega(\lambda)=\theta(1, \lambda)$，则函数 $\omega(\lambda)$ 在区间 $-\infty<\lambda<+\infty$ 上是连续的，而且是严格上升的．

证明：由方程（6.2.25）可以推出它关于 λ 的变分方程为

$$\frac{\mathrm{d}}{\mathrm{d}x}\frac{\mathrm{d}\theta}{\mathrm{d}\lambda}=[\lambda+q(x)-1]\sin 2\theta\frac{\partial\theta}{\partial\lambda}+\sin^2\theta \tag{6.2.27}$$

又由方程（6.2.26）可知

$$\frac{\partial\theta}{\partial\lambda}(0,\ \lambda)=0 \qquad (6.2.28)$$

注意，方程(6.2.27)关于 $\frac{\partial\theta}{\partial\lambda}$ 是一阶线性的. 因此，再利用初值条件(6.2.28)，可得到

$$\frac{\partial\theta}{\partial\lambda}(x,\ \lambda)=\int_0^x \mathrm{e}^{\int_t^x E(s,\ \lambda)\mathrm{d}s}\sin^2\theta(t,\ \lambda)\mathrm{d}t$$

其中

$$E(s,\ \lambda)=\left[\lambda+q(s)-1\right]\sin 2\theta(s,\ \lambda)$$

易知 $\sin^2\theta(x,\ \lambda)$（$0\leqslant x\leqslant 1$）不恒为零. 因此，可得

$$\omega'(\lambda)=\frac{\partial\theta}{\partial\lambda}(1,\ \lambda)>0$$

即证引理结论成立.

引理 6.2.3　当 $-\infty<\lambda<+\infty$ 时，$\omega(\lambda)>0$，并且

$$\lim_{\lambda\to\infty}\omega(\lambda)=0$$

证明：首先，由于 $\theta=\theta(x,\ \lambda)$ 是初值问题（6.2.25）+（6.2.26）的解，我们可以找到正数 $x_0\leqslant 1$，使得

$$\theta(x,\ \lambda)>0,\ \text{只要}\ 0<x\leqslant x_0 \qquad (6.2.29)$$

事实上，当 $\alpha>0$ 时，这个结论可直接由式（6.2.26）得到；而当 $\alpha=0$ 时，则由方程（6.2.25）和方程（6.2.26）推出

$$\theta'(0,\ \lambda)=1$$

从而同样可得方程（6.2.29）.

其次，要证式（6.2.29）在区间 $0<x\leqslant 1$ 上也成立.

假如不然，则由方程（6.2.29）可知，存在正数 $x_1(x_0<x_1\leqslant 1)$，使得

$$\theta(x,\ \lambda)>0,\ \text{只要}\ 0<x<x_1$$

但是

$$\theta(x_1,\ \lambda)=0$$

由此就推出

$$\theta'(x_1,\ \lambda)\leqslant 0$$

由方程（6.2.25）得

$$\theta'(x_1, \lambda)=1$$

这个矛盾证明了式（6.2.29）在区间 $0<x\leqslant 1$ 上也成立.

因此，我们特别有

$$\omega(\lambda)=\theta(1, \lambda)>0, -\infty<\lambda<+\infty$$

现在任给充分小的常数 $\varepsilon>0\left(\varepsilon<\dfrac{\pi}{4}\text{和}\varepsilon<\pi-\alpha\right)$，且令

$$h^2=\frac{1+\pi-2\varepsilon}{\sin^2\varepsilon}, \quad M=\max\{q(x): 0\leqslant x\leqslant 1\}$$

则当 $\lambda<-h^2-M$ 时，有

$$\lambda+q(x)<-h^2, 0\leqslant x\leqslant 1 \qquad (6.2.30)$$

在（x，θ）平面上，取两点 $A(0, \pi-\varepsilon)$ 和 $B(1, \varepsilon)$，则由方程（6.2.26）和 $\alpha<\pi-\varepsilon$，可找到正数 $\bar{x}_0\leqslant 1$，使得当 $0<x\leqslant\bar{x}_0$ 时，积分曲线 $\theta=\theta(x, \lambda)$ 在直线 AB 的下侧（图 6-2-2）.

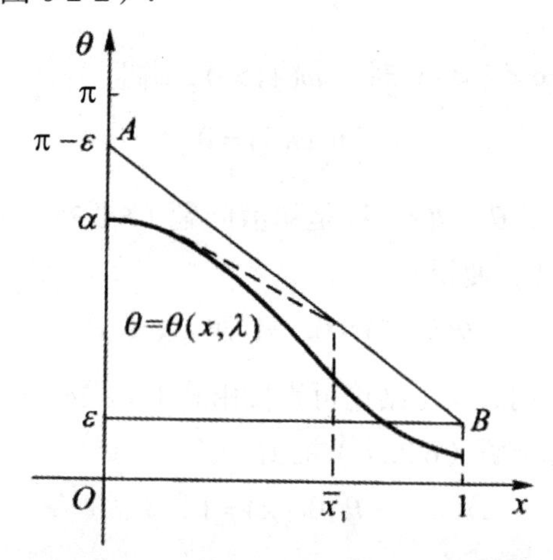

图 6-2-2　积分曲线 $\theta=\theta(x, \lambda)$ 在直线 AB 的下侧的示意图

如果积分曲线 $\theta=\theta(x, \lambda)$ 与直线 AB 第一次相交于 $x=\bar{x}_1$，则斜率 $\theta'(\bar{x}_1, \lambda)\geqslant$ 直线 AB 的斜率 $(K=2\varepsilon-\pi)$. 然而，由方程（6.2.25）和方程（6.2.30），有

$$\theta'(\bar{x}_1, \lambda)<1-h^2\sin^2\varepsilon=2\varepsilon-\pi$$

这是矛盾的. 因此，积分曲线 $\theta=\theta(x, \lambda)$ 不可能与直线 AB 相交，从而保持在直线 AB 的下侧. 这就证明了，当 $\lambda<-h^2-M$ 时，有

$$\omega(\lambda)=\theta(1, \lambda)<\varepsilon$$

注意，当$h^2 \to +\infty$时，有$\lambda \to -\infty$和$\varepsilon \to 0$，因此，引理 6.2.3 得证.

引理 6.2.4　当$\lambda \to +\infty$时，$\omega(\lambda) \to +\infty$.

证明：显然，对于任意给定的充分大常数$N > 0$，可以找到常数$K > 0$，使得只要$\lambda > K$，就有

$$\lambda + q(x) > N^2, 0 \leqslant x \leqslant 1$$

因此，由方程（6.2.25）有

$$\theta' \geqslant \cos^2\theta + N^2 \sin^2\theta > 0$$

从而

$$\frac{\theta'}{\cos^2\theta + N^2\sin^2\theta} \geqslant 1, 0 \leqslant x \leqslant 1$$

然后，在区间$0 \leqslant x \leqslant 1$上积分此不等式，并注意$\theta(0，\lambda) = \alpha$和$\theta(1，\lambda) = \omega(\lambda)$，得到

$$\int_0^1 \frac{\theta'}{\cos^2\theta + N^2\sin^2\theta} dx = \int_\alpha^{\omega(\lambda)} \frac{d\theta}{\cos^2\theta + N^2\sin^2\theta} \geqslant 1 \qquad (6.2.31)$$

假设引理的结论不真，则当$\lambda \to +\infty$时，$\omega(\lambda)$是有界的. 因此，令$\omega(\lambda) < L(\lambda \gg 1)$，其中常数$L > 0$，则由方程（6.2.31）推出

$$J = \int_0^L \frac{d\theta}{\cos^2\theta + N^2\sin^2\theta} \geqslant 1 \qquad (6.2.32)$$

注意，在积分区间$I = [0，L]$上$\sin\theta$的零点个数有限.

令$I = I_1 \cup I_2$，其中I_1是包含上述零点的有限个不相交的小区间之并，$I_2 = I \setminus I_1$，则$J = J_1 + J_2$，其中

$$J_i = \int_{I_i} \frac{d\theta}{\cos^2\theta + N^2\sin^2\theta}，\ i = 1,2$$

再取I_1中每个小区间的长度足够小，使得它们的长度之和$|I_1| < \dfrac{1}{4}$，而且当$\theta \in I_1$时，有$\cos^2\theta > \dfrac{1}{2}$，则

$$J_1 = \int_{I_1} \frac{d\theta}{\cos^2\theta + N^2\sin^2\theta} < 2\int_{I_1} d\theta = 2|I_1| < \frac{1}{2}$$

固定此I_1和I_2，则存在$\sigma > 0$，使得当$\theta \in I_2$时，有$\sin^2\theta > \sigma$. 因此，有

$$J_2 = \int_{I_2} \frac{d\theta}{\cos^2\theta + N^2\sin^2\theta} < \frac{1}{\sigma N^2}\int_{I_2} d\theta < \frac{L}{\sigma N^2}$$

再取 $N \gg 1$(只要 $\lambda \gg 1$)，就可使 $J_2 < \dfrac{1}{2}$，从而 $J = J_1 + J_2 < 1$，这与（6.2.32）矛盾. 因此，当 $\lambda \to +\infty$ 时，$\omega(\lambda)$ 无界. 因为 $\omega(\lambda)$ 对 λ 是单调上升的，所以引理 6.2.4 成立.

根据引理 6.2.2 ～ 6.2.4 的结论，我们得知，对于任何整数 $k(k \geqslant 0)$，方程（6.2.24）有且只有一个（简单的）根 $\lambda = \lambda_k$，而且当 $k \to +\infty$ 时有 $\lambda_k \to +\infty$. 注意，这些 λ_k 都是边值问题（6.2.20）+（6.2.21）的特征值.

最后，我们把上述结论总结成下面的特征值存在定理.

定理 6.2.3　S-L 边值问题有无限多个（简单的）特征值，而且可把它们排列如下:

$$\lambda_0 < \lambda_1 < \cdots \lambda_k < \cdots$$

其中

$$\lim_{k \to +\infty} \lambda_k = +\infty$$

6.2.3　特征函数系的正交性

为了方便，现在把 6.2.2 节的 S-L 边值问题（6.2.20）+（6.2.21）重写如下:

$$y'' + [\lambda + q(x)]y = 0 \qquad (6.2.33)$$

和

$$\begin{cases} y(0)\cos\alpha - y'(0)\sin\alpha = 0 \\ y(1)\cos\beta - y'(1)\sin\beta = 0 \end{cases} \qquad (6.2.34)$$

其中 λ 是参数，而函数 $q(x)$ 在区间 $0 \leqslant x \leqslant 1$ 上是连续的；又设常数 α 和 β 满足不等式

$$0 \leqslant \alpha < \pi, 0 < \beta \leqslant \pi$$

根据 6.2.2 节特征值的存在定理可知，边值问题（6.2.33）+（6.2.34）有可数无限多个特征值

$$\lambda_0 < \lambda_1 < \cdots < \lambda_n < \cdots$$

其中 $\lambda_n \to +\infty$，当 $n \to +\infty$.

因此，对应于每个特征值 λ_n，至少有一个特征函数 $\varphi(x，\lambda_n)$. 而且，设常数 $C \neq 0$，则 $C\varphi(x，\lambda_n)$ 也是对应于 λ_n 的特征函数. 这里自然会提出一个问题: 对应于特征值 λ_n，除了特征函数 $C\varphi(x，\lambda_n)$ 外，是否还有别的（即与 $\varphi(x，\lambda_n)$）线性无关的）特征函数.

引理 6.2.5　对应于每个特征值，S-L 边值问题有且只有一个线性无关的特征函数.

证明：令 $\lambda=\lambda_n$ 是边值问题（6.2.33）+（6.2.34）的任一特征值，已知 $y=\varphi(x,\ \lambda_n)$ 是相应的特征函数．现在令 $\varphi(x)$ 和 $\psi(x)$ 是相应的两个特征函数．因此，可利用式（6.2.34）的第一式得到

$$\begin{cases}\varphi(0)\cos\alpha-\varphi'(0)\sin\alpha=0\\ \psi(0)\cos\alpha-\psi'(0)\sin\alpha=0\end{cases}$$

它蕴含系数行列式

$$\varphi(0)\psi'(0)-\psi(0)\varphi'(0)=0$$

即 $\varphi(x)$ 和 $\psi(x)$ 的朗斯基行列式 $W(x)$ 在 $x=0$ 处的值为零．因此， $\varphi(x)$ 和 $\psi(x)$ 是方程（6.2.33）的两个线性相关的解.

由此可见，除相差一个常数因子外，S-L 边值问题（6.2.33）+（6.2.34）的全部特征函数为

$$\varphi(x,\ \lambda_0),\ \varphi(x,\ \lambda_1),\cdots,\ \varphi(x,\ \lambda_n),\cdots$$

为了简便，以下令

$$\varphi_n(x)=\varphi(x,\ \lambda_n),\ n=0,1,2,\cdots \tag{6.2.35}$$

引理 6.2.6　特征函数系（6.2.35）在区间 $0\leqslant x\leqslant 1$ 上组成一个正交系，即

$$\int_0^1\varphi_n(x)\varphi_k(x)\mathrm{d}x=\begin{cases}0, & n\neq k\\ \delta_k>0, & n=k\end{cases}$$

证明：因为 $\varphi_k(x)$ 不恒等于零，所以

$$\delta_k=\int_0^1\varphi_k^2(x)\mathrm{d}x>0$$

而当 $n\neq k$ 时，有 $\lambda_n\neq\lambda_k$，而且

$$\begin{cases}\varphi_n''(x)+[\lambda_n+q(x)]\varphi_n(x)=0\\ \varphi_k''(x)+[\lambda_k+q(x)]\varphi_k(x)=0\end{cases},0\leqslant x\leqslant 1$$

由此可以推出

$$(\lambda_n-\lambda_k)\varphi_n(x)\varphi_k(x)=\frac{\mathrm{d}}{\mathrm{d}x}[\varphi_n(x)\varphi_k'(x)-\varphi_n'(x)\varphi_k(x)]$$

它蕴含

$$\int_0^1\varphi_n(x)\varphi_k(x)\mathrm{d}x=\left.\frac{[\varphi_n(x)\varphi_k'(x)-\varphi_n'(x)\varphi_k(x)]}{\lambda_n-\lambda_k}\right|_{x=0}^{x=1}$$

再利用边值条件

$$\begin{cases}\varphi_n(0)\cos\alpha-\varphi_n'(0)\sin\alpha=0\\ \varphi_k(0)\cos\alpha-\varphi_k'(0)\sin\alpha=0\end{cases}$$

推出系数行列式

$$\varphi_n(0)\varphi_k'(0)-\varphi_n'(0)\varphi_k(0)=0$$

同理可得

$$\varphi_n(1)\varphi_k'(1)-\varphi_n'(1)\varphi_k(1)=0$$

因此，可推得

$$\int_0^1\varphi_n(x)\varphi_k(x)\mathrm{d}x=0,\quad n\neq k$$

引理得证.

引理 6.2.7　如果 $f(x)$ 在区间 $0\leqslant x\leqslant 1$ 上是黎曼可积的，且满足

$$\int_0^1 f(x)\varphi_n(x)\mathrm{d}x=0,\quad n=0,1,2,\cdots$$

那么 $f(x)$（除在少数点外）恒等于零.

证明较长，在此从略. 有兴趣的读者可参考相关文献.

这里我们对引理 6.2.7 的几何意义做一简单的说明：设 φ_1，φ_2，φ_3 是三维空间 $\boldsymbol{R}^3$ 的三个互相垂直的（非零）向量. 如果 $\boldsymbol{f}$ 是 $\boldsymbol{R}^3$ 中的向量且数量积

$$(\boldsymbol{f},\ \boldsymbol{\varphi}_n)=0,\quad n=1,2,3$$

那么 $\boldsymbol{f}$ 是一个零向量. 因此，φ_1，φ_2，φ_3 是 $\boldsymbol{R}^3$ 中的一个完全的正交系（基）. 注意，其中任何两个，如 φ_1，φ_2 都是一个正交系，但不是完全的. 因此，引理 6.2.7 说明，特征函数系（6.2.35）在黎曼可积的函数空间 $\Re\{[0,1];\ \boldsymbol{R}^1\}$ 中是一个完全的正交系. 类似于对完全的正交三角函数系，在区间 [0，1] 上可以考虑可积函数 $f(x)$ 关于特征函数系（6.2.35）的（广义）傅氏展开

$$f(x)\sim\sum_{n=0}^{\infty}a_n\varphi_n(x)\qquad(6.2.36)$$

其中（广义）傅氏系数

$$a_n=\frac{1}{\delta_n}\int_0^1 f(x)\varphi_n(x)\mathrm{d}x,\quad n=0,1,2,\cdots$$

而正数

$$\delta_n=\int_0^1\varphi_n^2(x)\mathrm{d}x$$

还可以进一步证明下述结论.

定理 6.2.4　设函数 $f(x)$ 在区间 $0 \leqslant x \leqslant 1$ 上满足狄氏条件，则它的（广义）傅氏级数（6.2.36）收敛到它自己.

上面的一些理论，如同三角级数一样，是数学物理方法的一个必要的基础.

例 6.2.3　试求边值问题

$$\begin{cases} y'' + \lambda y = 0 \\ y(0) + y'(0) = 0,\ y(1) = 0 \end{cases} \tag{6.2.37}$$

的特征值与相应的特征函数，并且讨论函数 $f(x)$ 在区间 $0 \leqslant x \leqslant 1$ 上关于该特征函数系的（广义）傅氏展开.

解：当 $\lambda < 0$ 时，令 $\lambda = -R^2 (R > 0)$，则式（6.2.37）中方程的通解为

$$y = C_1 e^{Rx} + C_2 e^{-Rx}$$

再利用方程（6.2.37）中的边值条件，得到

$$\begin{cases} (1+R)C_1 + (1-R)C_2 = 0 \\ e^R C_1 + e^{-R} C_2 = 0 \end{cases} \tag{6.2.38}$$

它的系数行列式为

$$\Delta(R) = (e^R + e^{-R})R - (e^R - e^{-R})$$

因为 $\Delta'(R) = (e^R - e^{-R})R > 0$（$R > 0$）和 $\Delta(0) = 0$，所以当 $R > 0$ 时，$\Delta(R) > 0$．因此，由方程（6.2.38）推出

$$C_1 = 0,\ C_2 = 0$$

这就证明，边值问题（6.2.37）没有负的特征值．当 $\lambda = 0$ 时，边值问题（6.2.37）的通解为

$$y = C_1 x + C_2$$

再利用方程（6.2.37）中的边值条件，得到

$$C_1 + C_2 = 0$$

取 $C_1 = 1$，则 $C_2 = -1$．因此，得到边值问题的一个非零解

$$y = \varphi_0(x) = x - 1 \tag{6.2.39}$$

它是对应于特征值 $\lambda_0 = 0$ 的特征函数．当 $\lambda > 0$ 时，令 $\lambda = R^2 (R > 0)$，则方程（6.2.37）的通解为

$$y = C_1 \cos(Rx) + C_2 \sin(Rx)$$

再利用方程（6.2.37）中的边值条件，有

$$\begin{cases} C_1 + C_2 R = 0 \\ C_1 \cos R + C_2 \sin R = 0 \end{cases} \tag{6.2.40}$$

它的系数行列式为

$$\Delta(R) = \sin R - R\cos R$$

因此，方程（6.2.40）关于（ C_1，C_2 ）有非零解的充要条件为$\Delta(R)$ =0，即

$$R = \tan R，R > 0 \tag{6.2.41}$$

由简单的作图法可见，方程（6.2.41）有无限多个正根

$$0 < R_1 < R_2 < \cdots R_n < \cdots$$

其中，

$$\left(n - \frac{1}{2}\right)\pi < R_n < \left(n + \frac{1}{2}\right)\pi，n = 1,2,\cdots$$

而且由图形不难得到近似公式

$$R_n \approx \left(n + \frac{1}{2}\right)\pi，n \gg 1$$

因此，当$\lambda > 0$时，得到的特征值为

$$\lambda_n = R_n^2，n = 1,2,\cdots$$

而且

$$\lambda_n \approx \left(n + \frac{1}{2}\right)^2 \pi^2，n \gg 1$$

而相应的特征函数为

$$\varphi_n(x) = R_n \cos(R_n x) - \sin(R_n x)，n = 1,2,\cdots \tag{6.2.42}$$

联合方程（6.2.39）和方程（6.2.42），在区间$0 \leqslant x \leqslant 1$上得到一个完全的正交特征函数系，即

$$\varphi_0(x)，\varphi_1(x),\cdots，\varphi_n(x),\cdots \tag{6.2.43}$$

容易算出

$$\delta_0 = \int_0^1 [\varphi_0(x)]^2\,\mathrm{d}x = \int_0^1 (x-1)^2\,\mathrm{d}x = \frac{1}{3}$$

$$\begin{aligned} \delta_n &= \int_0^1 [\varphi_n(x)]^2\,\mathrm{d}x = \int_0^1 [R_n \cos(R_n x) - \sin(R_n x)]^2\,\mathrm{d}x \\ &= \frac{1}{2}\left[\left(R_n^2 - 1\right) + \left(R_n^2 + 1\right)\cos^2 R_n\right] > 0 \end{aligned}$$

当 $n \geqslant 1$ 时，$R_n = \tan R_n > 1$．因此，设函数 $f(x)$ 在区间 $0 \leqslant x \leqslant 1$ 上满足狄氏条件，则可以利用正交特征函数系（6.2.43）把它展开成（广义）傅氏级数，即

$$f(x) = \sum_{n=0}^{\infty} a_n \varphi_n(x)$$

其中（广义）傅氏系数

$$a_n = \frac{1}{\delta_n} \int_0^1 f(x) \varphi_n(x) \mathrm{d}x, \quad n = 0,1,2,\cdots$$

6.3　差分方程边值问题正解的存在性

6.3.1　一类具有 *p*–Laplacian 算子的分数阶差分方程边值问题正解的存在性

分数阶模型作为一种重要的数学模型，在许多领域都得到了广泛的应用，如空气动力学、流体力学、黏弹性力学、生物数学等．例如，郑祖庥提出在眼球瞬间运动的神经控制过程，前庭视觉反射效应是分数阶的，运动神经控制是整数阶的，其模型为

$$\tau_1 Dr(t) + r(t) = \tau_1 \tau_2 D^{v+1} v(t) + \tau_1 D^{v} v(t)$$

其中，D^v，D^{v+1} 是黎曼–刘维尔型分数阶导数．[①] 然而我们注意到大多数的研究成果仅限于分数阶微分方程，对分数阶差分方程却鲜有问津．值得欣喜的是，近些年来已有诸多学者致力于这方面的研究．例如，程金发系统地介绍了分数阶差分、分数阶和分的概念和性质，给出了类似于微积分中的莱布尼兹公式、分数阶差分及和分的 Z 变换公式，讨论了分数阶差分方程解的存在唯一性和连续依赖性，归纳了求分数阶差分方程显示解的方法，并研究了分数阶差分方程边值问题的格林函数及其性质．[②]

另外，我们注意到美国学者古德里奇在过去几年里对分数阶差分方程边值问题进行了比较深入的研究．古德里奇运用锥拉伸与压缩不动点定理 [③] 研究了分数阶差分边值问题

① 郑祖庥．分数微分方程的发展和应用 [J]．徐州师范大学学报：自然科学版，2008（2）：1-10.

② 程金发．分数阶差分方程理论 [M]．厦门：厦门大学出版社，2011.

③ Goodrich C S. On a first-order semmipositone discrete fractional boundary value problem[J]. Archiv der Mathematik，2012，99（6）：509-518.

$$\begin{cases} \Delta^{\nu} y(t) = \lambda f\left[t+\nu-1,\ y(t+\nu-1)\right],\ t \in [0,\ T]_{\mathbb{Z}} \\ y(\nu-1) = y(\nu+T) + \sum_{i=1}^{N} F\left[t_i,\ y(t_i)\right] \end{cases}$$

正解的存在性．其中，非线性项 f 下方有界，且关于未知函数 y 在无穷远处次线性增长．古德里奇及其合作者①运用锥上的不动点指数理论研究了分数阶差分方程组

$$\begin{cases} \Delta^{\nu} x(t) = f_1(t+\nu-1, x(t+\nu-1), y(t+\nu-1)), t \in [0,T]_{\mathbb{Z}} \\ \Delta^{\nu} y(t) = f_2(t+\nu-1, x(t+\nu-1), y(t+\nu-1)), t \in [0,T]_{\mathbb{Z}} \\ x(\nu-1) = x(\nu+T), y(\nu-1) = y(\nu+T) \end{cases}$$

边值问题正解的存在性．其中，非线性项 f_i（i=1，2）下方有界，并采用合适的凹凸函数刻画它们之间的耦合行为．

另外，我们注意到 p-Laplace 方程边值问题来源于非牛顿流体力学、冰川学、燃烧理论、多孔介质的气体湍流、弹性理论、血浆问题、宇宙物理等应用学科，然而具有 p-Laplacian 算子的分数阶差分方程边值问题却很少出现在研究文献里．王金华②等运用锥拉伸与压缩不动点定理研究了 p-Laplacian 分数阶差分边值问题

$$\begin{cases} \Delta^{\beta}\left[\phi_p(\Delta^{\alpha} y)\right](t) + f(t+\alpha+\beta-1, y(t+\alpha+\beta-1)) = 0, t \in [0, b+1]_{\mathbb{N}_0} \\ \Delta^{\alpha} y(\beta-1) = 0 \\ y(\alpha+\beta-3) = \Delta^{\gamma} y(\alpha+\beta+b+1-\gamma) = 0 \end{cases}$$

解的存在性．其中，非线性项 f 满足利普希茨条件．

还有学者运用巴拿赫（Banach）压缩原理和 Brouwer 不动点定理研究了 p-Laplacian 分数阶差分边值问题

$$\begin{cases} \Delta^{\beta}\left[\phi_p(\Delta^{\alpha} y)\right](t) + f(\alpha+\beta+t-1, y(\alpha+\beta+t-1)) = 0, t \in [0, b]_{\mathbb{N}_0} \\ \Delta^{\alpha} y(\beta-2) = \Delta^{\alpha} y(\beta+b) = 0 \\ y(\alpha+\beta-4) = y(\alpha+\beta+b) = 0 \end{cases}$$

---

① Xu J F，Goodrich C S，Cui Y J. Positive solutions for a system of first-order discrete fractional boundary value problems with semipositone nonlinearities[J]. Revista de la Real Academia de Ciencias Exactas，Fisicas y Naturales. Serie A. Matematicas，2019，113（2）：1343-1358.

② 王金华，向红军．一类分数阶 p-Laplacian 差分方程边值问题正解的存在性 [J]. 高校应用数学学报 A 辑，2018，33（1）：67-78.

解的存在唯一性.[①] 其中，非线性项 f 满足利普希茨条件和有界性条件.

6.3.2　Mittag-Leffler 函数的拉普拉斯变换

经典指数函数 $y=e^x$ 在整数阶微分方程理论中起着非常重要的作用.而 Mittag-Leffler 函数在分数阶微积分理论中起着同样重要的作用，它是经典指数函数的推广，有单参数和双参数两种形式（其中单参数形式可以看成双参数形式的特殊情形）.

1. Mittag-Leffler 函数的定义及性质

（1）Mittag-Leffler 函数的定义.

单参数形式：$E_\alpha(z)=\sum_{j=0}^{+\infty}\frac{z^j}{\Gamma(j\alpha+1)}$，$\alpha>0$，$z\in C$.[②]

双参数形式：$E_{\alpha,\beta}(z)=\sum_{j=0}^{+\infty}\frac{z^j}{\Gamma(j\alpha+\beta)}$，$\alpha>0$，$\beta>0$，$z\in C$.

（2）Mittag-Leffler 函数的性质.

① $E_{1,1}(z)=\sum_{j=0}^{+\infty}\frac{z^j}{\Gamma(j+1)}=\sum_{j=0}^{+\infty}\frac{z^j}{j!}=e^z$.

② $E_{1,2}(z)=\frac{e^z-z^0}{z}=\frac{e^z-1}{z}$，

$$E_{1,3}(z)=\frac{e^z-z^0-z^1}{z^2}=\frac{e^z-1-z}{z^2},$$

$$E_{1,4}(z)=\frac{e^z-z^0-z^1-\frac{z^2}{2!}}{z^3}=\frac{e^z-1-z-\frac{z^2}{2}}{z^3},$$

$$\vdots$$

$$E_{1,m}(z)=\frac{e^z-z^0-z^1-\frac{z^2}{2!}-\cdots-\frac{z^{m-2}}{(m-2)!}}{z^{m-1}}=\frac{1}{z^{m-1}}\left(e^z-\sum_{k=0}^{m-2}\frac{z^k}{k!}\right).$$

③ $E_{\alpha,\beta}^{(k)}(z)=\sum_{j=0}^{+\infty}\frac{(k+j)!z^j}{j!\Gamma[(k+j)\alpha+\beta]}$.

性质①②易证，证明从略，下面只证明性质③.

---

① Zhao Y，Sun S R，Zhang Y X. Existence and uniqueness of solutions to a fractional difference equation with p-Laplacian operator[J]. Journal of Applied Mathematics and Computing，2017，54（1-2）：183-197.

② Podlubny I.Fractional Differential Equations[M].New York：Academic Press，1999.

证明：$E_{\alpha,\beta}^{(k)}(z)=\left[\sum_{j=0}^{+\infty}\frac{z^j}{\Gamma(j\alpha+\beta)}\right]^{(k)}$

$$=\sum_{j=k}^{+\infty}\frac{j(j-1)\cdots(j-k+1)z^{j-k}}{\Gamma(j\alpha+\beta)}$$

$$=\sum_{j=0}^{+\infty}\frac{(k+j)(k+j-1)\cdots(j+1)j!z^j}{j!\Gamma[(k+j)\alpha+\beta]}$$

$$=\sum_{j=0}^{+\infty}\frac{(k+j)!z^j}{j!\Gamma[(k+j)\alpha+\beta]}.$$

拉普拉斯变换是将实变量函数转化为复变量函数的一种变换，是求解线性微分方程的常用工具 . 它可以将复杂的微分方程求解问题转化成相对简单的代数方程求解问题，从而可以有效地简化运算 . 因此，拉普拉斯变换在许多工程技术和其他科学领域也有着广泛的应用 .

2. 拉普拉斯变换的定义 ①

设函数 $f(t)$ 在 $[0,+\infty)$ 上有定义，如果对于复参变量 $s=\beta+\mathrm{i}\omega$，积分 $F(s)=\int_0^{+\infty}f(t)\mathrm{e}^{-st}\mathrm{d}t$ 在复平面的某一区域内收敛，则称复参变量函数 $F(s)$ 为实参变量函数 $f(t)$ 的拉普拉斯变换，$F(s)$ 和 $f(t)$ 分别称为像函数和原函数 .

在分数阶微积分的研究中，常常需要对 Mittag-Leffler 函数进行拉普拉斯变换，灵活应用 Mittag-Leffler 函数的拉普拉斯变换公式能够大大提高解决问题的效率 .

3. 两参数 Mittag-Leffler 函数的拉普拉斯变换

引理 6.3.1　$\int_0^{+\infty}\mathrm{e}^{-t}\mathrm{e}^{zt}\mathrm{d}t=\frac{1}{1-z},\ |z|<1.$

证法 1：$\int_0^{+\infty}\mathrm{e}^{-t}\mathrm{e}^{zt}\mathrm{d}t$

$$=\int_0^{+\infty}\mathrm{e}^{-(1-z)t}\mathrm{d}t$$

$$=-\frac{1}{1-z}\int_0^{+\infty}\mathrm{e}^{-(1-z)t}\mathrm{d}(-(1-z)t)$$

$$=-\frac{1}{1-z}\mathrm{e}^{-(1-z)t}\Big|_0^{+\infty}$$

$$=\frac{1}{1-z},|z|<1.$$

① 吴强，黄建华 . 分数阶微积分 [M]. 北京：清华大学出版社，2016.

证法 2：$\int_0^{+\infty} \mathrm{e}^{-t}\mathrm{e}^{zt}\mathrm{d}t$

$$= \int_0^{+\infty} \mathrm{e}^{-t}\sum_{j=0}^{+\infty}\frac{(zt)^j}{j!}\mathrm{d}t$$

$$= \sum_{j=0}^{+\infty}\left[\frac{z^j}{j!}\int_0^{+\infty}\mathrm{e}^{-t}t^j\mathrm{d}t\right]$$

$$= \sum_{j=0}^{+\infty}\left[\frac{z^j}{j!}\Gamma(j+1)\right]$$

$$= \sum_{j=0}^{+\infty}\frac{z^j}{j!}\cdot j!$$

$$= \sum_{j=0}^{+\infty}z^j = \frac{1}{1-z},\ |z|<1.$$

证法 1 将被积函数做恒等变形，直接利用凑微分法进行证明 . 证法 2 先将 e^{zt} 按 Mittag-Leffler 函数的定义表示成级数形式，然后将积分号和求和符号换序，从而证明了结论 .

引理 6.3.2　$\int_0^{+\infty} \mathrm{e}^{-t}t^{\beta-1}E_{\alpha,\ \beta}(zt^\alpha)\mathrm{d}t = \frac{1}{1-z}$，$|z|<1.$

证明：$\int_0^{+\infty} \mathrm{e}^{-t}t^{\beta-1}E_{\alpha,\ \beta}(zt^\alpha)\mathrm{d}t$

$$= \int_0^{+\infty} \mathrm{e}^{-t}t^{\beta-1}\sum_{j=0}^{+\infty}\frac{(zt^\alpha)^j}{\Gamma(j\alpha+\beta)}\mathrm{d}t$$

$$= \sum_{j=0}^{+\infty}\frac{z^j}{\Gamma(j\alpha+\beta)}\cdot\int_0^{+\infty}\mathrm{e}^{-t}t^{j\alpha+\beta-1}\mathrm{d}t$$

$$= \sum_{j=0}^{+\infty}\frac{z^j}{\Gamma(j\alpha+\beta)}\cdot\Gamma(j\alpha+\beta)$$

$$= \sum_{j=0}^{+\infty}z^j = \frac{1}{1-z},\quad |z|<1.$$

容易看出，当 $\alpha=\beta=1$ 时，由引理 6.3.2 即可得引理 6.3.1.

定理 6.3.1　$\int_0^{+\infty} \mathrm{e}^{-pt}t^k\mathrm{e}^{at}\mathrm{d}t = \frac{k!}{(p-a)^{k+1}}, \mathrm{Re}(p)>|a|.$

证明：对

$$\int_0^{+\infty} \mathrm{e}^{-t}\mathrm{e}^{zt}\mathrm{d}t = \frac{1}{1-z}, |z|<1 \tag{6.3.1}$$

做如下操作．

对式（6.3.1）两边关于 z 求 k 次导得

$$\int_0^{+\infty} \mathrm{e}^{-t}t^k\mathrm{e}^{zt}\mathrm{d}t = \frac{k!}{(1-z)^{k+1}} \tag{6.3.2}$$

令 $t=pu$，则式（6.3.2）左端为

$$\begin{aligned}&\int_0^{+\infty} \mathrm{e}^{-pu}(pu)^k\mathrm{e}^{zpu}\mathrm{d}(pu)\\&= p^{k+1}\int_0^{+\infty}\mathrm{e}^{-pu}u^k\mathrm{e}^{(zp)u}\mathrm{d}u\end{aligned}$$

从而

$$p^{k+1}\int_0^{+\infty}\mathrm{e}^{-pu}u^k\mathrm{e}^{(zp)u}\mathrm{d}u = \frac{k!}{(1-z)^{k+1}} \tag{6.3.3}$$

对于式（6.3.3），两端换元，令 $zp=a$，则 $z=\dfrac{a}{p}$，进而有

$$\int_0^{+\infty}\mathrm{e}^{-pu}u^k\mathrm{e}^{au}\mathrm{d}u = \frac{k!}{p^{k+1}\left(1-\dfrac{a}{p}\right)^{k+1}} = \frac{k!}{(p-a)^{k+1}}, \quad \left[\mathrm{Re}(p)>|a|\right]$$

定理得证．

定理 6.3.2 $\displaystyle\int_0^{+\infty}\mathrm{e}^{-pt}t^{k\alpha+\beta-1}E_{\alpha,\beta}^{(k)}(at^\alpha)\mathrm{d}t = \frac{k!\,p^{\alpha-\beta}}{(p^\alpha-a)^{k+1}}$，$\mathrm{Re}(p)>|a|^{1/\alpha}$．

证法 1：仿照定理 6.3.1 的证法，对

$$\int_0^{+\infty}\mathrm{e}^{-t}t^{\beta-1}E_{\alpha,\beta}(zt^\alpha)\mathrm{d}t = \frac{1}{1-z}, |z|<1 \tag{6.3.4}$$

进行类似操作．

对式（6.3.4）两边关于 z 求 k 次导得

$$\int_0^{+\infty}\mathrm{e}^{-t}t^{k\alpha+\beta-1}E_{\alpha,\beta}^{(k)}(zt^\alpha)\mathrm{d}t = \frac{k!}{(1-z)^{k+1}} \tag{6.3.5}$$

令 $t=pu$，从而式（6.3.5）左端为

$$\int_0^{+\infty}\mathrm{e}^{-pu}(pu)^{k\alpha+\beta-1}E_{\alpha,\beta}^{(k)}\left[z(pu)^\alpha\right]\mathrm{d}(pu)$$

$$= p^{k\alpha+\beta}\int_0^{+\infty}\mathrm{e}^{-pu}u^{k\alpha+\beta-1}E_{\alpha,\beta}^{(k)}\left[(zp^\alpha)u^\alpha\right]\mathrm{d}u \tag{6.3.6}$$

从而

$$p^{k\alpha+\beta}\int_0^{+\infty}\mathrm{e}^{-pu}u^{k\alpha+\beta-1}E_{\alpha,\ \beta}^{(k)}\left[\left(zp^{\alpha}\right)u^{\alpha}\right]\mathrm{d}u=\frac{k!}{(1-z)^{k+1}} \tag{6.3.7}$$

对于式（6.3.7），两端再换元，令 $zp^{\alpha}=a$，则 $z=\frac{a}{p^{\alpha}}$，进而有

$$\int_0^{+\infty}\mathrm{e}^{-pu}u^{k\alpha+\beta-1}E_{\alpha,\ \beta}^{(k)}\left(au^{\alpha}\right)\mathrm{d}u=\frac{k!}{p^{k\alpha+\beta}\left(1-\frac{a}{p^{\alpha}}\right)^{k+1}},\quad \left[\mathrm{Re}(p)>|a|^{\frac{1}{\alpha}}\right]$$

$$=\frac{k!}{p^{k\alpha+\beta-(k+1)\alpha}\left(p^{\alpha}-a\right)^{k+1}}$$

$$=\frac{k!\,p^{\alpha-\beta}}{\left(p^{\alpha}-a\right)^{k+1}}$$

定理得证 .

证法 2：

$$\text{左端}=\int_0^{+\infty}\mathrm{e}^{-pt}t^{k\alpha+\beta-1}E_{\alpha,\ \beta}^{(k)}\left(at^{\alpha}\right)\mathrm{d}t$$

$$=\int_0^{+\infty}\mathrm{e}^{-pt}t^{k\alpha+\beta-1}\sum_{j=0}^{+\infty}\frac{(k+j)!\left(at^{\alpha}\right)^{j}}{j!\Gamma\left[(k+j)\alpha+\beta\right]}\mathrm{d}t$$

$$=\sum_{j=0}^{+\infty}\left\{\frac{(k+j)!a^{j}}{j!\Gamma\left[(k+j)\alpha+\beta\right]}\cdot\int_0^{+\infty}\mathrm{e}^{-pt}t^{(k+j)\alpha+\beta-1}\mathrm{d}t\right\}$$

$$=\sum_{j=0}^{+\infty}\left\{\frac{(k+j)!a^{j}}{j!\Gamma\left[(k+j)\alpha+\beta\right]}\cdot\int_0^{+\infty}\mathrm{e}^{-pt}(pt)^{(k+j)\alpha+\beta-1}\cdot p^{1-\beta-(k+j)\alpha}\frac{1}{p}\mathrm{d}(pt)\right\}$$

$$=\sum_{j=0}^{+\infty}\left\{\frac{(k+j)!a^{j}}{j!\Gamma\left[(k+j)\alpha+\beta\right]}\cdot p^{-\beta-(k+j)\alpha}\cdot\int_0^{+\infty}\mathrm{e}^{-pt}(pt)^{(k+j)\alpha+\beta-1}\mathrm{d}(pt)\right\}$$

$$=\sum_{j=0}^{+\infty}\left\{\frac{(k+j)!a^{j}p^{-\beta-(k+j)\alpha}}{j!\Gamma\left[(k+j)\alpha+\beta\right]}\cdot\Gamma\left[(k+j)\alpha+\beta\right]\right\}$$

$$=\sum_{j=0}^{+\infty}\frac{(k+j)!a^{j}p^{\alpha-\beta}}{j!\left(p^{\alpha}\right)^{j}\cdot p^{(k+1)\alpha}}$$

$$=\sum_{j=0}^{+\infty}\frac{(k+j)!\,p^{\alpha-\beta}\cdot\left(\frac{a}{p^{\alpha}}\right)^{j}}{j!\,p^{(k+1)\alpha}}$$

$$=\frac{p^{\alpha-\beta}}{p^{(k+1)\alpha}}\sum_{j=0}^{+\infty}\frac{(k+j)!\left(\frac{a}{p^{\alpha}}\right)^{j}}{j!}$$

$$=\frac{p^{\alpha-\beta}}{p^{(k+1)\alpha}}\sum_{j=0}^{+\infty}(k+j)(k+j-1)\cdots[k+j-(k-1)]\cdot\left(\frac{a}{p^{\alpha}}\right)^{j}$$

$$=\frac{p^{\alpha-\beta}}{p^{(k+1)\alpha}}\sum_{j=0}^{+\infty}(k+j)(k+j-1)\cdots(j+1)\cdot\left(\frac{a}{p^{\alpha}}\right)^{j}.$$

右端$=\dfrac{k!\,p^{\alpha-\beta}}{(p^{\alpha}-a)^{k+1}}=\dfrac{k!\,p^{\alpha-\beta}}{p^{(k+1)\alpha}\left(1-\frac{a}{p^{\alpha}}\right)^{k+1}}$.

故只需证明$\sum\limits_{j=0}^{+\infty}(k+j)(k+j-1)\cdots(j+1)\cdot\left(\dfrac{a}{p^{\alpha}}\right)^{j}=\dfrac{k!}{\left(1-\frac{a}{p^{\alpha}}\right)^{k+1}}$即可.

而右端$=\dfrac{k!}{\left(1-\frac{a}{p^{\alpha}}\right)^{k+1}}=\left(\dfrac{1}{1-\frac{a}{p^{\alpha}}}\right)^{(k)}$

$$=\left[\sum_{j=0}^{+\infty}\left(\frac{a}{p^{\alpha}}\right)^{j}\right]^{(k)}\quad\left(\left|\frac{a}{p^{\alpha}}\right|<1\right)$$

$$=\sum_{j=k}^{+\infty}j(j-1)\cdots(j-k+1)\cdot\left(\frac{a}{p^{\alpha}}\right)^{j-k}$$

$$=\sum_{j=0}^{+\infty}(k+j)(k+j-1)\cdots(j+1)\cdot\left(\frac{a}{p^{\alpha}}\right)^{j}$$

=左端.

定理得证.

证法 1 先对引理 6.3.2 两边关于z求k次导，然后经过两次换元，最终证明

了结论．证法 2 先利用性质（3）将 $E_{\alpha,\beta}^{(k)}\left(at^{\alpha}\right)$ 展开成级数形式，然后利用 Γ 函数的定义以及 $|z|<1$ 时，$\left(\dfrac{1}{1-z}\right)^{(k)}=\dfrac{k!}{(1-z)^{k+1}}$ 和 $\sum\limits_{j=0}^{+\infty} z^{j}=\dfrac{1}{1-z}$．

这两个结论证明左右两端是相等的，从而证明了结论的正确性．

6.3.3　具有 p–Laplacian 算子的离散混合边值问题的多解性

1. 引言

设 $\mathbb{Z}$，$\mathbb{R}$ 分别是整数集和实数集，$\mathbb{Z}(a,b)$ 表示离散区间 $\{a,a+1,\cdots,b\}$，其中 a，$b\in\mathbb{Z}$ 且 $a\leqslant b$．

设 N 是正整数．考虑如下离散混合边值问题

$$\begin{cases}-\Delta\left[\phi_{p}\left(\Delta u_{k-1}\right)\right]+q_{k}\phi_{p}\left(u_{k}\right)=\lambda f\left(k,u_{k}\right),\ k\in\mathbb{Z}(1,\ N)\\ \Delta u_{0}=u_{N+1}=0\end{cases}\tag{6.3.8}$$

其中，λ 是正的实参数，且对任意 $k\in\mathbb{Z}(1,\ N)$，$q_{k}>0$，且 $f(k,\bullet)$ 是 $\mathbb{R}\to\mathbb{R}$ 的连续函数，$\Delta u_{k}=u_{k+1}-u_{k}$ 表示向前差分算子，$\phi_{p}(s)$ 表示 p-Laplacian 算子，即 $\phi_{p}(s)=|s|^{p-2}s$，$1<p<+\infty$．

差分方程被广泛地应用于计算机科学、经济学、网络控制系统等研究领域．近年来，许多学者用不同的数学方法对差分方程进行了研究，如不动点理论、上下解等方法．这些方法能够在相关文献中找到．还有一些学者研究了带有 p-Laplacian 算子的差分方程，如 D'Aguì 和 Mawhin① 研究了 Dirichlet 边值问题

$$\begin{cases}-\Delta\left[\phi_{p}\left(\Delta u_{k-1}\right)\right]+q_{k}\phi_{p}\left(u_{k}\right)=\lambda f\left(k,u_{k}\right),k\in\mathbb{Z}(1,N)\\ u_{0}=u_{N+1}=0\end{cases}\tag{6.3.9}$$

的正解的存在性．然而，对于具有 p-Laplacian 算子的离散混合边值问题（6.3.8）的多解的存在性的研究却很少．王俊梅利用临界点理论② 研究了问题（6.3.8）的多解的存在性；进一步应用强极大值引理得到它的一个正解．

2. 相关定义和结论

考虑 N 维巴拿赫空间：

① D'Aguì G，Mawhin J，Sciammetta A. Positive solutions for a discrete two point non-linear boundary value problem with p-Laplacian[J]. Journal of Mathematical Analysis and Applications，2017，447（1）：383-397.

② Bonanno G. Multiple critical points theorems without the Palais-Smale condition[J]. Journal of Mathematical Analysis and Applications，2004，299（2）：600-614.

$$S=\left\{u:\left[0,N+1\right]\to R s\text{使得}\Delta u_0=u_{N+1}=0\right\},$$

定义S上的范数：

$$\|u\|=\left(\sum_{k=1}^{N}\left|\Delta u_k\right|^p\right)^{\frac{1}{p}}$$

同时，定义S上的另外两个范数：

$$\|u\|_p=\left(\sum_{k=1}^{N}q_k\left|u_k\right|^p\right)^{\frac{1}{p}}$$

和

$$\|u\|_{+\infty}=\max_{k\in\mathbb{Z}(1,N)}\left\{\left|u_k\right|\right\}$$

设E是有限维实巴拿赫空间，函数J_λ：$E\to\mathbb{R}$满足如下结构假设.

假设λ是正实参数，$J_\lambda=\Phi(u)+\lambda\Psi(u)$，其中$u\in E$，$\Phi,\Psi\in C^1\left(E,\mathbb{R}\right)$，且$\Phi$是强制的，即$\lim\limits_{\|u\|\to+\infty}\Phi(u)=+\infty$.

令

$$\varphi_1(r)=\inf_{u\in\Phi^{-1}(-\infty,r)}\frac{\Psi(u)-\inf\limits_{\Phi^{-1}(-\infty,r)}\Psi}{r-\Phi(u)}$$

$$\varphi_2(r_1,r_2)=\inf_{u\in\Phi^{-1}(-\infty,r_1)}\sup_{v\in\Phi^{-1}(r_1,r_2)}\frac{\Psi(u)-\Psi(v)}{\Phi(v)-\Phi(u)}$$

其中$r,r_1,r_2>\inf\limits_E\Phi$，且$r_1<r_2$.

在主要结论的证明中将用到以下两个引理.

引理 6.3.3　如果以上结构假设成立且存在两个常数r_1和r_2满足下列假设条件.

（ⅰ）$\varphi_1(r_1)<\varphi_2(r_1,r_2)$；

（ⅱ）$\varphi_1(r_2)<\varphi_2(r_1,r_2)$.

则对任意$\lambda\in\left\{\dfrac{1}{\varphi_2(r_1,r_2)},\min\left[\dfrac{1}{\varphi_1(r_1)},\dfrac{1}{\varphi_1(r_2)}\right]\right\}$，$J_\lambda$至少有两个临界点.

用其他方法可以得到如下强极大值引理.

引理 6.3.4　如果$u\in S$使得

$$u_k>0\text{或}-\Delta\left[\phi_p\left(\Delta u_{k-1}\right)\right]+q_k\phi_p\left(u_k\right)\geqslant 0,\quad\forall k\in\mathbb{Z}\left(1,N\right)\qquad(6.3.10)$$

那么，$u>0$或$u\equiv 0$.

证明：令 $j\in\mathbb{Z}(1,N)$ 且满足

$$u_j=\min\left[u_k:\ k\in\mathbb{Z}(1,N)\right]$$

若 $u_j>0$，则对任意 $k\in\mathbb{Z}(1,N)$，$u_k>0$.结论成立 .

若 $u_j\leqslant 0$，则 $u_j=\min\left[u_k:\ k\in\mathbb{Z}(0,N+1)\right]$.易证 $\Delta u_{j-1}=u_j-u_{j-1}\leqslant 0$，$\Delta u_j=u_{j+1}-u_j\geqslant 0$，$\phi_p(s)$ 关于 s 递增且 $\phi_p(0)=0$，所以

$$\phi_p\left(\Delta u_j\right)\geqslant 0\geqslant \phi_p\left(\Delta u_{j-1}\right) \tag{6.3.11}$$

再结合（6.3.10），可得

$$0\geqslant q_j\phi_p\left(u_j\right)\geqslant \phi_p\left(\Delta u_j\right)-\phi_p\left(\Delta u_{j-1}\right)\geqslant 0 \tag{6.3.12}$$

由式（6.3.11）和式（6.3.12），可知 $\phi_p\left(\Delta u_j\right)=\phi_p\left(\Delta u_{j-1}\right)=0$，即 $u_{j+1}=u_j=u_{j-1}$.若 $j+1=N+1$，则 $u_j=0$；若 $j+1\in\mathbb{Z}(1,N)$，显然 u_{j+1} 也是最小的，且有 $u_{j+2}=u_{j+1}$，重复这一过程，可得 $u_j=u_{j+1}=u_{j+2}=\cdots=u_{N+1}=0$.

类似地，也能证明 $u_j=u_{j-1}=u_{j-2}=\cdots=u_0=0$，显然 $\Delta u_0=0$，从而 $u\equiv 0$.证毕 .

注：假设对任意 $k\in\mathbb{Z}(1,N)$，$f(k,t):\mathbb{R}\to\mathbb{R}$ 是关于 t 的正的连续函数，由引理 6.3.4 可知问题（6.3.8）的所有解都是非负的 .

3. 主要结果

设

$$Q=\sum_{k=1}^{N}q_k,\quad A(c)=\frac{\sum_{k=1}^{N}\max_{|t|\leqslant c}F(k,t)}{c^p}$$

$$B_c(d)=\frac{\sum_{k=1}^{N}F(k,d)-\sum_{k=1}^{N}\max_{|t|\leqslant c}F(k,t)}{d^p}$$

定理 6.3.3　如果存在 3 个常数 c_1，c_2 和 d，且

$$c_1<d<\frac{\left[1+q_*(N)^{p-1}\right]^{\frac{1}{p}}}{(N)^{\frac{p-1}{p}}(1+Q)^{\frac{1}{p}}}c_2 \tag{6.3.13}$$

使得

（ⅰ）

$$A(c_1) < \frac{1+q_*(N)^{p-1}}{(N)^{p-1}(1+Q)} B_{c_1}(d)$$

（ⅱ）

$$A(c_2) < \frac{1+q_*(N)^{p-1}}{(N)^{p-1}(1+Q)} B_{c_1}(d)$$

则对任意 $\lambda \in \left\{ \frac{1+Q}{pB_{c_1}(d)}, \frac{1+q_*(N)^{p-1}}{p(N)^{p-1}} \min\left[\frac{1}{A(c_1)}, \frac{1}{A(c_2)} \right] \right\}$，问题（6.3.8）至少有 2 个解 .

证明：在空间 S 上，任取 $u \in S$，定义

$$\Phi(u) = \frac{\|u\|^p}{p} + \frac{\|u\|_p^p}{p}, \quad \Psi(u) = -\sum_{k=1}^{N} F(k, u_k) \tag{6.3.14}$$

和

$$J_\lambda(u) = \Phi(u) + \lambda\Psi(u) \tag{6.3.15}$$

其中，$F(k, t) = \int_0^t f(k, s)\,\mathrm{d}s$，$(k, t) \in \mathbb{Z}(1, N) \times \mathbb{R}$. 易证，Φ 和 Ψ 满足前文结构假设 . 接下来证明引理 6.3.3 的条件（ⅰ）和（ⅱ）也是满足的 .

对于任意 $u, v \in S$ 计算 J_λ 的 Frećhet 导数，得

$$\langle J_\lambda'(u), v \rangle = \sum_{k=1}^{N} \left\{ -\Delta\left[\phi_p(\Delta u_{k-1}) \right] + q_k \phi_p(u_k) - \lambda f(k, u_k) \right\} v(k)$$

显然，J_λ 的临界点正是问题（6.3.8）的解 .

令 $u \in S$，则存在 $j \in \mathbb{Z}(1, N)$ 使 $\|u\|_{+\infty} = |u_j| = \max_{k \in \mathbb{Z}(1, N)} \{|u_k|\}$.

由

$$\|u\|_{+\infty} = \max_{k \in \mathbb{Z}(1, N)} \{|u_k|\} = \left| \sum_{k=j}^{N} \Delta u_k \right| \leqslant \sum_{k=1}^{N} |\Delta u_k| \leqslant (N)^{\frac{p-1}{p}} \|u\| \tag{6.3.16}$$

可得

$$\frac{\left[1 + q_*(N)^{p-1}\right] \|u\|_\infty^p}{p} \leqslant (N)^{p-1} \frac{\|u\|^p + \|u\|_p^p}{p}$$

即

$$\|u\|_{+\infty} \leqslant (N)^{\frac{p-1}{p}} \left[\frac{\|u\|^p + \|u\|_p^p}{1 + q_*(N)^{p-1}} \right]^{\frac{1}{p}}$$

其中， $q_* = \min_{k \in \mathbb{Z}(1, N)} q_k$.

令

$$r_1 = \frac{c_1^p \left[1 + q_*(N)^{p-1} \right]}{p(N)^{p-1}}, \quad r_2 = \frac{c_2^p \left[1 + q_*(N)^{p-1} \right]}{p(N)^{p-1}}$$

对任意 $k \in \mathbb{Z}(0, N)$， 令 $w_k = d$， $w_{N+1} = 0$. 显然 $w \subset S$， 从而 $\Phi(w) = \frac{1+Q}{p} d^p$.

由式（6.3.13），可得 $0 < r_1 < \Phi(w) < r_2$. 若 $u \in S$ 且 $\Phi(u) = \frac{\|u\|^p}{p} + \frac{\|u\|_p^p}{p} < r_1$ ，则对任意 $k \in \mathbb{Z}(1, N)$ 有

$$|u_k| \leqslant \|u\|_{+\infty} \leqslant (N)^{\frac{p-1}{p}} \left[\frac{pr_1}{1 + q_*(N)^{p-1}} \right]^{\frac{1}{p}} = c_1$$

从而

$$\begin{aligned}
\varphi_2(r_1, r_2) &= \inf_{u \in \Phi^{-1}(-\infty, r_1)} \sup_{v \in \Phi^{-1}(r_1, r_2)} \frac{\Psi(u) - \Psi(v)}{\Phi(v) - \Phi(u)} \\
&\geqslant \inf_{u \in \Phi^{-1}(-\infty, r_1)} \frac{\Psi(u) - \Psi(w)}{\Phi(w) - \Phi(u)} \\
&= \inf_{u \in \Phi^{-1}(-\infty, r_1)} \frac{\sum_{k=1}^{N} F(k, d) - \sum_{k=1}^{N} F(k, u_k)}{\frac{1+Q}{p} d^p - \Phi(u)} \\
&\geqslant \frac{\sum_{k=1}^{N} F(k, d) - \sum_{k=1}^{N} \max_{|t| \leqslant c_1} F(k, t)}{\frac{1+Q}{p} d^p} \\
&= \frac{p}{1+Q} B_{c_1}(d)
\end{aligned}$$

因为对任意 $u\in S$，$k\in\mathbb{Z}(1,N)$，则

$$|u_k|\leqslant (N)^{\frac{p-1}{p}}\left[\frac{pr}{1+q_*(N)^{p-1}}\right]^{\frac{1}{p}}$$

所以 $\Phi(u)<r$.

通过计算

$$\varphi_1(r)=\inf_{u\in\Phi^{-1}(-\infty,r)}\frac{\Psi(u)-\inf\limits_{\Phi^{-1}(-\infty,r)}\Psi}{r-\Phi(u)}$$

$$\leqslant\frac{-\inf\limits_{\Phi^{-1}(-\infty,\ r)}\Psi}{r}$$

$$\leqslant\frac{\sum\limits_{k=1}^{N}\max\limits_{|t|\leqslant(N)^{\frac{p-1}{p}}\left[\frac{pr}{1+q_*(N)^{p-1}}\right]^{\frac{1}{p}}}F(k,\ t)}{r}$$

可以得到

$$\varphi_1(r_1)\leqslant\frac{p(N)^{p-1}}{1+q_*(N)^{p-1}}\frac{\sum\limits_{k=1}^{N}\max\limits_{|t|\leqslant c_1}F(k,t)}{c_1^p}=\frac{p(N)^{p-1}}{1+q_*(N)^{p-1}}A(c_1)$$

$$\varphi_1(r_2)\leqslant\frac{p(N)^{p-1}}{1+q_*(N)^{p-1}}\frac{\sum\limits_{k=1}^{N}\max\limits_{|t|\leqslant c_2}F(k,t)}{c_2^p}=\frac{p(N)^{p-1}}{1+q_*(N)^{p-1}}A(c_2)$$

再结合题设条件（ⅰ）和（ⅱ），引理 6.3.3 的假设全部成立 . 证毕 .

定理 6.3.3 结合引理 6.3.4 可以推得以下定理， 它给出了问题（6.3.8）的正解的存在性 .

定理 6.3.4　设对任意 $k\in\mathbb{Z}(1,N)$，$f(k,\ t)$ 是关于 t 的正的连续函数，且定理 6.3.3 的假设成立 . 那么，对任意 $\lambda\in\left\{\frac{1+Q}{pB_{c_1}(d)},\frac{1+q_*(N)^{p-1}}{p(N)^{p-1}}\min\left[\frac{1}{A(c_1)},\frac{1}{A(c_2)}\right]\right\}$，问题（6.3.8）至少有一个正解 .

下面举例说明以上结论 .

例 6.3.1　令 $N=4$，对于任意 $k\in\mathbb{Z}(1,4)$，若离散混合边值问题（6.3.8）的非线性项为

$$f(k,t)=f(t)=\begin{cases}1, & t<1\\ t^{10}, & 1\leqslant t<2\\ 2^{10}(3-t), & t\geqslant 2\end{cases}$$

则

$$F(k,t)=F(t)=\begin{cases}t, & t<1\\ \dfrac{t^{11}}{11}+\dfrac{10}{11}, & 1\leqslant t<2\\ -2^{9}(3-t)^{2}+\dfrac{7690}{11}, & t\geqslant 2\end{cases}$$

取 $c_1=1$， $c_2=8$， $d=2$， $p=3$， $q_*=\dfrac{1}{2}$， $Q=3$. 计算可得 $A(1)=4$，$A(8)=\dfrac{3845}{704}$， $B_1(2)=\dfrac{2^{11}-1}{22}$. 可以验证不等式（6.3.13）及条件（ⅰ）和（ⅱ）是满足的 . 根据定理 6.3.4 可知，对每个 $\lambda\in(0.014,\ 1.02)$，问题（6.3.8）至少有一个正解 .

6.3.4　一类具有共振的二阶差分方程边值问题

1. 引言

本小节考虑了二阶差分方程边值问题

$$\begin{cases}\Delta\{p(k)[\Delta u(k-1)]\}+q(k)u(k)+f(k,u(k))=0,\ k\in\mathbb{Z}(1,T)\\ \quad u(0)=u(T+1)=0\end{cases}\tag{6.3.17}$$

非平凡解的存在性，其中 T 是正整数，$p(k)$，$q(k)$ 是定义在整数集上的实值函数，$p(k)\neq 0$，对任一 $k\in\mathbb{Z}(1,\ T)$，$f(k,\bullet)\in C^1(\mathbb{R},\ \mathbb{R})$ 且满足 $f(k,0)=0$.

显然，边值问题（6.3.17）有一个平凡解 $u=0$.

上述边值问题广泛地应用于解决天体物理学、气体动力学和化学反应系统等自然科学问题 . 事实上，边值问题（6.3.17）可以看作微分方程

$$[p(t)u'(t)]'+q(t)u(t)+f[t,u(t)]=0,\ 0<t<1,\ u(0)=u(1)=0$$

边值的离散化 .

最近几年，借助变分方法和技巧，许多作者研究了类似的二阶差分边值问题 . 例如，国外相关学者利用压缩映射原理和不动点定理在欧几里得空间中证

明了边值问题（6.3.17）解的存在性．庾建设和郭志明①首次用临界点理论研究了离散边值问题

$$\begin{cases}\Delta\left\{p(k)\left[\Delta u(k-1)\right]\right\}+q(k)u(k)+f\left[k,u(k)\right]=0,\ k\in\mathbb{Z}(1,T) \\ u(0)=A,\ u(T+1)=B\end{cases} \quad (6.3.18)$$

他们分别考虑了问题（6.3.18）的非线性项是次线性或者超线性的情形，证明了该问题至少存在一个解．其中A和B是常数，在A=B的情形下，解可能只是平凡的，王振国证明了边值问题（6.3.18）至少有一个解是非平凡的，获得了多个非平凡解的存在性．

我们考虑T维实巴拿赫空间：

$$S=\left\{u:\left[0,T+1\right]\to Rs\text{ 使得}u(0)=u(T+1)=0\right\}$$

显然S是一个Hilbert空间，可以定义内积：

$$\langle u,\ v\rangle=\sum_{k=1}^{T}u(k)v(k),\ \forall u,\ v\in S$$

诱导范数为

$$\|u\|=\left[\sum_{k=1}^{T}\left|u(k)\right|^2\right]^{\frac{1}{2}}$$

现在，定义空间S上的C^1泛函J为

$$J(u)=\sum_{k=1}^{T+1}\frac{1}{2}\left\{p(k)\left[\Delta u(k-1)\right]^2-q(k)u(k)\right\}-\sum_{k=1}^{T+1}F\left(k,u(k)\right)$$

其中，$u\in S$，对$(k,\ t)\in\mathbb{Z}(1,\ T)\times\mathbb{R}$，$F(k,\ t)=\int_0^t f(k,\ s)\mathrm{d}s$．

对任意的u，$v\in S$，计算泛函J的Frec'het导数，得

$$\left\langle J'(u),\ v\right\rangle=-\sum_{k=1}^{T}\left\{\Delta\left[p(k)\Delta u(k-1)\right]+q(k)u(k)+f\left[k,u(k)\right]\right\}v(k)$$

众所周知，泛函J在S上的临界点即为边值问题（6.3.17）的解．

为了研究方便，我们将$u\in S$看作$u=\left[u(1),\ u(2),\cdots,\ u(T)\right]\in\mathbb{R}^T$．因此，泛函$J$和它的导数$\langle J'(u),\ v\rangle$可记为

$$J(u)=\frac{1}{2}u^T(P+Q)u-\sum_{k=1}^{T+1}F\left[k,u(k)\right]$$

① Yu J S，Guo Z M. On boundary value problems for a discrete generalized Emden-Fowler equation[J]. Journal of Differential Equations，2006，231（1）：18-31.

$$\left\langle J'(u),v\right\rangle = u^T(P+Q)v - \sum_{k=1}^{T+1} f\left[k,u(k)\right]v(k)$$

其中，P 和 Q 是 $T\times T$ 对称矩阵 .

$$P=\begin{bmatrix} p(1)+p(2) & -p(2) & 0 & \cdots & 0 & 0 \\ -p(2) & p(2)+p(3) & -p(3) & \cdots & 0 & 0 \\ 0 & -p(3) & p(3)+p(4) & \cdots & 0 & 0 \\ \vdots & \vdots & \vdots & & \vdots & \vdots \\ 0 & 0 & 0 & \cdots & p(T-1)+p(T) & -p(T) \\ 0 & 0 & 0 & \cdots & -p(T) & p(T)+p(T+1) \end{bmatrix}$$

$$Q=\begin{bmatrix} -q(1) & 0 & 0 & \cdots & 0 & 0 \\ 0 & -q(2) & 0 & \cdots & 0 & 0 \\ 0 & 0 & -q(3) & \cdots & 0 & 0 \\ \vdots & \vdots & \vdots & & \vdots & \vdots \\ 0 & 0 & 0 & \cdots & -q(T-1) & 0 \\ 0 & 0 & 0 & \cdots & 0 & -q(T) \end{bmatrix}$$

2. 主要结果

考虑非线性项 $f(k,\ t)$ 关于变量 t 是次线性的情形 .

将对称矩阵 $P+Q$ 所有的特征值表示为

$$\lambda_1 \leqslant \lambda_2 \leqslant \cdots \leqslant \lambda_l \leqslant \lambda_{l+1} \leqslant \cdots \leqslant \lambda_T$$

假设下列条件是成立的 .

(G_1) 存在常数 $1<\theta<2$ 和 $M>0$ 使得

$$0< tf(k,\ t) \leqslant \theta F(k,\ t), |t| \geqslant M,\ \forall k \in \mathbb{Z}(1,\ T)$$

(G_2) 存在常数 $\delta>0$，对某个正整数 $l<T$，$\lambda_l \neq \lambda_{l+1}$，且存在 $\bar{\lambda} \in (\lambda_l,\ \lambda_{l+1})$ 使得

$$\lambda_l |t|^2 \leqslant 2F(k,\ t) \leqslant \bar{\lambda}|t|^2, |t| \leqslant \delta,\ \forall k \in \mathbb{Z}(1,\ T)$$

定理 6.3.5　假设矩阵 $P+Q$ 是正定的，$f(k,\ t)$ 满足条件 (G_1) 和 (G_2)，则问题（6.3.17）至少有两个非平凡解 .

例 6.3.2　设 $T=2$. 考虑若某边值问题的非线性项为

$$f(k,t)=f(t)=\begin{cases} t, & |t|<1, \\ \dfrac{t}{|t|}, & |t| \geqslant 1, \end{cases} \quad k \in \mathbb{Z}(1,2)$$

那么

$$F(k,t)=F(t)=\begin{cases}\dfrac{t^2}{2}, & |t|<1\\ |t|-\dfrac{1}{2}, & |t|\geqslant 1\end{cases}$$

令 $\theta=\dfrac{3}{2}$，对任意的 $k\in\mathbb{Z}(1,2)$，$p(k)=1$，$q(k)=0$，则矩阵

$$P+Q=\begin{pmatrix}2 & -1\\ -1 & 2\end{pmatrix}$$

是正定的，且有两个不同的特征值 $\lambda_1=1,\lambda_2=3$. 下面验证定理中的条件 (G_1) 和 (G_2) .

对任意的 $k\in\mathbb{Z}(1,2)$，有

$\dfrac{3}{2}F(k,\ t)-tf(k,\ t)=\dfrac{1}{2}|t|-\dfrac{3}{4}\to+\infty$，$t\to+\infty$. 因此，条件 (G_1) 成立 .

另外，令 $\delta=1$，我们看到

$$|t|^2=2F(k,\ t)<3|t|^2,|t|\leqslant 1,\ \ \forall k\in\mathbb{Z}(1,2)$$

(G_2) 成立，因此，定理 6.3.5 中的条件都是满足的，则问题（6.3.17）在 S 中至少有两个非平凡解 .

事实上，$k\in\mathbb{Z}(1,2)$，$|u(k)|\geqslant 1$ 时，问题变为

$$\begin{cases}-2u(1)+u(2)+\dfrac{u(1)}{|u(1)|}=0\\ u(1)-2u(2)+\dfrac{u(2)}{|u(2)|}=0\\ u(0)=u(3)=0\end{cases}$$

能计算出 $\{u(0)=0,\ u(1)=1,\ u(2)=1,\ u(3)=0\}$ 和 $\{u(0)=0,\ u(1)=-1,\ u(2)=-1,\ u(3)=0\}$ 是问题（6.3.17）仅有的两个非平凡解 .

定理 6.3.6　假设矩阵 $P+Q$ 是负定的，$f(k,\ t)$ 满足条件 (G_1) 和 (G_2)，则问题（6.3.17）至少有一个非平凡解 .

定理 6.6.7　如果矩阵 $P+Q$ 是非奇异的且 $2\leqslant l<T$，满足条件 (G_1) 和条件 (G_3)

$$\lim_{t \to 0} \frac{f(k,t)}{t} = \lambda_l, \quad \forall k \in \mathbb{Z}(1,\ T)$$

成立.

(G_4)存在常数$\delta > 0$，当$|t| \leqslant \delta$时，$2F(k,t) \geqslant \lambda_l |t|^2$，$\forall k \in \mathbb{Z}(1,\ T)$. 则问题（6.3.17）至少有一个非平凡解.

(G_5)存在常数$\beta \in (2, +\infty)$，$M > 0$使得

$$tf(k,\ t) \geqslant \beta F(k,\ t), |t| \geqslant M,\ \forall k \in \mathbb{Z}(1,\ T)$$

定理 6.3.7　假设条件(G_2)和(G_5)，则问题（6.3.17）至少有一个非平凡解.

第7章 微分方程的应用及差分方程模型

在研究物理学、天文学、工程技术等领域的许多实际问题时，我们经常无法直接得到各变量之间的联系，问题的特性往往会给出关于变化率的一些关系，利用这些关系，可以建立微分方程和差分方程模型。

7.1 微分方程在数学建模中的应用

问题1：江河污染物的降解．

一般说来，江河自身对污染物都有一定的自然净化能力，即污染物在水环境中通过物理降解、化学降解和生物降解等，可使水中污染物的浓度逐渐降低．这种变化的规律可以通过建立微分方程来描述．

设t时刻河水中污染物的浓度为$N(t)$，如果反映某江河自然净化能力的降解系数为$k(0<k<1)$，则经过Δt时刻后，污染物浓度的变化速度为

$$\frac{\Delta N}{\Delta t}=-kN$$

令$\Delta t\to 0$，得微分方程

$$\frac{\mathrm{d}N}{\mathrm{d}t}=-kN$$

MATLAB求得通解为

$$N(t)=C\mathrm{e}^{-kt}$$

其中的C与k是两个参数．

以长江水质变化的部分数据为例说明这两个参数的确定方法．

在通常情况下，可以认为长江干流的自然净化能力是近似均匀的，根据检测可知，主要污染物氨氮的降解系数通常介于0.1~0.5（单位：1/天）．根据《长江年鉴》中公布的相关资料，2005年9月长江中游两个观测点氨氮浓度的测量数据如下：湖南岳阳城陵矶0.41（mg/L），江西九江河西水厂0.06（mg/L）．

已知从湖南岳阳城陵矶到江西九江河西水厂的长江河段全长 500 km，该河段长江水的平均流速为 0.6 m/s. 如果把江水流经湖南岳阳城陵矶观测点的时间设定为 $t_0 = 0$，则江水到达江西九江河西水厂观测点所需要的时间为

$$t_1 = \frac{1000 \times 500}{0.6 \times 3600 \times 24} \approx 9.6451 \text{（天）}$$

于是，得到上述微分方程满足的两个定解条件：

$$N(0) = 0.41,\ N(9.6451) = 0.06$$

将上述条件代入微分方程得参数

$$C = 0.41,\ k \approx 0.06$$

于是得到了近似描述长江干流污染物浓度在自然净化作用下随时间变化所遵循的规律：

$$N(t) = 0.41\mathrm{e}^{-0.2t}$$

另外，可以根据计算结果，初步判断该河段长江水质受污染的程度. 假设长江干流氨氮降解系数的自然值是 0.3，而根据现有资料计算的结果只有 0.2，这就说明除了上游的污水之外，该河段必存在另外的污染源，这为进一步的治理提供了理论上的依据.

问题 2：饮酒驾车 .

给出体重约 70 kg 的某人在短时间内喝下 2 瓶啤酒后，隔一定时间测得他的血液中酒精含量（mg/100 mL）的数据如表 7-1 所示，试建立饮一瓶啤酒后血液中酒精含量或浓度与时间的数学模型.

表 7-1　血液中酒精含量（mg/100 mL）的数据

时间 t(h)	0.25	0.5	0.75	1	1.5	2	2.5	3	3.5	4	4.5	5
酒精含量 y(mg / 100 mL)	30	68	75	82	82	77	68	68	58	51	50	41
时间 t(h)	6	7	8	9	10	11	12	13	14	15	16	
酒精含量 y(mg / 100 mL)	38	35	28	25	18	15	12	10	7	7	4	

把人体内酒精的吸收、代谢、排除过程分成两个“室”，胃为第一室，血液为第二室，酒精先进入胃，然后被吸收进入血液，由循环到达体液内，再通过代谢、分解及排泄、出汗、呼气等方式排除.

假设胃里的酒被吸收进入血液的速度与胃中的酒量 $x(t)$ 成正比，比例常数

为k_1，$C_1(t)$为第一室（胃）所含酒精含量；血液中酒被排出的速度与血液内的酒量$y(t)$成正比，比例常数为k_2，$C_2(t)$为第二室（血液）所含酒精含量，V为血液体积，则可以建立微分方程模型：

$$\begin{cases} x'(t) = -k_1 x(t) \\ y'(t) = k_1 x(t) - k_2 y(t) \\ x(0) = Ng_0 \\ y(0) = 0 \end{cases}$$

$$C(t) = \frac{y(t)}{V}$$

这是线性常系数微分方程组，其中g_0为短时间内进入胃中的一瓶啤酒酒精量，Ng_0为总酒精量（N表示瓶数）. MATLAB 求解得

$$\begin{cases} x(t) = Ng_0 \mathrm{e}^{-k_1 t} \\ y(t) = \dfrac{Ng_0 k_1}{k_1 - k_2}\left(\mathrm{e}^{-k_2 t} - \mathrm{e}^{-k_1 t}\right) \end{cases}$$

而

$$C(t) = \frac{y(t)}{V} = \frac{Ng_0 k_1}{V(k_1 - k_2)}\left(\mathrm{e}^{-k_2 t} - \mathrm{e}^{-k_1 t}\right)$$

设

$$a_1 = \frac{Ng_0 k_1}{V(k_1 - k_2)}，\ a_2 = k_2，\ a_3 = k_1$$

其中，$N = 2$.

可得

$$C(t) = a_1\left(\mathrm{e}^{-a_2 t} - \mathrm{e}^{-a_3 t}\right)$$

这就是短时间内喝下两瓶啤酒后，血液中酒精含量与时间的数学模型.

喝下一瓶啤酒后，血液中酒精含量与时间的数学模型为

$$C(t) = \frac{a_1}{2}\left(\mathrm{e}^{-a_2 t} - \mathrm{e}^{-a_3 t}\right)$$

7.2　差分方程模型

7.2.1　差分方程的理论和方法

称形如

$$a_0 y_{n+t} + a_1 y_{n+t-1} + \cdots + a_n y_t = b(t) \tag{7.2.1}$$

的差分方程为 n 阶常系数线性差分方程，其中 a_0，$a_1, \cdots$，a_n 是常数，$a_0 \neq 0$. 其对应的齐次线性差分方程为

$$a_0 y_{n+t} + a_1 y_{n+t-1} + \cdots + a_n y_t = 0 \tag{7.2.2}$$

容易证明，若序列 $y_t^{(1)}$ 与 $y_t^{(2)}$ 均为方程（7.2.2）的解，则 $y_t = C_1 y_t^{(1)} + C_2 y_t^{(2)}$ 也是方程（7.2.2）的解，其中 C_1，C_2 为任意常数. 若 $y_t^{(1)}$ 是方程（7.2.2）的解，$y_t^{(2)}$ 是方程（7.2.1）的解，则 $y_t = y_t^{(1)} + y_t^{(2)}$ 也是方程（7.2.1）的解.

方程（7.2.1）可用如下的代数方法求其通解 .

（1）先求解对应的特征方程：

$$a_0 \lambda^n + a_1 \lambda^{n-1} + \cdots + a_n = 0 \tag{7.2.3}$$

（2）根据特征根的不同情况，求齐次线性差分方程（7.2.2）的通解.

①若特征方程（7.2.3）有 n 个互不相同的实根 λ_1，$\lambda_2, \cdots$，λ_n，则齐次线性差分方程（7.2.2）的通解为 $C_1\lambda_1^t + C_2\lambda_2^t + \cdots + C_n\lambda_n^t$（$C_1$，$C_2, \cdots$，$C_n$ 为任意常数）.

②若 λ 是特征方程（7.2.3）的 k 重根，则通解中对应 λ 的项为 $(\overline{C}_1 + \cdots + \overline{C}_k t^{k-1})\lambda^t$，$\overline{C}_i (i = 1,2,\cdots$，$k)$ 为任意常数.

③若特征方程（7.2.3）有单重复根 $\lambda = \alpha + \mathrm{i}\beta$，则通解中对应它们的项为 $\overline{C}_1 \rho^t \cos\varphi t + \overline{C}_2 \rho^t \sin\varphi t$，其中 $\rho = \sqrt{\alpha^2 + \beta^2}$ 为 λ 的模，$\varphi = \arctan\dfrac{\beta}{\alpha}$ 为 λ 的幅角.

④若 $\lambda = \alpha + \mathrm{i}\beta$ 是特征方程（7.2.3）的 k 重复根，则通解中对应它们的项为 $(\overline{C}_1 + \cdots + \overline{C}_k t^{k-1})\rho^t \cos\varphi t + (\overline{C}_{k+1} + \cdots + \overline{C}_{2k} t^{k-1})\rho^t \sin\varphi t$ $\overline{C}_i (i = 1,2,\cdots$，$k)$ 为任意常数.

（3）求非齐次线性差分方程（7.2.1）的一个特解 $\overline{y}_t$. 若 y_t 为方程（7.2.2）的通解，则非齐次线性差分方程（7.2.1）的通解为 $\overline{y}_t + y_t$.

求非齐次线性差分方程（7.2.1）的特解一般要用到常数变易法，计算较烦. 对特殊形式的 $b(t)$ 也可使用待定系数法. 例如，当 $b(t) = b^t p_k(t)$，$p_k(t)$ 为 t 的 k 次多项式时可以证明：若 b 不是特征根，则非齐次线性差分方程（7.2.1）有形

如 $b(t)=b^t p_k(t)$ 的特解，$p_k(t)$ 也是 t 的 k 次多项式；若 b 是 r 重特征根，则方程（7.2.1）有形如 $b^t t^r q_k(t)$ 的特解，进而可利用待定系数法求出 $q_k(t)$，从而得到方程（7.2.1）的一个特解 $\overline{y}_t$.

7.2.2 差分形式阻滞增长模型

虽然可以用微分方程形式的 Logistic 模型来描述种群增长，即

$$\frac{\mathrm{d}y}{\mathrm{d}t}=ry\left(1-\frac{y}{N_m}\right) \quad (7.2.4)$$

但是，在处理实际问题时，通常用离散化的时间来研究会觉得更加方便，也能更好地利用观测资料. 例如，有些生物每年在固定的时间繁殖，通常人们对动物种群的观测也是定期进行的，于是需要阻滞增长的离散模型. 将方程（7.2.4）离散化得到

$$y_{k+1}-y_k=ry_k\left(1-\frac{y_k}{N_m}\right),\ k=1,2,\cdots \quad (7.2.5)$$

记

$$b=1+r,\ x_k=\frac{ry_k}{(1+r)N_m},\ f(x)=bx(1-x) \quad (7.2.6)$$

则式（7.2.6）可以简化为

$$x_{k+1}=bx_k(1-x_k)=f(x_k),\ k=1,2,\cdots \quad (7.2.7)$$

式（7.2.7）是一阶非线性差分方程. 在实际应用中通常没有必要找出该方程的一般解，因为给定初值后利用计算机就可以方便地递推出 x_k.

事实上，在应用差分形式的阻滞增长模型（7.2.5）或者模型（7.2.7）时，人们最关心的是 $k\to+\infty$ 时 y_k 或者 x_k 的收敛情况，即差分方程平衡点的稳定性问题.

方程（7.2.4）有两个平衡点，$y_0=0$，$y^*=N_m$，$y=0$ 是不稳定的平衡点，$y^*=N_m$ 是稳定的平衡点，即只要初值 $y_1>0$，无论 $r(>0)$ 和 $N_m(>0)$ 取什么值都有：当 $k\to+\infty$ 时，方程的解 $y_k\to N_m$. 那么该方程的差分形式的方程（7.2.7）是否也有同样的性质呢？下面的分析将会看到，情况并不完全一样.

对于差分方程（7.2.7），因为 $r>0$，所以 $b>1$. 为了求方程（7.2.7）的平衡点，令

$$x=f(x)=bx(1-x)$$

容易得到其平衡点为 $x_0=0$，$x^*=1-1/b$，非零平衡点 x^* 所对应的就是式（7.2.4）的非零平衡点 N^*. 为了分析 x^* 的稳定性，考虑方程（7.2.7）的局部

线性化方程

$$x_{k+1} = f'(x^*)(x_k - x^*) + f(x^*) \qquad (7.2.8)$$

关于x^*的局部稳定性有如下结论.

定理 7.2.1　若$|f'(x^*)|<1$，x^*是方程（7.2.8）的稳定平衡点，则其也是方程（7.2.7）的稳定平衡点；若$|f'(x^*)|>1$，x^*是方程（7.2.8）的不稳定平衡点，则其也是方程（7.2.7）的不稳定平衡点.

因此$|f'(x^*)|=1$在分析方程稳定性的过程中具有重要作用.

当$|f'(x^*)|=1$，容易得到$b=3$．当$1<b<3$时，式（7.2.7）所给出的非零平衡点x^*与式（7.2.4）所给出的非零平衡点的稳定性是相同的，即都是稳定的；但是当$b>3$时，式（7.2.7）给出的非零平衡点是不稳定的，而式（7.2.4）给出的非零平衡点仍然是稳定的，两者的稳定性并不相同.

虽然$1<b<3$时，方程（7.2.7）的非零平衡点x^*是稳定的，即满足任意非零初值的解都收敛到x^*，但是对不同的b值，其解的收敛形式是不一样的. 图 7-2-1 给出了不同b值的两种收敛形式.

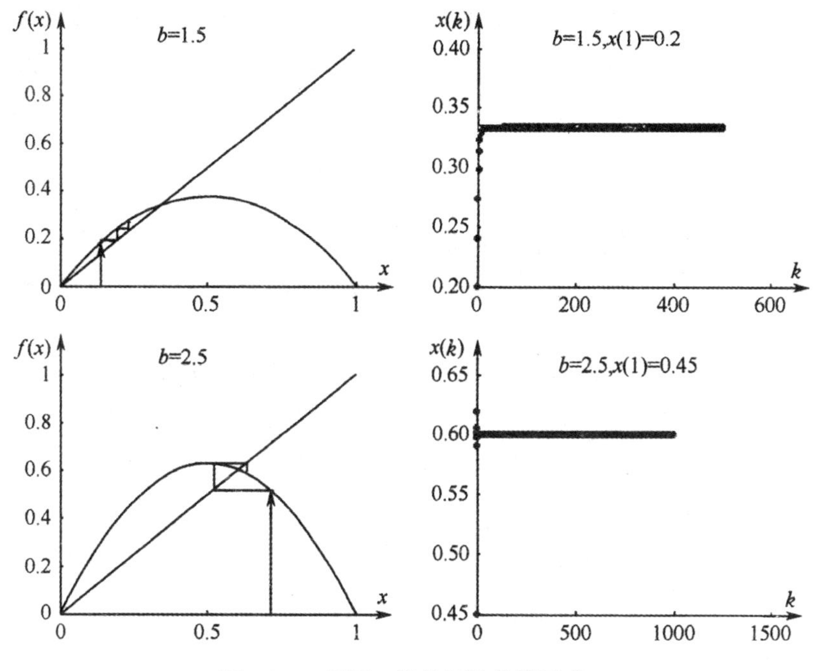

图 7-2-1　不同 *b* 值的两种收敛形式

对于$1<b<2$，当初值$x_0 \in (0,\ x^*)$时，x_k关于k是单调递增趋向x^*的，当$x_0 \in (x^*,1)$时，经过有限次迭代，x_k的值就满足$x_k \in (0,\ x^*)$，以后的x_k值关于k单调递增趋向x^*．对于$2<b<3$，可以得到经过有限次的迭代后，x_k的值会在

x^* 的左右跳动，表现为种群数围绕着 x^* 呈衰退状的上下振动. 图 7-2-2 给出了非零平衡点不稳定的情况，即 $b>3$ 的情况.

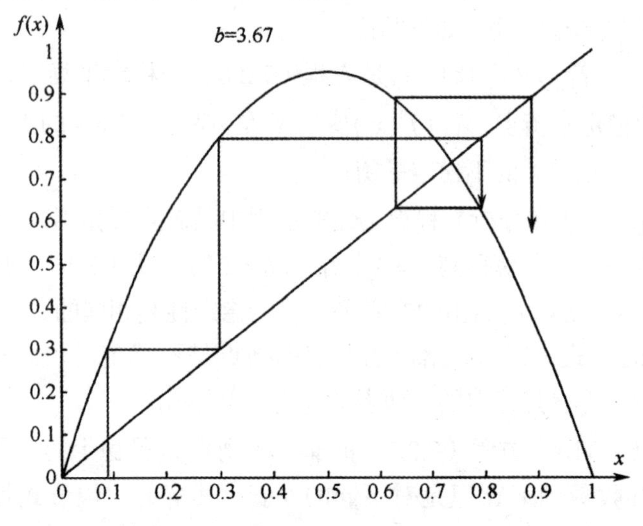

图 7-2-2　非零平衡点不稳定的情况

虽然 $b>3$ 时，方程（7.2.7）的非零平衡点是不稳定的，但是方程（7.2.7）仍然可以求解，进一步计算 x_k 的值还是有一定的规律的，对于某些 b 值，x_k 具有某类周期性，即 x_k 包含收敛到不同值的收敛子序列. 下面通过几个例子来加以说明.

（1）倍周期收敛 .

利用差分方程（7.2.7），可以得到

$$x_{k+2}=f(x_{k+1})=f\left[f(x_k)\right]=g(x_k) \tag{7.2.9}$$

其中，$g(x)=f\left[f(x)\right]=b^2x(1-x)(1-bx+bx^2)$.

类似于式（7.2.7）的分析，可以得到式（7.2.9）的非零平衡点为

$$x_1=x^*,\ x_{2,3}=\frac{b+1\mp\sqrt{b^2-2b-3}}{2b} \tag{7.2.10}$$

不难验证，当 $b>3$ 时，$x_2<x^*<x_3<1$ ，且 $|g'(x^*)|>1$，$x_1=x^*$ 是式（7.2.9）的不稳定的平衡点. 事实上，令

$$u=f(x),\ u^*=f(x^*)=x^*$$

则

$$g'(x)=\frac{\mathrm{d}g}{\mathrm{d}u}\cdot\frac{\mathrm{d}u}{\mathrm{d}x}=\frac{\mathrm{d}g}{\mathrm{d}x}\cdot f'(x)$$

$$g'(x^*)=|f'(x^*)|^2$$

进一步分析可以得到

$$|g'(x_2)|=|g'(x_3)|=|f'(x_2)f'(x_3)|$$

即x_2, x_3的稳定性相同．此时，有

$$g'(x_2)=g'(x_3)=b^2(1-2x_2)(1-2x_3) \quad (7.2.11)$$

当$|g'(x_2)|=|g'(x_3)|=|f'(x_2)f'(x_3)|<1$时，$x_2, x_3$是稳定的平衡点；当$|g'(x_2)|=|g'(x_3)|=|f'(x_2)f'(x_3)|>1$时，$x_2$，$x_3$是不稳定的平衡点．

据此，可以得到x_2，x_3的稳定条件为

$$3<b<1 \quad (7.2.12)$$

图 7-2-3 给出了方程（7.2.7）存在倍周期解的数值结果．

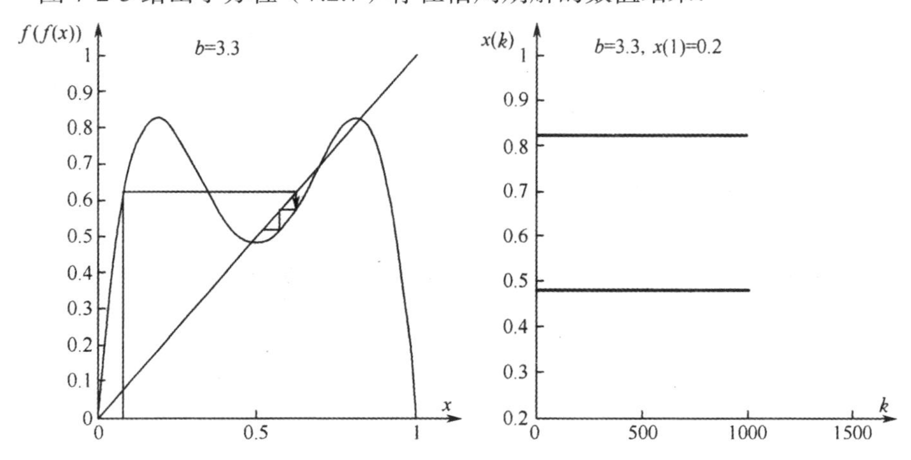

图 7-2-3　方程（7.2.7）存在倍周期解的数值结果

当$b>1+\sqrt{6}$时，$x_{2,3}$不再是方程（7.2.9）的稳定平衡点．令

$$x_{k+4}=g\left[g(x_k)\right] \quad (7.2.13)$$

进一步分析还可以得到 4 周期解、8 周期解等形式的周期解．图 7-2-4 是一个 4 周期解的例子，迭代方程为式（7.2.13），从图中可以看出，方程（7.2.13）共有 7 个非零平衡点，其中 3 个为方程（7.2.9）的平衡点，对于$b>1+\sqrt{6}$，这 3 个平衡点是不稳定的．类似于方程（7.2.9）的分析，可以得到另外 4 个平衡点的稳定性是相同的．其稳定条件为

$$1+\sqrt{6}<b<3.544 \quad (7.2.14)$$

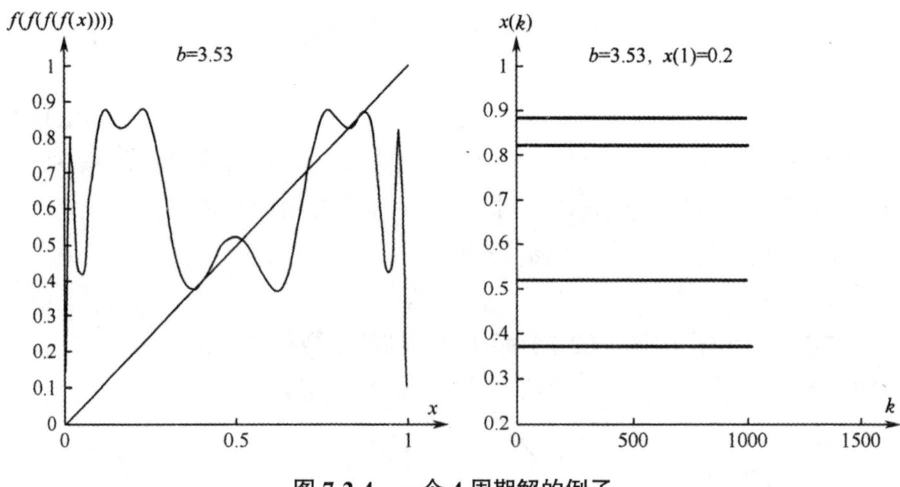

图 7-2-4　一个 4 周期解的例子

（2）倍周期通向混沌．

按照这样的增长规律，可以讨论序列 $\{x_k\}$ 的 2^n 周期的收敛情况．收敛性完全由参数 b 确定．如果记 b_n 为 2^n 周期收敛的上限，则有

$$b_0 = 3，b_1 = 1+\sqrt{6}, b_2 = 3.544$$

进行更深入的分析，可以得到 $\{b_n\}$ 单调递增，且

$$\lim_{n^- > \infty} b_n = 3.57 \qquad (7.2.15)$$

当 $b > 3.57$ 时，$\{x_k\}$ 就不再有任何 2^n 周期收敛情况的发生，$\{x_k\}$ 的趋势呈现一片混乱，这就是所谓的混沌现象．图 7-2-5 就是其中的一个例子．

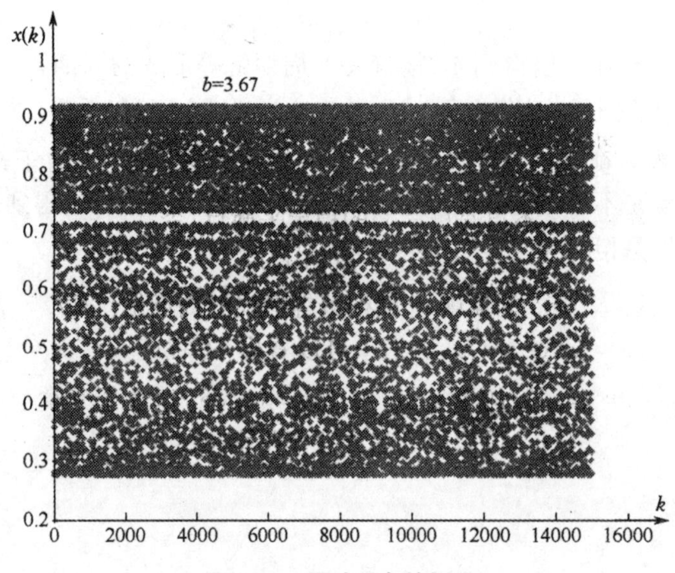

图 7-2-5　混沌现象的例子

参考文献

[1] 宋迎清，曹付华，黄新．微分方程 [M]．武汉：武汉理工大学出版社，2009.

[2] 王晶囡，牛犇，杨占文，等．微分方程 [M]．哈尔滨：哈尔滨工业大学出版社，2018.

[3] 刘婧．常微分方程 [M]．大连：大连海事大学出版社，2018.

[4] 孙书荣，韩振来，张超．常微分方程 [M]．济南：山东大学出版社，2018.

[5] 化存才，黄炯，丁海华．微分方程学习、设计与建模应用导引 [M]．成都：西南交通大学出版社，2011.

[6] 王春程，苏颖，陈珊珊，等．微分方程建模与分析 [M]．北京：科学出版社，2014.

[7] 谭忠．偏微分方程：现象、建模、理论与应用 [M]．北京：高等教育出版社，2020.

[8] 郭玉翠．常微分方程：理论、建模与发展 [M]．北京：清华大学出版社，2010.

[9] 化存才，赵奎奇，杨慧，等．常微分方程解法与建模应用选讲 [M]．北京：科学出版社，2009.

[10] 周义仓，靳祯，秦军林．常微分方程及其应用：方法、理论、建模、计算机 [M]．北京：科学出版社，2003.

[11] 李铮伟．常微分方程典型应用案例及理论分析 [M]．上海：上海科学技术出版社，2019.

[12] 李必文，赵临龙，张明波，等．常微分方程 [M]．武汉：华中师范大学出版社，2014.

[13] 周凯，邬学军，宋军全. 数学建模 [M]. 杭州：浙江大学出版社，2018.

[14] 梁进，陈雄达，张华隆，等. 数学建模讲义 [M]. 2 版. 上海：上海科学技术出版社，2019.

[15] 袁浩波. NURBS 建模与积分方程法 [M]. 西安：西安电子科技大学出版社，2014.

[16] 许建强，李俊玲. 数学建模及其应用 [M]. 上海：上海交通大学出版社，2018.

[17] 郑勋烨. 数学建模实验 [M]. 西安：西安交通大学出版社，2018.

[18] 杨冬成. 分离变量法和函数逼近法在偏微分方程的解法分析 [J]. 保山学院学报，2021，40（2）：74-79.

[19] 梁春叶，王桥明，孙远通，等. 微分方程数值解之欧拉法在 MATLAB 下的应用 [J]. 科技风，2021（10）：71-72.

[20] 邓瑾. 常微分方程在电子信息专业中的教学案例探析 [J]. 现代职业教育，2021（14）：168-169.

[21] 吴怡敏. 分数阶微分方程边值问题解的存在性和唯一性 [J]. 闽南师范大学学报：自然科学版，2021，34（1）：44-47.

[22] 葛仁余，马国强，刘小双，等. 微分求积法在常微分方程教学中的应用 [J]. 西昌学院学报：自然科学版，2021，35（1）：53-57.

[23] 杨润. MATLAB 在常微分方程中的应用 [J]. 信息系统工程，2021（3）：154-155.

[24] 廖晓花. 三元一阶线性非齐次微分方程组解法分析 [J]. 兰州工业学院学报，2021，28（1）：86-91.

[25] 朱美玲. 高阶常系数非齐次线性微分方程的算子法 [J]. 数学学习与研究，2021（4）：29-30.

[26] 冼家炜，盛业青，黎进吉，等. 基于常微分方程中多种构型在实际生活中的应用 [J]. 现代职业教育，2021（6）：64-65.

[27] 安然，田十方，刘晓薇. 一阶微分方程的积分因子研究 [J]. 齐鲁工业大学学报，2021，35（1）：69-72.

[28] 王桥明，梁春叶，黄小英，等. MATLAB 在高阶线性微分方程求解中的应用 [J]. 科技风，2021（3）：54-56.

[29] 王朝振，刘银涛，孙建鹏，等. 微分法在有限元分析中的应用 [J]. 城市道桥与防洪，2021（1）：172-175.

[30] 朱能，郑方韬，阮小军．化归思想方法在偏微分方程求解中的应用 [J]．高师理科学刊，2020，40（12）：68-71．

[31] 范爱琴．微分方程的解法探析 [J]．江西电力职业技术学院学报，2020，33（12）：67-68．

[32] 张弘，钱旭，宋松和．“偏微分方程数值解”课程教学实践 [J]．新课程教学：电子版，2020（24）：66-67．

[33] 李郴良．偏微分方程数值解课程的案例教学试探 [J]．教育教学论坛，2020（52）：249-250．

[34] 张莹，赵伟．高阶线性微分方程解法探讨 [J]．郑州铁路职业技术学院学报，2020，32（4）：32-36．

[35] 王金妮．浅谈微分方程在物理模型中的应用 [J]．科技风，2021（12）：31-32．

[36] 刘前芳，何英杰，杨立敏．基于高阶微分方程构造函数的等价无穷小 [J]．科技风，2021（11）：42-43．

[37] 王俊梅．具有 p-Laplacian 算子的离散混合边值问题的多解性 [J]．数学的实践与认识，2020，50（16）：226-231．

[38] 王俊梅．Mittag-Leffler 函数的 Laplace 变换 [J]．吕梁学院学报，2019，9（2）：15-19．

[39] 王丽，高承华．一类二阶差分方程边值共振问题的可解性 [J]．西南大学学报：自然科学版，2008，30（11）：9-13．

[40] 周蓉，陈峰，严晨雪，等．拉普拉斯变换在控制系统微分方程中的应用 [J]．电子制作，2021（8）：93-95．

[41] 王振国．具有共振的差分方程的动力学行为 [D]．广州：广州大学，2020．